工业和信息产业职业教育教学指导委员会"十二五"规划教材
全国高等职业教育计算机类规划教材·实例与实训教程系列

Visual FoxPro 程序设计

（第 2 版）

倪天林　主编

王艳萍　崔　鑫　副主编

电子工业出版社.

Publishing House of Electronics Industry

北京·BEIJING

内 容 简 介

本书以 Visual FoxPro 9.0 为基础，对数据库系统的基本概念和基本理论进行了详细讲解，使学生了解关系型数据库的基本概念和程序设计方法，掌握一定的面向对象程序设计的能力，并能够灵活地应用 Visual FoxPro 语言设计程序、进行数据库的维护管理。全书共分 12 章，分别介绍了 Visual FoxPro 中的基本概念，数据表的建立与维护，数据的查询与统计，数据库文件与项目文件的建立与基本操作，关系型数据库查询语言 SQL 的应用，常用的 VFP 函数，面向过程的程序设计方法，面向对象的程序设计基础，表单设计，菜单设计，报表设计，最后给出了一个数据库管理系统开发实例。

本书侧重强调知识的应用性和实践性，内容由浅入深，结构力求全面系统，通过大量的实例帮助学生理解和掌握各种操作方法。为了巩固所学知识，每章配有思考与练习，以便检查教学效果；为了培养学生的实际操作能力，每章还配有上机实训，详细列出了操作步骤，以便引导学生完成操作。本书不但适用于高职高专院校计算机及其他专业数据库类课程教学，也是一本指导日常数据库管理系统操作与维护的参考书。

图书在版编目（CIP）数据

Visual FoxPro 程序设计 / 倪天林主编. —2 版. —北京：电子工业出版社，2012.1

全国高等职业教育计算机类规划教材. 实例与实训教程系列

ISBN 978-7-121-14907-8

Ⅰ. ①V… Ⅱ. ①倪… Ⅲ. ①关系数据库—数据库管理系统，Visual FoxPro—程序设计—高等职业教育—教材 Ⅳ. ①TP311.138

中国版本图书馆 CIP 数据核字（2011）第 218697 号

策划编辑：左　雅

责任编辑：周宏敏

印　　刷：三河市鑫金马印装有限公司

装　　订：

出版发行：电子工业出版社

　　　　　北京市海淀区万寿路 173 信箱　邮编　100036

开　　本：787×1092　1/16　印张：17.25　字数：453 千字

印　　次：2012 年 1 月第 1 次印刷

印　　数：4 000 册　　定价：31.00 元

前　言

Visual FoxPro 系统是一个优秀的多用户关系数据库管理系统。本书以 Visual FoxPro 9.0 为基础，对数据库系统的基本概念和基本理论进行了详细讲解，使学生了解关系型数据库的基本概念和程序设计方法，能够独立编写 VFP 程序，并结合数据库的操作管理功能，实现信息管理与查询功能，使学生具备一定的面向对象程序设计的能力，培养学生能够灵活地应用 Visual FoxPro 语言设计程序、进行数据库的维护管理，充分发挥计算机在信息管理和数据处理方面的优势。

本书第 1 版是由电子工业出版社组织编写的全国高等职业教育计算机专业规划教材，是由长期工作在教学第一线的教师编写的，第 2 版在第 1 版的基础上进行了补充、修改和完善。在编写过程中充分汲取了计算机教育工作者在教学实践方面的经验，注重内容的实用性、针对性和可操作性，使学生能够全面、系统地掌握数据库管理系统的基本知识。

全书共分 12 章，分别介绍了 Visual FoxPro 中的基本概念，数据表的建立与维护，数据的查询与统计，数据库文件与项目文件的建立与基本操作，关系型数据库查询语言 SQL 的应用，常用的 VFP 函数，面向过程的程序设计方法，面向对象的程序设计基础，表单设计，菜单设计，报表设计。为了使学生能够全面系统地掌握数据库管理系统的设计方法，最后给出了一个数据库管理系统的实例。

本书侧重强调知识的应用性和实践性，内容由浅入深，结构力求全面系统。内容安排方面，在讲述基本概念和各种操作的基础上，通过大量的实例来理解和掌握各种操作方法；为了巩固所学知识，每章配有思考与练习，以便检查教学效果；为了培养学生的实际操作能力，每章还配有上机实训，详细列出了操作步骤，以便引导学生完成操作。本书不但是一本较为新颖、全面的实用教材，也是一本指导日常数据库管理系统操作与维护的参考书。

本书由倪天林教授任主编，王艳萍副教授、崔鑫副教授任副主编。各章的编写分工是：第 1 章、第 4 章由王艳萍编写，第 2 章由申海燕编写，第 3 章、第 12 章由刘芊编写，第 5 章、第 11 章由焦清云编写，第 6 章、第 7 章由倪天林编写，第 8 章、第 9 章由崔鑫编写，第 10 章由史志英编写。在编写过程中除得到了电子工业出版社的大力支持外，还参考和借鉴了许多专家学者的研究成果，在此一并表示谢意。

本课程获 2005 年度河南省高校精品课程，本书正是在精品课程的基础上组织编写的，有关本课程的资料可登录河南省高校精品课程建设网（http://jpkc.open.ha.cn）或河南财政税务高等专科学校网（http://www.hacz.edu.cn）参阅或下载。

由于编者水平所限，不足之处在所难免，敬请读者批评指正，以便在以后修订时加以改进和更正。

编　者

目　录

第 1 章　Visual FoxPro 概述

Visual FoxPro（以下简称 VFP）数据库是一个关系型数据库，主要用于 Windows 环境。由于 VFP 需要很少的编程就可以建立一个面向对象的数据库应用程序，所以能在众多的软件中脱颖而出，成为一种通用的数据库软件。本章主要讲述数据库的基本知识，VFP 9.0 的特点、工作环境、安装与启动及 VFP 9.0 的语言成分等内容。要求学生掌握数据库的基础知识和 VFP 的语言成分，熟悉 VFP 9.0 的特点、工作环境等内容。

1.1　数据库与数据模型

1.1.1　数据库基本概念

1. 数据（Data）

数据是指存储在某一种媒体上能够被识别的物理符号序列，它的内容是事物特性的反映。数据不仅包括数字、字母、文字和其他特殊字符，还包括图像、图形、声音、动画等多媒体数据。

2. 信息（Information）

信息是经过加工处理并对人类客观行为产生影响的数据表现形式，是反映客观现实世界的知识。数据是信息的具体表现形式，数据经过加工处理后具有知识性并可以对人类活动产生有意义的决策作用。

信息客观存在于人类社会的各个领域，而且随着社会的变化而变化。从计算机的角度来看，信息是人们进行各种活动需要获取的知识。

3. 数据处理（Data Processing）

数据处理是指将数据转换成信息的过程，它包括对数据的收集、存储、加工、分类、检索、统计、传播等一系列活动。

4. 数据库（DataBase，DB）

数据库是按一定的组织形式存储在一起的相互关联的数据集合。数据库中的数据不是分散、孤立的，而是按照某种数据模型组织起来的。不仅数据记录内的数据之间是彼此相关的，数据记录之间在结构上也是有机地联系在一起的。

数据库的主要特点有：

（1）数据结构化；

（2）数据共享；

（3）数据独立性；

（4）可控冗余度。

5. 数据库管理系统（DataBase Management System，DBMS）

数据库管理系统是为数据库的建立、使用和维护而配置的软件，是数据库系统的核心部分。数据库管理系统是在操作系统的支持下进行工作的，它提供了安全性和完整性等统一的控制机制，方便用户管理和存取大量的数据资源。

数据库管理系统的主要功能有：

（1）数据定义功能；

（2）数据操作功能；

（3）控制和管理功能。

6. 数据库系统（DataBase System，DBS）

数据库系统是指引入数据库技术后的计算机系统，是一个具有管理数据库功能的计算机软/硬件综合系统。它实现了有组织地、动态地存储大量相关数据的功能，提供了数据处理和信息资源共享的便利手段。

数据库系统的主要组成有：

（1）数据库；

（2）硬件（计算机硬件设备）；

（3）软件（数据库管理系统、操作系统）；

（4）用户（应用程序设计员、终端用户、数据库管理员）。

7. 数据库应用系统（DataBase Application Systems，DBAS）

数据库应用系统是在数据库管理系统（DBMS）支持下根据实际问题开发出来的数据库应用软件，通常由数据库和应用程序组成，如高校学生管理系统、高校教务管理系统等。

1.1.2 数据模型

1. 实体

客观存在并且可以相互区别的事物称为实体。实体可以是实际事物（如一个班级、一名学生等），也可以是抽象事件（如一场比赛、一次考试等）。同类型实体的集合构成一个实体集。

描述实体的特性称为属性，例如，学生实体可以用学号、姓名、性别、专业等属性来描述。实体之间的对应关系称为联系，它反映了现实世界事物之间的相互关联。实体与实体之间的联系有三种类型：一对一联系、一对多联系和多对多联系。

2. 数据模型的分类

数据库中的数据有一定的组织结构，这些结构反映了事物与事物之间的联系。对这种结构的描述就是数据模型，它表示数据与数据之间联系的方法。不同的数据模型以不同的方式把数据组织到数据库中。常用的数据模型有三种：层次模型、网状模型和关系模型。

（1）层次模型。层次模型以树形结构表示实体（记录）与实体之间的联系。层次模型像一棵倒置的树，根节点在上，层次最高，子节点在下，逐层排列。层次模型的示意图如图 1.1 所示。

层次模型的特点：仅有一个节点无父节点，这个节点即为树的根；其他节点有且仅有一个父节点，但可有多个子节点。

（2）网状模型。网状模型以网状结构表示实体与实体之间的联系，是层次模型的扩展。它既可以表示多个从属关系的联系，也可以表示数据间的交叉关系，即数据间的横向关系与纵向关系，网状模型可以方便地表示各种类型的联系，但结构复杂，实现的算法难以规范化。网状模型的示意图如图 1.2 所示。

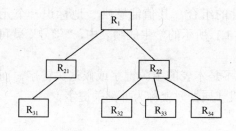

图 1.1 层次模型

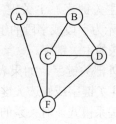

图 1.2 网状模型

网状模型的特点：可以有一个以上的节点无父节点，至少有一个子节点有一个以上的父节点，在两个节点之间有两个或两个以上的联系。

（3）关系模型。关系模型是以关系数学理论为基础的。它把数据结构看成一个二维表，每个二维表就是一个关系，关系模型就是由若干个二维表组成的集合，操作的对象和结果都是二维表。在二维表中，每一行称为一个记录，用于表示一组数据项；表中的每一列称为一个字段或属性，用于表示每列中的数据项；表中的第一行称为字段名，用于表示每个字段的名称，如表 1.1 所示。

表 1.1 学生成绩表

学 号	姓 名	性 别	成 绩
1001	李小萍	女	89
1002	张红红	女	78
1003	赵海洋	男	90
1004	祁志敏	男	67
1005	吴俊峰	男	54

关系模型的特点：表格中的每一列都是不可再分的基本属性，每一列都被指定一个不相同的名字，各行不允许重复，行、列的次序无关。

关系模型是目前最流行的数据库模型，其与层次模型、网状模型的区别在于数据描述的一致性。支持关系模型的数据库管理系统称为关系数据库管理系统，VFP 系统就是一种关系数据库管理系统。

1.1.3 关系数据库

自 20 世纪 80 年代以来，新推出的数据库管理系统几乎都是基于关系模型的，VFP 就是一种比较流行的关系数据库管理系统。

1. 关系术语

（1）关系。关系就是指一个二维表，每个关系都有一个关系名。在 VFP 中，一个关系就称为一个数据表。

（2）元组。二维表中的行称为元组，在 VFP 中一行称为一个记录。

（3）属性。二维表中的列称为属性，每一列有一个属性名。在 VFP 中一列称为一个字段。

（4）域。域是指表中属性的取值范围，即不同元组对同一个属性的取值所限定的范围，例如，逻辑型属性只能从逻辑真或逻辑假两个值中取值。

（5）主关键字。主关键字是属性或属性的组合，其值能够唯一地标识一个元组。在VFP 中表示为字段或字段的组合，例如在表 1.1 所示的学生成绩表中，"学号"就可以看做是标识记录的主关键字。

（6）外部关键字。如果表中的一个字段不是本表的主关键字或候选关键字，而是另外一个表的主关键字或候选关键字，则这个字段（属性）就称为外部关键字。

（7）关系模式。对关系的描述，格式为：

关系名（属性 1，属性 2，…，属性 n）

一个关系模式对应一个关系的结构，例如，学生成绩表的关系模式描述如下：

学生成绩表（学号，姓名，性别，成绩）

2．关系运算

（1）传统的集合运算。

并：设有两个具有相同结构的关系 A 和 B，它们的并集是由属于 A 或属于 B 的元组组成的集合。

交：设有两个具有相同结构的关系 A 和 B，它们的交集是由既属于 A 又属于 B 的元组组成的集合。

差：设有两个相同结构的关系 A 和 B，A 差 B 的结果是由属于 A 但不属于 B 的元组组成的集合，即差运算的结果是从 A 中去掉 B 中也有的元组。

（2）VFP 中专门的关系运算。

选择：选择运算是指从关系中找出满足条件的记录的操作。选择运算是从行的角度进行运算，即从水平方向抽取记录。选择的条件以逻辑表达式的形式表示，逻辑表达式的值为真的记录被选取。

投影：投影运算是从关系中选取若干属性（字段）组成新的关系。投影运算是从列的角度进行运算，相当于对关系进行垂直分解。投影运算可以得到一个新的关系，其关系模式所包含的属性个数往往比原关系少，或属性的排列顺序不同。

连接：连接运算是关系的横向结合，将两个关系模式拼接成一个更宽的关系模式，生成的新关系中包含满足连接条件的记录。

3．关系数据库

关系数据库是若干依照关系模型设计的二维数据表文件的集合。在 VFP 中，一个关系数据库由若干个数据表组成。

4．关系的完整性

（1）实体完整性。实体完整性是指主关键字的值在关系中必须是非空且唯一的。在关系中用关键字来唯一标识实体，关键字也就是关系模式中的主属性。

（2）域完整性。域完整性也称为用户定义的完整性。不同的关系数据库系统根据其应用环境的不同，往往还需要一些特殊的约束条件。域完整性就是针对某一具体关系数据库的约束条件。例如，性别的取值范围只能是"男"或"女"，学生的单科成绩的取值范围在0～100 之间等。

（3）参照完整性。参照完整性是定义外部关键字与主关键字之间引用的规则，引用的时候必须取基本表中已经存在的值。

5．关系数据库的特点

不是所有的二维表都能称为关系型数据库，要称为关系型数据库，应具备以下特点。

（1）关系中的每一个数据项都是最基本的数据单位，不可再分。

（2）每一竖列数据项（即字段）属性相同。列数可根据需要而设，各列的次序可左右交换而不影响结果。

（3）每一横行数据项（即记录）由一个个体事物的各个字段组成。记录彼此独立，可根据需要而录入或删除，各条记录的次序可前后交换而不影响结果。

（4）一个二维表表示一个关系，其中不允许有相同的字段名，也不允许有两条记录完全相同。

1.1.4　关系数据库系统的发展

关系数据库随着计算机技术的发展而不断发展，主要经历了以下几个阶段。

1．人工管理阶段

计算机诞生的最初阶段，在硬件方面，外存储器采用的是低速度的纸带、磁带、卡片等，没有像磁盘这样速度快、存储容量大、支持随机访问、可直接存储的外存储器；在软件方面，没有专门管理数据的软件，数据包含在计算机或处理它的程序中。

这一阶段的数据管理任务，包括存储结构、存取方法、输入/输出方式等完全由程序员通过编程实现。

这一时期数据管理的特点是：数据与程序不独立，一组数据对应一组程序；数据不能长期保存，一个程序中的数据无法直接被其他程序使用，因此程序与程序之间存在大量的重复数据，即所谓的数据冗余。

2．文件系统管理阶段

20 世纪 50 年代后期至 60 年代后期，计算机开始大量应用于各种数据管理软件中的数据处理工作，大量数据的存储、检索和维护成为紧迫的需求。此时，在硬件方面，可直接存取的磁盘成为外存储器的主流；在软件方面，出现了高级语言和操作系统。

在这一阶段，程序和数据有了一定的独立性，程序和数据分开存储，有了程序和数据文件的区别。数据文件可以长期保存在外存储器上多次存取。

3．数据库系统阶段

随着社会信息量的迅猛增长，计算机处理的数据量也相应增大，文件系统存在的问题阻碍了数据处理技术的发展，于是数据库系统便应运而生。

数据库也是以文件方式存储数据的，但是它是数据的一种高级组织形式，在应用程序与数据库之间，有一个数据库管理系统 DBMS。数据库管理系统是为数据库的建立、使用和维护而配置的软件，在操作系统的支持下运行。数据库管理系统对数据的处理方式与文件系统不同。DBMS 把所有应用程序中使用的数据汇集在一起，并以记录为单位存储起来，以便应用程序查询和使用，使多个用户能够同时访问数据库中的数据，减少数据的冗余度，提高数据的完整性和一致性，提高数据与应用程序的独立性，从而减少应用程序的开发和维护费用。

数据库系统从 20 世纪 60 年代问世以来，一直是计算机管理数据的主要方式。

4．分布式数据库系统阶段

20 世纪 70 年代以前，数据库多是集中式的。网络技术的发展为数据库提供了良好的运行环境，使数据库从集中式发展到分布式，从"主机/终端"系统结构发展到"客户/服务器"系统结构。

分布式数据库在逻辑上像一个集中式数据库系统，实际上数据存储在不同地点的计算机网络的各个节点上。每个节点有自己的局部数据库管理系统，有很强的独立性。用户可以由分布式数据库管理系统（网络数据库管理系统）通过网络通信相互传输数据，实现数据的共享和数据的存取。

1.2 VFP 的特点

1. VFP 的主要特点

VFP 的特点主要体现在以下几个方面。

（1）强大的查询和管理功能；

（2）引入了数据库表的新概念；

（3）扩大了对 SQL 语言的支持；

（4）大量使用可视化界面操作工具；

（5）支持面向对象的程序设计；

（6）通过 OLE 实现应用集成；

（7）支持网络应用。

2. VFP 9.0 的主要特点

VFP 9.0 系统是微软（Microsoft）公司最新发布的一款数据库应用系统，它在以往版本的基础上有了很大的改进，功能更加强大，提供了可视化界面的设计方法，同时支持面向对象的程序设计技术。VFP 9.0 是具备自开发语言的数据库管理系统，它既可以作为大型数据库的前端开发工具，也可以进行小型的应用系统开发，是使用非常广泛的数据库应用系统的开发工具。

VFP 9.0 的主要特点有以下几方面。

（1）数字处理和协同能力。开发人员可以利用不同级别的 XML 和 XML 网站服务来创建兼容.NET 的解决方案。通过改进的 SQL 和最新支持的数据类型与 SQL 服务器交换数据。

（2）可扩展的强大开发工具。该工具提供了一系列的功能来帮助开发人员改进用户界面，利用字体、颜色、定制的编辑器和其他功能来个性化用户的 Windows 性能。

（3）灵活地建立各种类型的数据库解决方案。开发者可以建立和配置基于 Windows 台式计算机的单机或远程应用，创建和访问.NET 技术支持的 COM 构件与 XML 网站服务。

（4）增强的报表功能。新的输出架构提供对数据输出报告和格式的精确控制，同时还提供尽可能详细的细节报告、文本内容和报告相关连接。数据报告支持 XML、HTML、图片格式和定制多页打印预览 Windows 版本格式。同时 VFP 9.0 也支持早期旧版创建的报告格式。

1.3 VFP 9.0 的安装与启动

1. VFP 9.0 的安装

VFP 9.0 的安装很简单，可以从 CD-ROM 或网络上安装。这里仅介绍从 CD-ROM 安装的步骤。

（1）将光盘插入 CD-ROM 驱动器。

（2）光盘自动运行。若不运行，按步骤（3）执行。

（3）单击"开始"按钮→选择"运行"项→输入命令"X:\setup"，单击"确定"按钮。这里的"X"代表 CD-ROM 驱动器的盘符。

（4）按屏幕上提示的指令一步一步操作。

2．VFP 9.0 的启动与退出

（1）启动。通常可以用下面的方法启动 VFP。

① 单击"开始"按钮→选择"所有程序"→单击"Microsoft Visual FoxPro 9.0"命令。

② 双击桌面上的 VFP 快捷方式图标 。

（2）退出。在结束使用 VFP 后，为保证数据的安全和软件本身的可靠性，需通过正常方式退出 VFP，常用的有以下几种方法。

① 单击"文件"菜单下的"退出"命令。

② 单击标题栏最右端的关闭按钮 。

③ 按 Alt+F4 组合键。

④ 在命令窗口中输入 QUIT 命令，按 Enter 键。

⑤ 单击标题栏最左端的控制按钮 ，打开下拉菜单，选择"关闭"命令。

1.4　VFP 9.0 的窗口和工作方式

1．VFP 窗口

在启动 VFP 9.0 后，显示如图 1.3 所示的窗口，主要包括标题栏、菜单栏、工具栏、命令窗口和工作区窗口。

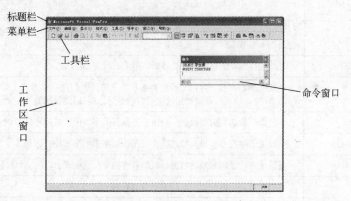

图 1.3　VFP 9.0 主窗口

（1）标题栏。显示 VFP 9.0 图标 和英文 Microsoft Visual FoxPro，表明它是 VFP 的程序窗口。

（2）菜单栏。显示 VFP 系统菜单（主菜单）中的菜单选项，供用户选用。任何选项被用户选中后，其下方都会弹出一个子菜单，列出访问菜单所包含的命令。

（3）工具栏。由若干个常用的工具按钮组成。在大多数情况下，工具按钮对应于菜单栏中最常用的命令，但其中也包括了对 VFP 命令的一些扩充命令。

（4）命令窗口。命令窗口是用户用交互方式来执行 VFP 命令的窗口。在该窗口中可以直接输入命令，按 Enter 键后立即执行该命令。

（5）工作区窗口。该窗口也叫信息窗口，用来显示 VFP 各种操作信息的窗口。在命令

窗口输入命令回车后，命令的执行结果立即会显示在工作区窗口。如果工作区窗口显示的信息太多，可在命令窗口中执行 CLEAR 命令来清除。

2．VFP 的工作方式

（1）交互方式。交互方式有命令方式和菜单方式（可视化操作方式）两种类型。

命令方式是通过键盘命令来完成操作；菜单方式是通过菜单、窗口、对话框等图形界面进行操作。

（2）程序执行方式。程序执行方式是指 VFP 的用户根据实际应用的需要，将命令编写成程序，通过运行程序，系统逐条执行程序中的各条命令。

1.5　VFP 的语言成分

VFP 的语言成分是指 VFP 的语言构成要素，这些要素主要有命令动词、函数、常量、变量、表达式等。

1.5.1　数据类型

1．VFP 的主要数据类型

数据类型是数据的基本属性，不同的数据类型有不同的存储方式和运算规则。表 1.2 所示为 VFP 的主要数据类型。

表 1.2　VFP 的主要数据类型

数 据 类 型	说　　明
字符型：C（Character）	专用于各种文字字符表示的数据，包括汉字、字母、数字和专用符号、空格等，最大长度为 254 字节
数值型：N（Numeric）	可以进行运算的整数或小数数据，最大长度为 20 位
浮点型：F（Float）	是数值型数据的一种，与数值型数据完全等价，但在存储形式上采用浮点格式，最大长度为 20 位。增设浮点型数据的主要目的是可以提高计算机的精度
整　型：I（Integer）	不包含小数的数值型数据，只用于数据表的字段中，占用 4 字节的存储空间
双精度型：B（Double）	一般用于精度要求很高的数据，只用于数据表的字段中，占用 8 字节的存储空间
逻辑型：L（Logic）	是用来进行逻辑判断的数据，取值只有两个：真（.T.,.t.,.Y.,.y.）和假（.F.,.f.,.N.,.n.）
日期型：D（Date）	用于表示日期的数据，占用 8 字节的存储空间
日期时间型：T（Data Time）	用于表示日期和时间的数据，占用 8 字节的存储空间
货币型：Y（Currency）	用于表示货币值的数据，占用 8 字节的存储空间
备注型：M（Memo）	用于存放数据较长的字符型数据，只用于数据表中的字段类型的定义，字段长度固定为 4 字节，而实际数据被存放在与数据表文件同名的备注文件（.FPT）中
通用型：G（General）	用于存储 OLE 对象的数据，具体内容可以是电子表格、文档、图片等。只用于数据表中的字段类型的定义，和备注型数据一样，字段长度固定为 4 字节，而实际数据被存放在与数据表文件同名的备注文件（.FPT）中
字符型（二进制）	与字符型功能相似，不过当代码页更改时字符值不变，如某种二进制代码字符或其他语言代码等。代码是供计算机正确解释并显示数据的字符集，通常不同的代码页对应不同的平台或语言
备注型（二进制）	与备注型功能相似，但是当代码页更改时备注不变

2. VFP 9.0 新增数据类型

为了更好地与 SQL Server 兼容，VFP 9.0 新增了三种数据类型：VarChar、VarBinary 和 BLOB。这些数据类型可以在本地数据库中作为字段类型，也可由 CAST()函数创建或者由远程数据取得。

（1）VarChar。它是一种字符型数据类型，但不像普通字符串那样长度不够的时候会以空格补齐，而是将其截取。这有点类似于 SQL Server 中的 SET ANSI_PADDING ON 命令。如果 VarChar 中本身有空格则不会被截取。假如在一个表达式中将 VarChar 和 Character 两种数据类型混合计算，那结果会是 VarChar 类型。

VarChar 在 VFP 中是一个定长域，它的最大长度限定为 255 字节。但在 SQL Server 中，一个 VarChar 域的最大长度可以达到 8000 字节。

（2）VarBinary。VarBinary 与 VarChar 有些类似，如果没有达到最大长度，多余的域不会被填充，而是被截取。但它们的本质区别在于 FoxPro 不会为 VarBinary 类型做任何代码页的转换。

（3）BLOB。BLOB 数据类型没有固定的长度限制，与 Memo 类型有些相似。它被存储在以.FPT 结尾的文件中，被.DBF 文件引用。BLOB 字段与 Memo 字段有相同的限定条件，并且它们都不支持索引。

与 VarBinary 数据类型一样，VFP 9.0 不会将 BLOB 类型做代码页转换，而是保持它原始的二进制格式。

BLOB 数据类型的设计意图旨在取代最初的 Gerneral 字段。如果图形或者其他一些媒体类型以 BLOB 的格式存储，可用 Image 控件的 PictureVal 属性对它们进行浏览。

Memo 与 BLOB 类型的数据不能直接修改，如果直接修改的话，则只会显示它们的十六进制的映像。

在以前的版本中，VFP 在建表语句 CREATE TABLE 创建字段类型时，一般用字段名称的第一个字母来取代。但随着数据类型的增多，例如，Character 和 Currency 这两种字段类型如果采用第一个字母的简写方式，会导致同名冲突。现在的版本可以同时支持字段类型的全称、全称的简写、第一个大写字母等多种方式。

1.5.2 常量和变量

1. 常量

常量是指在命令操作或程序运行过程中其值始终保持不变的量。VFP 中经常用到的常量类型有字符型、数值型、货币型、日期型、日期时间型、逻辑型和浮点型。

（1）字符型常量。字符型常量也叫字符串，它由字母、汉字、下画线、空格、数字等可打印的字符组成，使用时必须用定界符括起来，定界符有单引号（' '）、双引号（""）或方括号（[ ]），如"计算机"、'110'、[ABCD]等都是字符串常量。VFP 字符串的最大长度为 254 字节。若字符串中含有定界符，则须用另一种定界符括起来，如[I am a 'student']。

（2）数值型常量。数值型常量即数学中的常数，由整数、小数和正负号构成，如 3.14159、−560、0.35E3 等。

（3）货币型常量。货币型常量用来表示货币值，以"$"或"￥"符号开头，货币数据在存取和计算时采用 4 位小数。多于 4 位时，系统自动将多余的小数四舍五入。

（4）日期型常量。日期型常量用来表示一个日期，其表示方式是用花括号{ }将日期括起来，花括号中包含以分隔符"/"分隔的年、月、日三部分内容。"/"是系统默认的分隔符，还可用连字符（-）或句点（.）作为分隔符。其格式分为传统格式和严格格式两种。

① 传统格式为{mm/dd/yy}，是系统默认的格式，为美国日期格式"月/日/年"，其中月、日、年各为两位数字，如{10/15/03}，表示2003年10月15日。

② 严格格式为{^yyyy-mm-dd}，其中第一个字符必须是字符"^"，年份必须是四位，年、月、日的顺序不能颠倒，其取值范围是{^0001/01/01}～{^9999/12/31}。

（5）日期时间型常量。日期时间型常量包括日期和时间两部分内容，使用一对花括号来作为定界符，其格式为：{<日期> <时间>}。<日期>部分的格式与日期型常量相似，<时间>部分的格式为[hh[:mm[:ss]]][a/p]。其中，hh表示小时（默认为12），mm表示分钟（默认为0），ss表示秒（默认为0），a代表上午，p代表下午，如果不加a或p，默认为a。如{05/18/98 10:15:05}表示1998年5月18日上午10时15分零5秒。

（6）逻辑型常量。逻辑型常量的取值只有两个，逻辑真（.T.,.t.,.Y.,.y.）和逻辑假（.F.,.f.,.N.,.n.），前后两个句点是定界符，不能省略。

（7）浮点型常量。浮点型常量也称为浮动型常量，是数值型常量的浮点格式，如23E+8、-4.51E-2等。

2. 变量

在命令操作和程序运行过程中其值可以改变的量称为变量，变量包括内存变量、字段变量和系统内存变量三种。

（1）内存变量。内存变量可用来存储数据。定义内存变量时需为它取名并赋初值，内存变量建立后存储于内存中。

内存变量是一种独立于数据表而存在的变量，它是内存中一个临时的工作单元，常用来保存所需要的常数、中间结果或对数据表和数据库进行某种处理后的结果等。

内存变量的类型取决于变量值的类型，主要有字符型、数值型、货币型、日期型、日期时间型、逻辑型和屏幕型。其中，屏幕型内存变量不能进行运算，只能用于保存屏幕画面。当内存变量中存放的数据类型改变时，内存变量的类型也随之改变。

当内存变量名和字段变量名相同时，系统优先引用字段变量。若要引用内存变量，需在内存变量名前加前缀M.或M->。

① 内存变量命名规则。内存变量与字段、文件的命名规则有所不同，在VFP中除字段和文件外，所有的用户命名，如内存变量、函数的取名，均要遵守以下规则：以字母或下画线开始，由字母、数字、下画线组成，至多128字节，不可与系统保留字同名。

② 内存变量的赋值。内存变量赋值有两种命令格式。

【命令格式1】 <内存变量名>=<表达式>

【命令格式2】 STORE <表达式> TO <内存变量名表>

【例1.1】 内存变量赋值命令示例。

```
S="VFP 9.0"
STORE 4*4 TO n1,n2,n3
```

③ 内存变量的显示。

【命令格式1】 ?/??<表达式>

【功能】 显示常量、变量、函数和表达式的值。

【说明】 ? 为换行显示，?? 为不换行显示。

【例 1.2】 内存变量显示命令示例。

```
? S
? n2
? ? "数据库应用"
```

显示结果如下：

```
VFP 9.0
16 数据库应用
```

【命令格式 2】 LIST/DISPLAY MEMORY [LIKE<通配符>] [TO PRINTER [PROMPT]/ TO FILE<文件名>]

【功能】 显示或打印一个或多个内存变量的当前内容，或者将这些文件送到一个扩展名为.TXT 的文件中。

【说明】 LIKE<通配符>：表示将选出与通配符相匹配的内存变量。

TO PRINTER[PROMPT]：将显示结果送打印机输出，并提示打印窗口。

TO FILE<文件名>：将显示结果存入一个扩展名为.TXT 的文件中。

【例 1.3】 定义内存变量 X 的值为 3，XY 的值为"CHINA"，并在屏幕上显示出来。

```
X=3
XY="CHINA"
LIST MEMORY  LIKE  X*
```

显示结果如下：

```
X      Pub     N     3       (     3.00000000)
XY     Pub     C     "CHINA"
```

④ 内存变量的释放。

【命令格式】 RELEASE [<内存变量名表>] [ALL [LIKE/EXCEPT <通配符>]]

【功能】 删除内存中的指定变量，但不清除系统内存变量。

【例 1.4】 释放已定义的内存变量。

```
RELEASE  X , XY
RELEASE  ALL
```

上面两个语句分别为释放已定义的内存变量 X、XY 和释放所有已定义的内存变量。

（2）字段变量。 数据表中的每个字段都是一个字段变量，字段名就是字段变量名。它依附于表，随着表的打开和关闭而在内存中存储和释放。显然，对某一字段而言，它的值因记录的不同可能不同。在建立表结构时就已经定义了字段变量，修改表结构时可重新定义，或增删字段变量，但应注意，这将改变表的结构，也将影响表的记录内容。

字段变量的类型有字符型、数值型、货币型、浮点型、双精度型、整型、日期型、日期时间型、逻辑型、备注型、通用型等。字段变量是一种多值变量，其值随记录指针的变化而不同。一个数据表文件有多少条记录，字段变量就有多少个值。

内存变量简称变量，字段变量简称字段。

（3）系统内存变量。VFP 提供了一批系统内存变量，它们都以下画线开头，分别用于控制外部设备、屏幕输出格式，或处理有关计算器、日历、剪贴板等方面的信息。如，_DIARYDATE 用于存储当前日期；_CLIPTEXT 接收文本并送入剪贴板；执行命令_CLIPTEXT ="VFP"后，剪贴板中就存储了文本 VFP。

1.5.3 数组

数组是按一定顺序排列的一组内存变量，数组中的各个变量称为数组元素。数组必须先定义后使用。

1．数组的定义

【命令格式】 DIMENSION/DECLARE<数组名>（<下标 1>[，<下标 2>]）[，...]

【例 1.5】 定义一维数组 a1(3)和二维数组 a2(2,3)。

```
DIMENSION a1(3),a2(2,3)
```

【说明】VFP 一维数组元素的个数为定义的下标值，二维数组元素的个数为定义的两个下标值的乘积。如上述定义中，数组 a1 的元素为 a1(1)、a1(2)、a1(3)，数组 a2(2,3)的元素为 a2(1,1)、a2(1,2)、a2(1,3)、a2(2,1)、a2(2,2)、a2(2,3)。理论上 VFP 最多可定义 16 384 个数组，每个数组最多可包含 16 384 个元素，实际上最大数将受具体计算机内存空间的制约。

2．数组的赋值

在 VFP 中，同一数组内各元素的类型可以不一致，这是其他一般高级程序设计语言不允许的。数组定义后，系统自动为数组元素赋初值逻辑假（.F.）。用赋值命令可为数组元素单个赋值，也可为整个数组的各个元素赋以相同的值。

【例 1.6】 定义二维数组 a1(3,4)、一维数组 a2(3)，并为其赋初值。

```
DIMENSION  a1(3,4), a2(3)
STORE  8  TO  a1
a2(1)=25
a2(2)="student"
a2(3)=.T.
```

二维数组各元素在内存中按行的顺序存储，也可用一维数组来表示二维数组元素。

1.5.4 运算符和表达式

运算符是表示数据之间运算方式的符号，不同类型的数据要用不同的运算符。表达式是由常量、变量、函数通过运算符连接起来的式子，单个的常量、变量、函数是一种特殊的表达式。

表达式通过计算均能得到一个结果，称为表达式的值。按表达式值的类型划分，表达式可分为算术表达式、字符表达式、日期时间表达式、关系表达式和逻辑表达式。

1．算术运算符和算术表达式

算术运算符用于对运算对象进行算术运算，算术表达式由数值型常量、变量、函数和算术运算符组成，其运算结果仍是数值型数据。算术运算符有以下几种，按优先级由高到低依次是：

(1) 括号，( )。优先级最高。

(2) 负号，-。优先级次于括号。

(3) 乘方，**或^。优先级次于负号。

(4) *、/、%，分别是乘号、除号和取余号，优先级次于乘方。当表达式中同时出现乘、除、取余运算时，它们的优先级相同，按从左到右顺序运算。

(5) 加号和减号，+、-。优先级最低，同时出现时，它们的优先级相同，按从左到右顺序运算。

【例 1.7】 计算表达式(11+33) ×2/4 的值。

```
?(11+33)*2/4
22
```

2. 字符运算符和字符表达式

字符运算符用于对两个字符型数据进行连接运算。字符表达式由字符型常量、变量、函数和字符运算符组成，其运算结果仍为字符型数据。字符运算符主要有两个。

(1) +：原样连接两个字符型数据。

【例 1.8】 将字符串"a "和字符串"bcd"连接起来。

```
? "a   "+"bcd"
a   bcd
```

(2) -：在进行字符串的连接时，将前一个字符串尾部的空格移动到连接后的字符串的尾部。

【例 1.9】 将字符串"a "和字符串"bcd"连接起来，并将中间的空格移去。

```
? "a   "-"bcd"
abcd
```

3. 日期运算符和日期时间型表达式

日期运算符用于对日期型、日期时间型或数值型数据进行运算。日期时间型表达式由日期型或日期时间型常量、变量、函数和日期运算符组成。日期运算符主要有两个符号。

(1) +：用于一个日期和一个整数相加的符号。

(2) -：用于一个日期减去另一个日期或整数的符号。

【例 1.10】 日期运算示例。

```
?{^2003-06-18}+30
?{^2007-06-18}- {^2005-04-12}
07/18/03
797
```

日期时间表达式的运算结果是日期型、日期时间型或数值型数据，格式有一定限制，不能任意组合，比如，不可以用"+"运算符将两个日期连接起来。如表 1.3 所示为正确的日期时间表达式格式。

表 1.3　正确的日期时间表达式格式

格　式	类型及结果
日期+天数或天数+日期	日期型，指定日期为"天数"后的日期
日期-天数	日期型，指定日期为"天数"前的日期
日期-日期	数值型，指定两个日期之间相差的天数
日期时间+秒数或秒数+日期时间	日期时间型，指定日期时间若干秒后的日期时间
日期时间-秒数	日期时间型，指定日期时间若干秒前的日期时间
日期时间-日期时间	数值型，指定两个日期时间之间相差的秒数

4．关系运算符和关系表达式

关系运算符用于完成比较运算，其运算结果为逻辑值.T.或.F.。关系表达式由关系运算符、数值表达式、字符表达式、日期时间表达式或货币表达式组成，但运算符两边的数据类型必须一致。关系运算符有：

（1）<：小于。

（2）>：大于。

（3）=：等于。

（4）<>，#，!=：不等于。

（5）<=：小于等于。

（6）>=：大于等于。

（7）==：完全相等，两串全同才是真。

（8）$：包含于，左串是右串的子串时才为真。

【例1.11】　关系运算示例。

```
? 8>10
? 8<>10
? 'a' = ='b'
? "ABCD"$"ABCDEFG"
.F.
.T.
.F.
.T.
```

5．逻辑运算符和逻辑表达式

逻辑表达式由逻辑运算符、逻辑型常量（.T.或.F.）、逻辑型内存变量、逻辑型数组、返回逻辑型值的函数及关系型表达式构成，其运算结果为逻辑值.T.或.F.。逻辑运算符有：

（1）.NOT.或 NOT 或!：逻辑非。

（2）.AND.或 AND：逻辑与。

（3）.OR.或 OR：逻辑或。

【例1.12】　逻辑运算示例。

```
? . NOT. "ABCD"$"ABCDEFG"
? 5>3 AND 4=5
```

```
?  5>3 OR 4=5
.F.
.F.
.T.
```

逻辑运算符的优先等级从高到低依次为：NOT、AND、OR。

不同类型的运算符可以同时出现在同一个表达式中，此时它们的优先级从高到低依次是：算术运算符、字符运算符、日期时间运算符、关系运算符和逻辑运算符。

1.5.5　VFP 命令格式和书写规则

1．命令格式

VFP 的命令通常由命令动词和若干个短语构成。VFP 命令的一般格式为：

命令动词 [<表达式表>] [<范围>] [FOR<条件>] [WHILE<条件>] [FIELDS <字段名表>]
[LIKE/EXCEPT <通配符>] [IN <别名/工作区>]

各部分的意义如下：

（1）命令动词，VFP 的命令名，用来指示计算机要完成的操作。

（2）表达式表，用来指示计算机执行该命令所操作的内容，由常量、内存变量、字段名、函数及运算符组成。

（3）范围，指定命令可以操作的记录集。范围有下列四种选择。

    ALL：当前表中的全部记录。

    NEXT <n>：从当前记录开始的 n 条记录。

    RECORD <n>：当前表中的第 n 号记录。

    REST：从当前记录开始到最后一条记录为止的所有记录。

（4）FOR <条件>，规定只对满足条件的记录进行操作。

（5）WHILE <条件>，从当前记录开始，按记录号顺序从上向下处理，一旦遇到不满足条件的记录，就停止搜索并结束该命令的执行。

（6）[LIKE/EXCEPT <通配符>]，指出包括或不包括与通配符相匹配的文件、字段或内存变量。

（7）IN <别名/工作区>，允许在当前工作区操作指定工作区。

2．命令的书写规则

（1）命令动词必须写在命令的最前面，而各短语的前后顺序可以任意排列。

（2）命令动词、各短语中的保留字及函数名都可以简写为前 4 个字符。

（3）命令动词与短语之间、短语与短语之间、短语的各部分之间必须用空格分隔开。

（4）一条命令最长可达 8192 个字符。当一行写不下时，可在适当位置输入续行符“;”并按 Enter 键换行，继续输入该命令。

（5）变量名、字段名和文件名应避免与命令动词、关键字或函数名同名，以免运行时发生混乱。

（6）命令、关键字、变量名和文件名中的字母既可以大写也可以小写，还可以大、小写混合，三者等效。

（7）命令格式中的符号约定：命令中的[ ] ,/,...,< > 符号都不是命令本身的语法成分，

使用时不能照原样输入。其中，

　　　[ ]：表示可选项，根据具体情况决定是否选用。

　　　/：表示两边的部分只能选用其中的一个。

　　　…：表示可以有任意个类似参数，各参数间用逗号隔开。

　　　<>：表示必选项，其中内容要以实际名称或参数代入。

3．命令工作方式中的常见错误

（1）命令动词写错。

（2）格式不符合要求，主要有：

① 标点符号不对（一定要用中文半角或英文标点符号）；

② 缺少必需的空格或添加了不该有的空格；

③ 数据类型不一致，要注意字符型、数值型、日期型、逻辑型数据的书写格式。

（3）打不开所需文件，没有正确输入盘符和路径或文件名输入错误。

思考与练习

一、选择题

1．数据处理的核心问题是（　　）。

　　A．数据管理　　　　　　　　　　　B．数据分组

　　C．安全维护　　　　　　　　　　　D．数据传输

2．数据库（DB）、数据库系统（DBS）、数据库管理系统（DBMS）之间的关系是（　　）。

　　A．DB 包括 DBS 和 DB　　　　　　B．DBMS 包括 DB 和 DBS

　　C．DBS 包括 DB 和 DBMS　　　　　D．三者之间没有联系

3．从关系模式中指定若干个属性组成新的关系称为（　　）。

　　A．选择　　　　B．投影　　　　　C．连接　　　　D．人工连接

4．计算机数据管理依次经历的阶段是（　　）。

　　A．人工管理、文件系统、分布式数据库系统、数据库系统

　　B．文件系统、人工管理、数据库系统、分布式数据库系统

　　C．数据库系统、人工管理、分布式数据库系统、文件系统

　　D．人工管理、文件系统、数据库系统、分布式数据库系统

5．按一定的组织形式存储在一起的相互关联的数据集合称为（　　）。

　　A．数据库管理系统　　　　　　　　B．数据库

　　C．数据库应用系统　　　　　　　　D．数据库系统

6．在一个二维表中，行称为（　　），列称为（　　）。

　　A．属性　元组　　　　　　　　　　B．元组　属性

　　C．关系　元组　　　　　　　　　　D．属性　关系

7．VFP 是一种（　　）数据库管理系统。

　　A．层次型　　　　　　　　　　　　B．网状型

　　C．关系型　　　　　　　　　　　　D．树形

8．支持数据库各种操作的软件系统是（　　）。

　　A．数据库系统　　　　　　　　　　B．操作系统

C. 数据库管理系统　　　　　　　　　　D. 命令系统

9. 数据库系统与文件系统的主要区别是（　　）。

　　A. 文件系统只能管理程序文件，而数据库系统可以管理各种类型的文件

　　B. 文件系统管理的数据较少，而数据库系统能管理大量数据

　　C. 文件系统比较简单，数据库系统比较复杂

　　D. 文件系统没有解决数据冗余和数据独立性问题，而数据库系统解决了这些问题

10. VFP 是一种关系型数据库管理系统，所谓关系是指（　　）。

　　A. 表中各个记录之间的联系

　　B. 数据模型满足一定条件的二维表格式

　　C. 表中各个字段之间的联系

　　D. 一个表与另一个表之间的联系

11. 下列表达式中，不是常量的是（　　）。

　　A. [This is a book]　　　　　　　　B. $110.3

　　C. abc　　　　　　　　　　　　　　D. {^2003-10-19}

12. 下列表达式中，结果总为逻辑值的是（　　）。

　　A. 关系表达式　　　　　　　　　　B. 日期时间型表达式

　　C. 数值表达式　　　　　　　　　　D. 字符表达式

13. 在 VFP 中，字符型数据的最大长度是（　　）。

　　A. 8 字节　　　　　　　　　　　　B. 255 字节

　　C. 没有限制　　　　　　　　　　　D. 254 字节

14. 下列表达式中，结果值为.F.的是（　　）。

　　A. '90'>[100]　　　　　　　　　　B. "李小梅"<"张小梅"

　　C. 120<170　　　　　　　　　　　D. {^2003/2/10}＋100<{^2003/4/10}

15. 以下赋值语句正确的是（　　）。

　　A. STORE 12＋15 TO A, B　　　　B. STORE 3, 7 TO A, B

　　C. A=2, B=10　　　　　　　　　　D. A, B=8

二、填空题

1. 将数据转换成信息的过程称为＿＿＿＿。

2. 数据库管理系统可以支持三种数据模型，它们是＿＿＿＿、＿＿＿＿和＿＿＿＿。

3. 在关系数据库中，表格的每一行在 VFP 中称为＿＿＿＿；表格的每一列在 VFP 中称为＿＿＿＿。

4. VFP 提供的工作方式主要有两种，即＿＿＿＿和＿＿＿＿。

5. 在 VFP 中变量包括＿＿＿＿、＿＿＿＿和＿＿＿＿三种。

6. VFP 9.0 新增了三种数据类型，分别是＿＿＿＿、＿＿＿＿和＿＿＿＿。

7. 年龄大于 60 岁或小于 30 岁，职称为工程师的逻辑表达式是＿＿＿＿。

8. 表达式"window"＝＝"Window"的结果为＿＿＿＿。

三、简答题

1. 什么是信息、数据与数据处理？

2. VFP 的数据类型有哪几种？其中通用型用来存储哪些数据？

3. 简述 VFP 9.0 的新功能？

4．数据库管理系统有哪些基本功能？

5．VFP 有哪两种工作方式？简单说明两种工作方式的特点。

四、操作题

1．请在命令窗口中分别输入下列语句，观察其结果。

（1）?'A'<>'B'

（2）?"B"$"ABC"

（3）?4>3.AND.4=3

（4）?{^2007/07/21}+10

（5）?"中国　　"+"河南"

2．在命令窗口中输入下列语句序列。

```
A="20"
B="A"
?&B+"10"
```

写出运行结果。

3．在命令窗口中输入下列语句序列。

```
A=10
B=5
C=4
?A%B＋B^2/C+B
```

写出运行结果。

4．在命令窗口中输入以下表达式。

```
?10-8>10 OR 10+8>12 AND "abc"$"ab"
```

写出运行结果。

第2章 VFP表的基本操作

本章主要介绍表的基本操作，内容包括：表的建立、表的打开与关闭、表结构的修改、记录的修改、记录的定位与显示、记录的删除与恢复、表文件的复制与删除、表与数组和内存变量之间的数据交换、表的筛选，以及默认目录的设置。

2.1 VFP表的建立

表是由行和列组成的二维表格，它是处理数据和建立关系数据库及其应用程序的基本单元。表分为自由表和数据库表。自由表是独立于数据库而存在的一种表，而数据库表是包含在数据库中的表。

表主要由结构和记录两部分组成，结构可以理解为表的框架，记录即为表中的数据。

2.1.1 分析和设计表结构

1. 表结构的分析

Visual FoxPro 中使用的数据表与我们日常使用的二维表相似，如表 2.1 所示。

表 2.1 Teacher 表

姓　　名	性　别	出生年月	婚　　否	教研室	职　　称	月 收 入	简　历	照　片
张三	男	1957-8-12	T	语文	教授	1343.56	略	略
李四	女	1960-8-23	T	数学	副教授	1050.20	略	略
景秀丽	女	1979-2-11	T	外语	讲师	890.00	略	略
王五	男	1967-5-23	T	计算机		678.00	略	略
赵六	男	1963-12-8	F	外语	副教授	1040.40	略	略
马识途	男	1975-4-21	F	计算机	讲师	860.00	略	略
李华	男	1988-8-15	T	数学	讲师	880.00	略	略

这张表反映了教师的基本信息，由"姓名"、"性别"、"出生年月"等 9 列组成，其中每一列表示一种不可再分的基本属性，称为字段。而其中的标题，如"姓名"表示属性的名称，叫字段名；其中的内容，比如"张三"是字段的值，表示不同教师的时候，字段"姓名"可以有不同的值。但同一列数据必须使用相同的数据表示方法，也就是数据类型，比如"姓名"是字符型，"婚否"是逻辑型，给字段定义数据类型是为了更好地处理数据。当然还要给字段值预留足够的存储空间，也就是定义字段的宽度。字段的名称、类型、宽度等构成表的框架，即结构。

表的每一行表示某个教师的基本情况，称为一条"记录"。记录是表的核心内容。

表的建立分两步，第一步定义表结构，第二步输入数据。定义表结构就是定义各个字段的属性，包括字段的个数以及每个字段的名称、类型、宽度等。

字段名：字段名即关系的属性名或表的列名。自由表字段名最长为 10 个字符，数据库表字段名最长可为 128 个字符。字段名以字母或汉字开头，由字母、汉字、数字、下画线组成。

字段类型：每个字段都有特定的数据类型，当其定义了相应的数据类型后，数据如何存储、使用也被相应地定义了。

宽度和小数位：字段的宽度规定了字段值可以容纳的最大字节数。数值型字段除需要定义字段的总宽度外，还需要定义小数位。

2．表结构的设计

在 VFP 系统中，一张二维表对应一个数据表，称为表文件，其扩展名为.DBF。一张二维表由表名、表头、表的内容三部分组成，一个数据表有表文件的文件名、结构、记录三个要素。

表文件的文件名是表文件的主要标志，我们依靠表文件名建立、使用指定的表文件。定义表结构就是定义数据表字段的个数、字段名、字段类型、字段宽度等。表的记录是表文件中的基本数据，也是 VFP 进行数据处理的对象。

下面以表 2.1 为例介绍表结构的设计。

在定义表结构时，首先应熟悉事务处理的工作流程，明确事务处理的目的、所需的原始数据和相关数据，然后确定所需要的数据表，每个表中所含字段、各个字段的类型、宽度等。比如教师表中要包含有关教师的基本信息，即姓名、性别、出生日期、简历等。字段的名称应反映字段的基本属性。

"姓名"字段定义为字符型，长度定义为 6 字节（1 个汉字占 2 字节）。

"性别"字段定义为字符型，长度定义为 2 字节。

"出生年月"字段定义为日期型，固定长度为 8 字节。

"婚否"字段只有两种状态，可以定义为逻辑型，如果人为规定"已婚"用".T."表示，那么"未婚"的值就是".F."，固定长度为 1 字节。

"教研室"字段定义为字符型，宽度定义为 6 字节。

"职称"字段定义为字符型，宽度定义为 6 字节。

"月收入"字段定义为数值型，考虑小数点也占 1 字节，宽度定义为 7 字节。

"简历"字段存放字符较多，是不定长的文本，定义为备注型，固定长度为 4 字节。

"照片"字段存放图片，属多媒体信息，定义为通用型，固定长度为 4 字节。

表 teacher.dbf 的结构如下：

字段	字段名	类型	宽度	小数位
1	姓名	字符型	6	
2	性别	字符型	2	
3	出生年月	日期型	8	
4	婚否	逻辑型	1	
5	教研室	字符型	6	
6	职称	字符型	6	
7	月收入	数值型	7	2
8	个人简历	备注型	4	
9	照片	通用型	4	
** 总计 **			45	

2.1.2 建立表结构

用户可在菜单、命令等方式下，利用"表设计器"对话框创建表结构。

1. 菜单方式

在菜单方式下打开"表设计器"的方式如下：

（1）打开"文件"菜单，选择"新建"命令，弹出"新建"对话框，如图 2.1 所示。

（2）在"新建"对话框中，选中"表"单选按钮，单击"新建"按钮，弹出"创建"对话框，如图 2.2 所示。

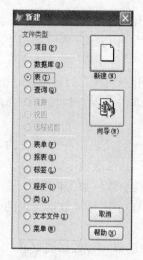 

图 2.1　"新建"对话框　　　　　　　图 2.2　"创建"对话框

（3）在"创建"对话框中，选定目录，输入表名，然后单击"保存"按钮，弹出"表设计器"对话框，如图 2.3 所示。

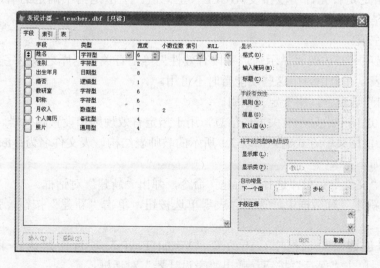

图 2.3　"表设计器"对话框

2. 命令方式

【命令格式】　CREATE <表文件名>/?

【功能】 打开"表设计器"对话框，创建一个新表结构。

【说明】 执行该命令时，默认在当前目录中创建表结构，若在命令中使用"？"参数，则打开一个"创建"对话框，提示用户输入表文件名。

3．项目方式

利用项目方式创建表结构的操作步骤如下：

（1）打开"文件"菜单，选择"新建"命令，弹出如图 2.1 所示的"新建"对话框。

（2）在"新建"对话框中，选中"项目"单选按钮，单击"新建"按钮，弹出"创建"对话框。

（3）在"创建"对话框中，输入项目名，单击"保存"按钮，打开"项目管理器"窗口。

（4）在"项目管理器"窗口打开"数据"选项卡，选择"自由表"，然后单击"新建"按钮，弹出"新建表"对话框。

（5）在"新建表"对话框中，单击"新建表"按钮，弹出"创建"对话框。

（6）在"创建"对话框中，选定目录，输入表名，然后单击"保存"按钮，弹出"表设计器"对话框。

用上述三种方法均可打开"表设计器"对话框，然后逐一定义表中各个字段的名称、类型、宽度等内容。"表设计器"包括"字段"、"索引"、"表"三张选项卡。

（1）"字段"选项卡：定义各字段的字段名、类型、宽度及小数位数等内容。

字段名：定义字段的名称。自由表的一个字段名最多为 10 个字符，数据库表的一个字段名最多为 128 个字符。

类型：定义字段中存放数据的类型。单击下拉箭头，从中选择一种数据类型。

宽度：表示字段允许存放的最大字节数或数值位数。

小数位数：指定小数点右边的数字位数。

索引：指定字段的普通索引，用以对数据进行排序。

NULL：指定是否允许字段接受 NULL（空）值。空值是指不确定的值，它与空字符串、数值 0 等是不同的。一个字段是否允许为空值与字段的性质有关。例如，关键字的字段不允许设置为空值。

"字段"选项卡右边的"显示"、"字段有效性"等是有关数据库之数据字典的设置，只适用于数据库表，在自由表中这些功能暂时不可用。

（2）"索引"选项卡：用于定义索引。

（3）"表"选项卡：显示有关表的信息，用于指定有效规则和设置触发器。

【例 2.1】 使用菜单方式建立如表 2.1 所示的教师表结构，表文件名为：teacher.dbf。

操作步骤如下：

（1）打开"文件"菜单，选择"新建"命令，弹出"新建"对话框。

（2）在"新建"对话框中，选中"表"单选按钮，单击"新建"按钮，弹出"创建"对话框。

（3）在"创建"对话框中，不改变"Visual FoxPro 项目"默认目录，输入表名"teacher"，然后单击"保存"按钮，弹出"表设计器"对话框。

（4）在"表设计器"对话框中，打开"字段"选项卡，然后依次输入字段的字段名、类型、宽度及小数位数等内容。

单击 NULL 列出现 √ 符号时，表示该字段可以接受空值。向上或向下拖动"字段名"

左侧的双箭头按钮，可以改变字段的次序。单击"删除"按钮，可删除字段；单击"插入"按钮，可增加字段。

（5）当表中所有字段定义完成后，单击"确定"按钮，则关闭"表设计器"对话框，建立表结构结束，此时表"teacher.dbf"中没有任何记录，只有表结构。

2.1.3　表数据的录入

数据表结构建立之后，需要向表中输入数据，在 VFP 中，有多种数据录入方式。在"浏览"方式下给表中追加记录的操作步骤如下：

（1）打开表。

（2）打开"显示"菜单，选择"浏览"命令，打开表"浏览"窗口。此时的表是一空表，只显示表中的字段名。

（3）第二次打开"显示"菜单，选择"追加方式"命令，在当前表尾部追加记录。

（4）在表"浏览"窗口输入数据。

为了提高录入速度和准确性，应注意以下事项。

如果输入的数据宽度等于字段宽度，则光标自动跳到下一个字段；如果输入的数据宽度小于字段宽度，则需按 Enter 键或 Tab 键跳到下一个字段。

对于有小数的数值型字段，如果输入整数部分宽度等于所定义的宽度，则光标自动跳到小数部分；如果输入整数部分宽度小于所定义的宽度，则按键盘右箭头跳到小数部分。

日期型字段的两个分隔符"/"由系统给出，不需要用户输入，可按美国日期格式MM/DD/YY 输入日期。如果输入非法日期，则会提示出错信息。

逻辑型字段只能接受 T,Y,F,N 这四个字母之一（不区分大小写）。如果在此字段中不输入值，则默认为 F。

输入记录的最后一个字段的值后，按 Enter 键，光标自动定位到下一个记录的第一个字段。

备注型和通用型字段的赋值比较复杂，下面举例说明。

【例 2.2】　给表 teacher.dbf 中第一个记录的备注型字段输入"大学毕业"。

操作步骤如下：

（1）打开表 teacher.dbf。

（2）打开"显示"菜单，选择"浏览"命令，打开表"浏览"窗口。

（3）双击第一个记录的备注型字段 memo 标志区（或单击 memo 标志区后按 Ctrl+PgDn组合键），打开备注型字段编辑窗口，输入"大学毕业"，如图 2.4 所示。

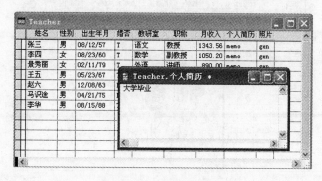

图 2.4　备注型数据的输入

（4）输入完毕，单击"关闭"按钮（或按 Ctrl+W 组合键），关闭备注型字段编辑窗口，保存数据。此时备注型字段显示为 Memo（第一个字母大写）。如果要放弃本次的输入或修改操作，则按 Esc 键或 Ctrl+Q 组合键。

【例 2.3】 将照片插入到表 teacher.dbf 的第一个记录的通用型字段中。

操作步骤如下：

（1）打开表 teacher.dbf。

（2）打开"显示"菜单，选择"浏览"命令，打开表"浏览"窗口。

（3）双击第一个记录的通用型字段 gen 标志区（或单击 gen 标志区后按 Ctrl+PgDn 组合键），打开通用型字段编辑窗口。

（4）打开"编辑"菜单，选择"插入对象"命令，弹出"插入对象"对话框，选中"由文件创建"单选按钮，单击"浏览"按钮，选择相应的位图文件，如图 2.5 所示。

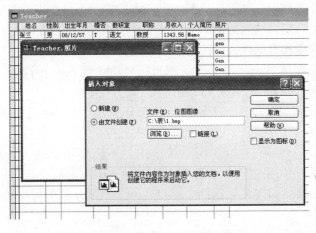

图 2.5 "插入对象"对话框

（5）单击"插入对象"对话框中的"确定"按钮，图像出现在通用型字段编辑窗口，如图 2.6 所示。

（6）单击关闭按钮（或按 Ctrl+W 组合键），关闭通用型字段编辑窗口，保存图像。此时通用型字段显示为 Gen（第 1 个字母大写)。

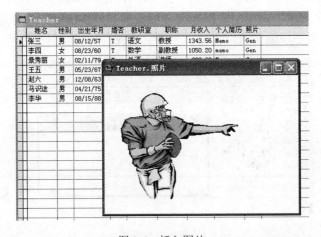

图 2.6 插入图片

2.2 表的打开与关闭

2.2.1 表的打开

打开表是将表从磁盘调入内存的过程。只有打开的表，才可以对其中的数据进行操作。

1．使用菜单方式打开表

【例2.4】 使用菜单方式打开表teacher.dbf。

操作步骤如下：

（1）打开"文件"菜单，选择"打开"命令，弹出"打开"对话框。

（2）在"打开"对话框中，选择文件类型为"表（*.dbf）"，选择表文件teacher.dbf，选中"以独占方式打开"复选框，如图2.7所示，单击"确定"按钮，打开表teacher.dbf。

图2.7 "打开"对话框

2．使用命令方式打开表

【命令格式】 USE [<表文件名>/<？>][NOUPDATE]

【功能】 在当前工作区中打开或关闭指定的表。

【说明】

（1）<表文件名>表示被打开的表的文件名，文件扩展名默认为.dbf。

（2）使用命令"USE？"时，弹出"使用"对话框，选定要打开的表。

（3）打开一个表时，该工作区原来已打开的表将自动关闭。

（4）如果执行不带表名的USE命令，则关闭当前工作区已打开的表。

（5）NOUPDATE指定以只读方式打开表。以只读方式打开的表只能读，不能改写。

2.2.2 表的关闭

1．使用菜单方式关闭表

（1）打开"窗口"菜单，选择"数据工作期"命令，弹出"数据工作期"对话框，如图2.8所示。

（2）在"别名"列表框中，选择需要关闭的表，单击"关闭"按钮，关闭该表。

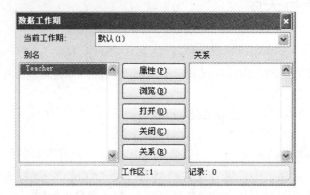

图 2.8　"数据工作期"对话框

2．使用命令方式关闭表

在命令窗口中输入不带表名的 USE 命令，则关闭当前工作区中已打开的表。

【例 2.5】　打开表 teacher.dbf，然后将其关闭。

```
USE teacher
USE
```

2.3　表的显示

2.3.1　表记录的显示

1．使用菜单方式显示记录

当建立表的结构并输入记录后，用户可选择"显示"菜单中的"浏览"或"编辑"命令来显示和修改已打开表中的数据。"浏览"窗口是 VFP 中最常用的显示方式。

【例 2.6】　以菜单方式显示 teacher.dbf 中的记录。

（1）打开表 teacher.dbf。

（2）打开"显示"菜单，选择"浏览"命令，打开表"浏览"窗口，如图 2.9 所示。

姓名	性别	出生年月	婚否	教研室	职称	月收入	个人简历	照片
张三	男	08/12/57	T	语文	教授	1343.56	Memo	gen
李四	女	10/23/60	T	数学	副教授	1050.20	memo	gen
景秀丽	女	02/11/79	T	外语	讲师	890.00	Memo	Gen
王五	男	05/23/67	T	计算机		678.00	memo	Gen
赵六	男	12/08/63	F	外语	副教授	1040.40	memo	Gen
马识途	男	04/21/75	F	计算机	讲师	860.00	memo	gen
李华	男	08/15/88	T	数学	讲师	880.00	memo	gen

图 2.9　"浏览"窗口

（3）如果打开"显示"菜单，选择"编辑"命令，则打开"编辑"窗口，此时每行显示一个字段，如图 2.10 所示。

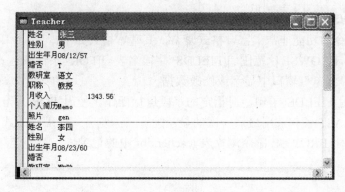

图 2.10   "编辑"窗口

（4）如果拖动"浏览"窗口左下角的拆分条，可将"浏览"窗口分割成左右两部分，如图 2.11 所示。并且这两个窗口是彼此关联的，移动一个窗口的数据记录时，另一个窗口的记录也随之移动。

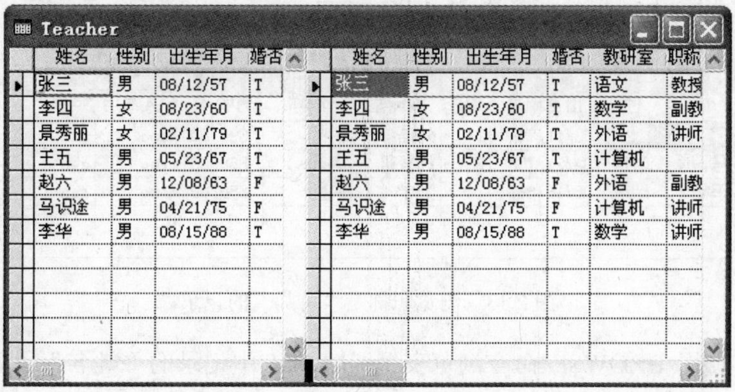

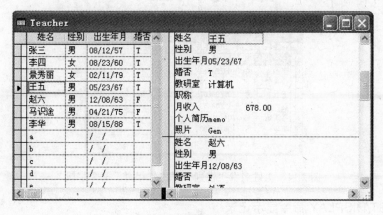

图 2.11   "浏览"窗口的拆分

（5）如果单击其中的一个窗口，通过"显示"菜单，可以单独更改其显示方式，如图 2.12 所示。

图 2.12   混合浏览方式

（6）拖动拆分条回到最左侧的原始位置，可恢复单浏览窗口。

2. 用 BROWSE 命令浏览记录

BROWSE 命令的功能非常丰富，格式复杂，其基本格式如下：

【命令格式】 BROWSE [<范围>][FIELDS<字段名表>][FOR<条件表达式>][LAST]

【功能】 在"浏览"窗口中显示或修改数据。

【说明】 使用 FIELDS 子句，对指定的字段进行操作。使用 FOR 子句，对满足条件的记录进行操作。LAST 子句选用最后一次的显示配置（浏览方式或编辑方式）。

【例 2.7】 使用 BROWSE 命令浏览表 teacher.dbf 中的记录。

```
USE teacher
BROWSE
```

【例 2.8】 使用 BROWSE 命令浏览表 teacher.dbf 中职称是"讲师"的记录。

```
USE teacher
BROWSE FOR 职称="讲师"
```

结果如图 2.13 所示。

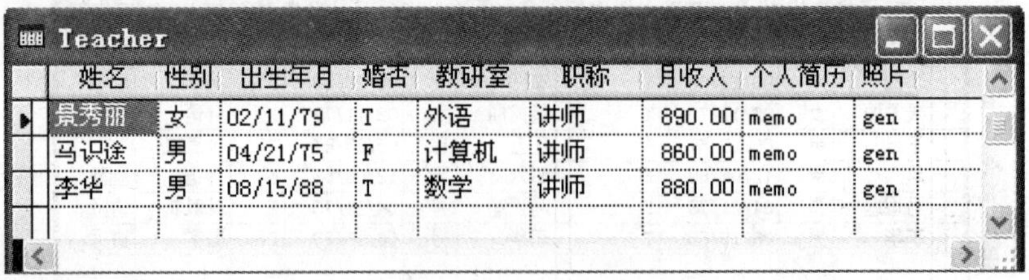

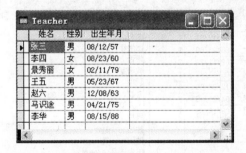

图 2.13 浏览职称是"讲师"的记录

【例 2.9】 使用 BROWSE 命令浏览表 teacher.dbf 中记录的"姓名"、"性别"、"出生年月"三个字段的内容。

```
USE teacher
BROWSE FIELDS 姓名,性别,出生年月
```

结果如图 2.14 所示。

图 2.14 "姓名"、"性别"、"出生年月"三个字段

3. 用 LIST/DISPLAY 命令显示记录

【命令格式】 LIST/DISPLAY [<范围>] [FIELDS<字段名表>] [FOR <条件表达式>];
[OFF] [TO PRINT][TO FILE <文件名>]

【功能】 在工作区窗口显示当前表中符合条件的记录。

【说明】

（1）LIST 命令的范围默认值为 ALL，DISPLAY 命令的默认值为当前记录。如果省略范围，使用[FOR<条件>]子句，默认范围为 ALL。

（2）若省略 FIELDS 子句，默认所有字段。

（3）若省略 OFF 子句，则显示记录号，否则不显示记录号。

（4）若使用 TO PRINT 子句，则输出记录到打印机，否则默认输出到屏幕。

（5）若使用 TO FILE <文件名>子句，则将输出内容写入指定表文件。

【例 2.10】 在工作区窗口显示表 teacher.dbf 中的记录。

```
USE teacher
LIST
?RECNO()
?EOF()
GO 3
DISPLAY
?RECNO()
?EOF()
```

显示结果如下：

记录号	姓名	性别	出生年月	婚否	教研室	职称	月收入	个人简历	照片
1	张三	男	08/12/57	.T.	语文	教授	1343.56	Memo	Gen
2	李四	女	08/23/60	.T.	数学	副教授	1050.20	memo	gen
3	景秀丽	女	02/11/79	.T.	外语	讲师	890.00	memo	gen
4	王五	男	05/23/67	.T.	计算机		678.00	memo	Gen
5	赵六	男	12/08/63	.F.	外语	副教授	1040.40	memo	Gen
6	马识途	男	04/21/75	.F.	计算机	讲师	860.00	memo	gen
7	李华	男	08/15/88	.T.	数学	讲师	880.00	memo	gen

　　　　8
.T.

记录号	姓名	性别	出生年月	婚否	教研室	职称	月收入	个人简历	照片
3	景秀丽	女	02/11/79	.T.	外语	讲师	890.00	memo	gen

　　　　3
.F.

【例 2.11】 在工作区窗口显示表 teacher.dbf 中计算机教研室老师的记录。

```
USE teacher
LIST for 教研室="计算机"
```

显示结果如下：

记录号	姓名	性别	出生年月	婚否	教研室	职称	月收入	个人简历	照片
4	王五	男	05/23/67	.T.	计算机		678.00	memo	Gen
6	马识途	男	04/21/75	.F.	计算机	讲师	860.00	memo	gen

【例 2.12】 在工作区窗口显示表 teacher.dbf 中 1970 年以前出生的老师记录。

```
USE teacher
LIST for 出生年月<{^1970/1/1}
```

显示结果如下：

记录号	姓名	性别	出生年月	婚否	教研室	职称	月收入	个人简历	照片
1	张三	男	08/12/57	.T.	语文	教授	1343.56	Memo	Gen
2	李四	女	08/23/60	.T.	数学	副教授	1050.20	memo	gen
4	王五	男	05/23/67	.T.	计算机		678.00	memo	Gen
5	赵六	男	12/08/63	.F.	外语	副教授	1040.40	memo	Gen

【例 2.13】 在工作区窗口显示表 teacher.dbf 中月收入在 1000 元以上的老师的姓名、月收入。

```
USE teacher
LIST for 月收入>1000 fields 姓名,月收入
```

显示结果如下：

记录号	姓名	月收入
1	张三	1343.56
2	李四	1050.20
5	赵六	1040.40

【例 2.14】 在工作区窗口显示表 teacher.dbf 中已婚老师的记录。

```
USE teacher
LIST for 婚否 off
```

显示结果如下：

姓名	性别	出生年月	婚否	教研室	职称	月收入	个人简历	照片
张三	男	08/12/57	.T.	语文	教授	1343.56	Memo	Gen
李四	女	08/23/60	.T.	数学	副教授	1050.20	memo	gen
景秀丽	女	02/11/79	.T.	外语	讲师	890.00	memo	gen
王五	男	05/23/67	.T.	计算机	讲师	678.00	memo	Gen
李华	男	08/15/88	.T.	数学	讲师	880.00	memo	gen

2.3.2 表结构的显示

【命令格式】 LIST/DISPLAY STRUCTURE

【功能】 在工作区窗口显示当前表的结构。

【例 2.15】 显示表 teacher.dbf 的结构。

```
USE teacher
LIST STRUCTURE
```

显示结果如下：

```
表结构:                  C:\DOCUMENTS AND SETTINGS\ADMINISTRATOR\桌面\TEACHER.DBF
数据记录数:              8
最近更新的时间:          06/26/07
备注文件块大小:          64
代码页:                  936
```

字段	字段名	类型	宽度	小数位	索引	排序	Nulls	下一个	步长
1	姓名	字符型	6				否		
2	性别	字符型	2				否		
3	出生年月	日期型	8				否		
4	婚否	逻辑型	1				否		
5	教研室	字符型	6				否		
6	职称	字符型	6				否		
7	月收入	数值型	7	2			否		
8	个人简历	备注型	4				否		
9	照片	通用型	4				否		
** 总计 **			45						

2.4　目录操作

如果不做专门设定，用户所建立的表文件将存放在 VFP 系统的默认目录中。为了更好地管理文件，可以重新设置默认目录。

1．使用"选项"对话框设置默认目录

（1）打开"工具"菜单，选择"选项"命令，弹出"选项"对话框，选中"文件位置"选项卡，如图 2.15 所示。

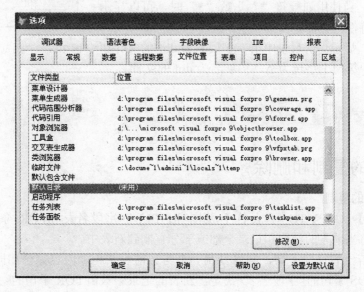

图 2.15　"选项"对话框

（2）单击"默认目录"选项，然后单击"修改"按钮，弹出"更改文件位置"对话框，如图 2.16 所示。

图 2.16　"更改文件位置"对话框

（3）选中"使用（U）默认目录"复选框，文本输入框成为可用形式，直接输入新的目录或单击文本框右侧按钮，打开"浏览文件夹"对话框，如图 2.17 所示，选择或创建新目录。

（4）单击"确定"按钮，返回"选项"对话框后，可直接单击"选项"对话框中的"确定"按钮完成本次默认目录的设置。如果希望下次进入 VFP 系统，这个默认目录依然有效，可先单击"设置为默认值"按钮，再单击"确定"按钮。

2．命令方式更改默认目录

【命令格式】 SET DEFAULT TO <目录名>

【功能】　设置系统的默认目录。

【例2.16】　将D盘上的"作业"文件夹设置为默认目录。

```
SET DEFAULT TO d:\作业
```

3．显示文件目录命令

【命令格式】　DIR [盘符][路径]

【功能】　显示指定文件。可选项缺省时，显示默认目录
下的表文件名。当使用通配符"？"或"*"时，可以显示
一批具有某种特性的文件。

【例2.17】　显示当前目录中所有扩展名为.dbf的文件和
显示当前目录中第一个字母为A，扩展名为.dbf的文件。

图2.17　"浏览文件夹"对话框

```
DIR
DIR A*.dbf
```

2.5　文件的复制和删除

1．表文件的复制

【命令格式】　COPY TO <新表名>[<范围>][FIELDS<字段名表>][FOR<条件>]

【功能】　将当前表的结构和记录全部或部分复制到新表中。

【说明】　若没有任何子句，则将复制一个与当前表结构和内容完全相同的新表。新表
的结构由FIELDS子句的<字段名表>决定，新表的记录个数由FOR子句的<条件>决定。

【例2.18】　复制完全相同的表teacher.dbf到teacher2.dbf和teacher2.fpt。

```
USE teacher
COPY TO teacher2
USE teacher2
LIST
```

显示结果如下：

记录号	姓名	性别	出生年月	婚否	教研室	职称	月收入	个人简历	照片
1	张三	男	08/12/57	.T.	语文	教授	1343.56	Memo	Gen
2	李四	女	08/23/60	.T.	数学	副教授	1050.20	memo	gen
3	景秀丽	女	02/11/79	.T.	外语	讲师	890.00	memo	gen
4	王五	男	05/23/67	.T.	计算机	讲师	678.00	memo	Gen
5	赵六	男	12/08/63	.F.	外语	副教授	1040.40	memo	Gen
6	马识途	男	04/21/75	.F.	计算机	讲师	860.00	memo	gen
7	李华	男	08/15/88	.T.	数学	讲师	880.00	memo	gen

【例2.19】　从表teacher.dbf复制到teacher3.dbf，新表中含有女教师的"姓名"、"性
别"、"教研室"三个字段。

```
USE teacher
COPY TO teacher3 FOR 性别="女" FIELDS 姓名,性别,教研室
USE teacher3
LIST
```

显示结果如下：

记录号	姓名	性别	教研室
1	李四	女	数学
2	景秀丽	女	外语

2．表结构的复制

【命令格式】 COPY STRUCTURE TO <新表名> [FIELDS<字段名表>]

【功能】 将当前表的结构全部或部分复制到新表中。

【说明】 产生的新表是一个只有表结构而没有记录的空表。若使用 FIELDS 子句，则新表只包含 FIELDS 子句指定的字段。

【例 2.20】 从表 teacher.dbf 的结构中复制到 teacher4.dbf 的结构，新表结构中含有教师的"姓名"、"性别"、"婚否"、"职称"四个字段。

```
USE teacher
COPY STRUCTURE TO teacher4 FIELDS 姓名,性别,婚否,职称
USE teacher4
LIST STRUCTURE
```

显示结果如下：

表结构：		D:\作业\TEACHER4.DBF			
数据记录数：		0			
最近更新的时间：		06/27/07			
代码页：		936			
字段	字段名	类型		宽度	小数位
1	姓名	字符型		6	
2	性别	字符型		2	
3	婚否	逻辑型		1	
4	职称	字符型		6	
** 总计 **				16	

3．任意类型文件的复制

【命令格式】 COPY FILE <源文件名> TO <目标文件名>

【功能】 将源文件内容复制到目标文件中。

【说明】

（1）该命令可复制任何类型的文件。

（2）源文件和目标文件若有扩展名，必须写上。

（3）源文件和目标文件不能使用通配符"*"、"?"。

（4）使用该命令前，源文件必须是关闭的。

（5）若源文件是一个带有备注型字段的数据表文件，则需要另外复制.FPT 文件。

4．文件的删除

【命令格式】 ERASE/DELETE FILE <文件名>/?

【功能】 删除磁盘文件。

【说明】

（1）要删除的文件中若有扩展名，必须写上。

（2）要删除的文件中可以使用通配符"*"、"?"。

（3）文件名前可带盘符和路径，若省略盘符和路径，则指当前盘、当前路径。

（4）使用该命令前，被删除的文件必须是关闭的。

（5）若要删除的文件是带有备注型字段的数据表文件，则需要另外删除.FPT 文件。

（6）若使用 ERASE?，而未指定要删除的文件名，则弹出"删除文件"对话框，选择要删除的文件。

2.6　记录指针的定位

表中的每个记录都有一个编号，称为记录号。对于打开的表，会被分配一个记录指针，记录指针指向的记录称为当前记录。定位记录就是移动记录指针，使指针指向符合条件的记录的过程。使用记录号测试函数 RECNO() 可以获得当前记录的记录号。

表文件有两个特殊的位置：文件头（表起始标记）和文件尾（表结束标记）。文件头在表的第一条记录之前，当记录指针指向文件头时，BOF() 函数的值为.T.；文件尾在表的最后一条记录之后，当记录指针指向文件尾时，EOF() 函数的值为.T.，如图 2.18 所示。

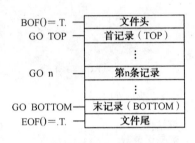

图 2.18　记录指针的定位

1. 绝对定位

将记录指针直接定位到某条记录，称为记录的绝对定位。

（1）使用鼠标在浏览方式下直接定位。在如图 2.9 所示的记录的浏览窗口，记录最左边的小方框里，黑色向右的三角所指的记录就是当前记录，用户可以通过单击鼠标的方式直接定位记录。

（2）命令方式绝对定位。

【命令格式】　GO/GOTO　[TOP/BOTTOM]/<n>]

【功能】　将记录指针指向定位记录。

【例 2.21】　GO 命令定位示例。

```
USE teacher
?RECNO()              && 刚打开的表，指针指向第 1 条记录
GO bottom             && 定位到末记录
?RECNO()
?EOF()
GO 3
?RECNO()
GO top                && 定位到首记录
?RECNO()
```

显示结果如下：

```
            1
            7
     .F.
            3
            1
```

2. 相对定位

【命令格式】 SKIP[+/−] [<数值表达式>]

【功能】 从当前记录开始向前或向后移动记录指针。

【说明】

（1）SKIP：向表尾方向移动 1 条记录。

（2）SKIP+n：向表尾方向移动 n 条记录。

（3）SKIP−n：向表头方向移动 n 条记录。

【例 2.22】 SKIP 命令定位记录示例。

```
USE teacher
?RECNO(),BOF()
SKIP -1                      &&指向文件头
?RECNO(),BOF()
GO bottom
?RECNO(),EOF()
SKIP                         &&指向文件尾
?RECNO(),EOF()
```

显示结果如下：

```
        1 .F.
        1 .T.
        7 .F.
        8 .T.
```

另外也可使用菜单方式定位或移动记录指针。在记录的浏览、编辑、追加等方式下，打开"表"菜单，选择"转到记录"命令，选择如图 2.19 所示的某个命令。

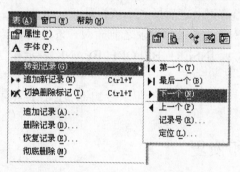

图 2.19 "转到记录"菜单及子菜单

2.7 记录的追加与插入

1. 记录的追加

【命令格式】 APPEND [BLANK]

【功能】 在已打开的当前表的尾部追加一条或多条记录。

【说明】 当命令使用 BLANK 子句时，在表的尾部追加一条空记录，并且不进入编辑窗口。

【例 2.23】 执行 APPEND 命令，给表 teacher.dbf 追加记录。

```
USE teacher        && 以独占方式打开表 teacher.dbf
APPEND             && 显示编辑窗口，在当前表的尾部追加记录，如图 2.20 所示
```

【例 2.24】 执行 APPEND BLANK 命令，给表 teacher.dbf 追加一条空记录。

```
USE teacher              && 以独占方式打开表 teacher.dbf
APPEND BLANK             && 在当前表的尾部追加一条空记录
BROWSE                  && 浏览记录，如图 2.21 所示
```

图 2.20 "编辑"窗口

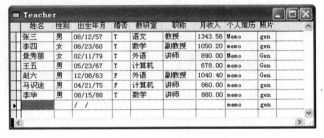

图 2.21 追加一条空记录

2. 记录的插入

【命令格式】 INSERT [BEFORE][BLANK]

【功能】 在当前表中某条记录的之前或之后插入记录。

【说明】

（1）INSERT 表示在当前记录之后插入一条记录。

（2）INSERT BEFORE 表示在当前记录之前插入一条记录。

（3）INSERT BLANK 或 INSERT BEFORE BLANK 表示在当前记录之后或之前插入一条空记录。

（4）插入空记录后，其后所有记录的记录号加 1，空记录只有记录号而无内容。

2.8 记录的删除和恢复

在 VFP 中，删除记录的方法是：先逻辑删除记录，即给记录做上删除标记"*"，然后再物理删除记录。当删除有误时，可以恢复逻辑删除的记录。

2.8.1 记录的逻辑删除

逻辑删除记录就是给记录做上删除标记，但这些记录并没有真正从表中删除。在对表进行操作时，如果执行 SET DELETE ON 命令，则有删除标记的记录不予显示，称逻辑删除有效。

1. 用鼠标的方式逻辑删除记录

在浏览窗口，用鼠标单击记录前的白色小框，使其变为黑色，表示逻辑删除，如图 2.22 所示。

2．用菜单的方式逻辑删除记录

如果要同时删除多条记录，打开"表"菜单，选择"删除记录…"命令，弹出"删除"对话框，如图 2.23 所示。

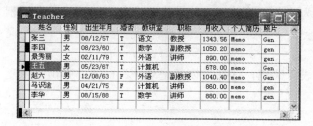

图 2.22　逻辑删除记录

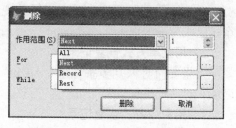

图 2.23　"删除"对话框

3．用命令方式逻辑删除记录

【命令格式】　DELETE [<范围>] [FOR <条件>]

【功能】　逻辑删除指定范围内符合条件的记录，删除标记用"*"表示。

【例 2.25】　逻辑删除表 teacher.dbf 中的第 3 条和第 5 条记录。

```
USE teacher
GO 3
DELETE
GO 5
DELETE
LIST
```

显示结果如下：

记录号	姓名	性别	出生年月	婚否	教研室	职称	月收入	个人简历	照片
1	张三	男	08/12/57	.T.	语文	教授	1343.56	Memo	Gen
2	李四	女	08/23/60	.T.	数学	副教授	1050.20	memo	gen
3	*景秀丽	女	02/11/79	.T.	外语	讲师	890.00	memo	gen
4	王五	男	05/23/67	.T.	计算机		678.00	memo	Gen
5	*赵六	男	12/08/63	.F.	外语	副教授	1040.40	memo	Gen
6	马识途	男	04/21/75	.F.	计算机	讲师	860.00	memo	gen
7	李华	男	08/15/88	.T.	数学	讲师	880.00	memo	gen

从结果可以看到，第 3 条和第 5 条记录的前面都有一个"*"，它就是删除标记。

【例 2.26】　逻辑删除表 teacher.dbf 中姓"李"老师的记录。

```
USE teacher
RECALL ALL
DELETE FOR 姓名="李"
LIST
```

显示结果如下：

记录号	姓名	性别	出生年月	婚否	教研室	职称	月收入	个人简历	照片
1	张三	男	08/12/57	.T.	语文	教授	1343.56	Memo	Gen
2	*李四	女	08/23/60	.T.	数学	副教授	1050.20	memo	gen
3	景秀丽	女	02/11/79	.T.	外语	讲师	890.00	memo	gen
4	王五	男	05/23/67	.T.	计算机		678.00	memo	Gen
5	赵六	男	12/08/63	.F.	外语	副教授	1040.40	memo	Gen
6	马识途	男	04/21/75	.F.	计算机	讲师	860.00	memo	gen
7	*李华	男	08/15/88	.T.	数学	讲师	880.00	memo	gen

2.8.2 记录的恢复

恢复逻辑删除的记录，实际上就是去掉记录前面的删除标记。

1. 用鼠标方式恢复记录

在记录的浏览窗口，单击记录前变为黑色删除标记，使其恢复白色，则该记录去掉删除标记成为正常记录。

2. 用菜单方式恢复记录

如果要同时恢复多条记录，打开"表"菜单，选择"恢复记录…"命令，弹出"恢复记录"对话框进行设置即可。

3. 用命令方式恢复记录

【命令格式】 RECALL [<范围>] [FOR <条件表达式>]

【功能】 恢复指定范围内符合条件的被逻辑删除的记录为正常记录。

【说明】

（1）RECALL 仅恢复当前记录指针指向的带有删除标记的一条记录。

（2）RECALL ALL 恢复所有带删除标记的记录。

（3）若使用 FOR<条件表达式>子句，则恢复指定范围内所有符合条件的带有删除标记的记录。

2.8.3 记录的物理删除与清空

物理删除记录就是把记录从表中彻底删除。

1. 用菜单方式物理删除记录

打开表"浏览"窗口，单击"表"菜单，选择"彻底删除"命令，弹出提示信息对话框，单击"是"按钮即可。

2. 用命令方式物理删除记录

【命令格式】 PACK

【功能】 物理删除所有带删除标记的记录。

【说明】 PACK 命令不受 SET DELETE ON/OFF 状态的影响。

【例 2.27】 物理删除表 teacher.dbf 中的第 3 条记录。

```
USE teacher
RECALL all
GO 3
DELETE
PACK
BROWSE
```

显示结果如图 2.24 所示。

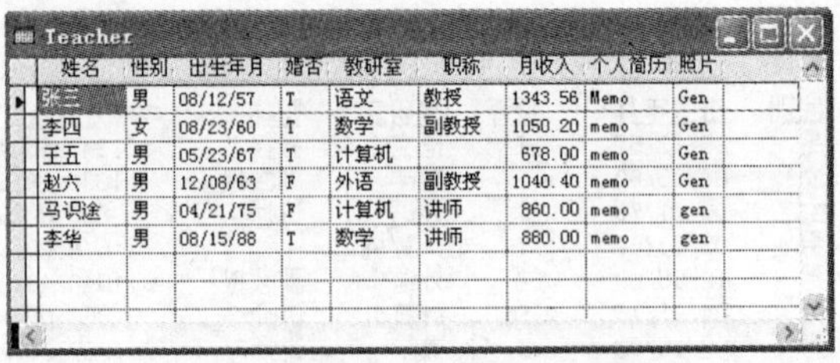

图 2.24 【例 2.27】显示结果

3．记录的清空

【命令格式】 ZAP

【功能】 物理删除表中的全部记录，删除后，表中只保留结构，没有记录。

2.9 VFP 表的修改

2.9.1 表结构的修改

用户可以利用"表设计器"修改表的结构。需要注意的是，只有以独占方式打开的表才可以被修改。表结构的修改包括：增加或删除字段，修改字段名、类型、宽度等，还可以增加、删除或修改索引标识等。

改变表结构时，系统会自动产生一个扩展名为.BAK 的备份文件。如果表中含有备注型或通用型字段，也会同时生成对应备注文件（.FPT）的备份文件（.TBK）。当表结构的修改发生失误时，将备份文件.BAK 和.TBK 同时改成相对应的.DBF 和.FPT 文件，即可恢复原来的表结构。打开"表设计器"的方式有两种。

1．菜单方式

（1）以独占方式打开要修改结构的表。

（2）打开"显示"菜单，选择"表设计器"命令，弹出"表设计器"对话框进行修改即可。

（3）在"表设计器"对话框中，单击"确定"按钮，弹出如图 2.25 所示的对话框，单击"是"按钮。

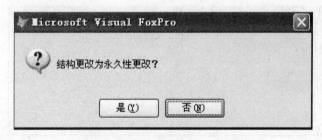

图 2.25 结构修改提示信息对话框

2．命令方式

【命令格式】 MODIFY STRUCTURE

【功能】 打开"表设计器"对话框，修改当前表的结构。

【例 2.28】 用命令修改表 teacher.dbf 的结构。

```
USE teacher
MODIFY STRUCTURE
```

2.9.2 表记录的修改

1．在"浏览"窗口中修改记录

以独占方式打开表，在"浏览"窗口中，可对表中的记录直接进行修改，用户还可以拖动鼠标调整表中字段的显示顺序和显示的宽度。修改完毕，直接关闭“浏览”窗口或按 Ctrl+W 组合键，保存所做的修改。

2．EDIT/CHANG 命令

【命令格式】 EDIT/CHANG [<范围>] [FIELDS<字段名表>] [FOR <条件表达式>]

【功能】 修改满足条件的记录中指定字段的数值。

【例 2.29】 用 EDIT 命令修改表 teacher.dbf 中的记录。

```
USE teacher
EDIT 2                      && 直接定位到第 2 条记录进行修改（可以修改所有记录）
EDIT FIELDS 姓名,职称       && 只显示姓名、职称两个字段供修改
EDIT FOR NOT 婚否           && 只修改所有未婚教师的记录
```

3．REPLACE 命令

【命令格式】 REPLACE [<范围>] [<字段名 1> WITH <表达式 1>] [<字段名 2> WITH <表达式 2>]…[<字段名 n> WITH <表达式 n>] [FOR <条件表达式>]

【功能】 用表达式的值替换指定字段的值，即用表达式 1 的值替换字段名 1 原来的值；用表达式 2 的值替换字段名 2 原来的值；……

【例 2.30】 将表 teacher.dbf 中所有教师的工资增加 500 元。

```
USE teacher
REPLACE  ALL 月收入 WITH 月收入+500
BROWSE
```

显示结果如图 2.26 所示。

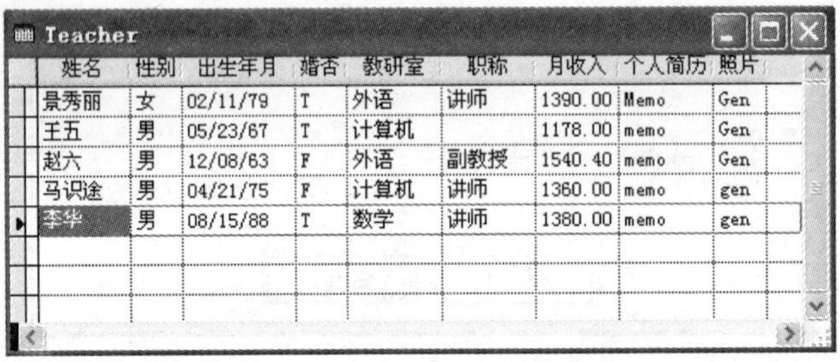

姓名	性别	出生年月	婚否	教研室	职称	月收入	个人简历	照片
景秀丽	女	02/11/79	T	外语	讲师	1390.00	Memo	Gen
王五	男	05/23/67	T	计算机		1178.00	memo	Gen
赵六	男	12/08/63	F	外语	副教授	1540.40	memo	Gen
马识途	男	04/21/75	F	计算机	讲师	1360.00	memo	gen
李华	男	08/15/88	T	数学	讲师	1380.00	memo	gen

图 2.26 【例 2.30】显示结果

【例 2.31】 将表 teacher.dbf 中教师景秀丽的职称由“讲师”改为“副教授”。

```
USE teacher
REPLACE  职称 WITH "副教授" FOR 姓名="景秀丽"
BROWSE
```

显示结果如图 2.27 所示。

【例 2.32】 给表 teacher.dbf 增加一条记录，各字段的值依次是：“石磊”、“男”、“10/30/63”、“已婚”、“计算机”、“教授”、“1800 元”。

```
USE teacher
APPEND BLANK
```

```
    REPLACE 姓名 WITH "石磊",性别 WITH  "男",出生年月 WITH {^1963/10/30},婚否
WITH .t. ,;
    教研室 WITH "计算机",职称 WITH "教授",月收入 WITH 1800
    BROWSE LAST
```

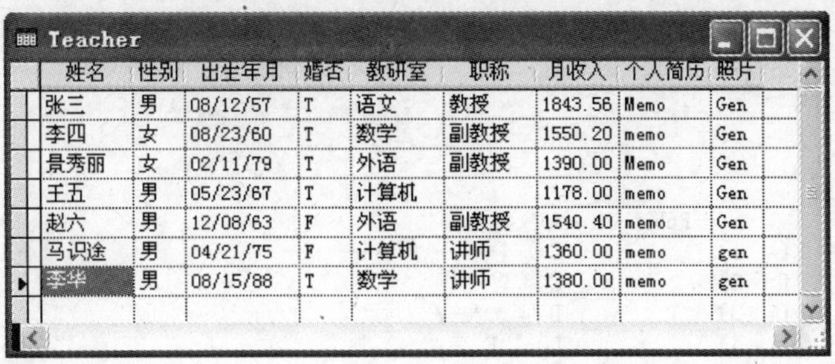

姓名	性别	出生年月	婚否	教研室	职称	月收入	个人简历	照片
张三	男	08/12/57	T	语文	教授	1843.56	Memo	Gen
李四	女	08/23/60	T	数学	副教授	1550.20	memo	Gen
景秀丽	女	02/11/79	T	外语	副教授	1390.00	Memo	Gen
王五	男	05/23/67	T	计算机		1178.00	memo	Gen
赵六	男	12/08/63	F	外语	副教授	1540.40	memo	Gen
马识途	男	04/21/75	F	计算机	讲师	1360.00	memo	gen
李华	男	08/15/88	T	数学	讲师	1380.00	memo	gen

图 2.27　【例 2.31】显示结果

显示结果如图 2.28 所示。

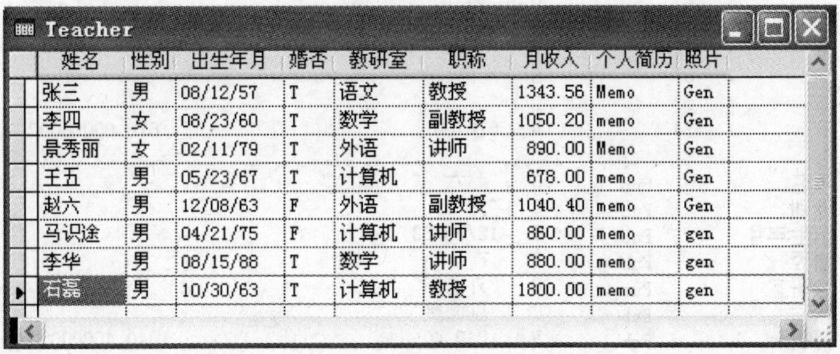

姓名	性别	出生年月	婚否	教研室	职称	月收入	个人简历	照片
张三	男	08/12/57	T	语文	教授	1343.56	Memo	Gen
李四	女	08/23/60	T	数学	副教授	1050.20	memo	Gen
景秀丽	女	02/11/79	T	外语	讲师	890.00	Memo	Gen
王五	男	05/23/67	T	计算机	讲师	678.00	memo	Gen
赵六	男	12/08/63	F	外语	副教授	1040.40	memo	Gen
马识途	男	04/21/75	F	计算机	讲师	860.00	memo	gen
李华	男	08/15/88	T	数学	讲师	880.00	memo	gen
石磊	男	10/30/63	T	计算机	教授	1800.00	memo	gen

图 2.28　【例 2.32】显示结果

2.9.3　记录与数组间的数据传送

在 VFP 中，数据表与数组之间进行数据交换是应用程序设计中经常使用的一种操作，具有传送数据多、速度快和使用方便等优点。数据表与数组之间进行数据交换可以使用 SCATTER 和 GATHER 命令。

1．将当前记录复制到数组或内存变量中

【命令格式】 SCATTER [FIELDS<字段名表>][MEMO] [BLANK]TO [<数组名>] | [MEMVAR]

【功能】 将当前记录的字段值按<字段名表>顺序依次送入数组元素或一组内存变量中。

【说明】

（1）若使用 FIELDS 子句，则只传送字段名表中的字段，否则将传送所有字段（备注型字段除外）；若传送备注型字段，还需使用 MEMO 选项。

（2）使用 TO <数组名>子句能将数据复制到<数组名>所示的数组元素中。

（3）使用 MEMVAR 可将数据复制到一组变量名与字段名相同的内存变量中。

（4）如果使用 BLANK，则将创建一组与各字段数据类型相同的空内存变量。

【例 2.33】 SCATTER 命令使用示例。

```
USE teacher
SCATTER BLANK TO a
GO 4
SCATTER TO b
GO 5
SCATTER MEMVAR
DISPLAY MEMORY
```

显示结果如下：

```
A                Pub       A
      (   1)               C      "        "
      (   2)               C      "        "
      (   3)               D       /   /
      (   4)               L      .F.
      (   5)               C      "        "
      (   6)               C      "        "
      (   7)               N      0.00              (              0.00000000)
B                Pub       A
      (   1)               C      "王五    "
      (   2)               C      "男"
      (   3)               D      05/23/67
      (   4)               L      .T.
      (   5)               C      "计算机"
      (   6)               C      "        "
      (   7)               N      678.00            (              678.00000000)

   姓名          Pub       C      "赵六    "
   性别          Pub       C      "男"
   出生年月      Pub       D      12/08/63
   婚否          Pub       L      .F.
   教研室        Pub       C      "外语    "
   职称          Pub       C      "副教授"
   月收入        Pub       N      1040.40           (              1040.40000000)

   已定义      9个变量,      占用了144个字节
   1015个变量可用
```

2. 将数组或内存变量中的数据复制到当前记录

【命令格式】 GATHER FROM <数组名> | MEMVAR [FIELDS<字段名表>][MEMO]

【功能】 将数组或内存变量中的数据依次复制到当前记录，以替换相应的字段值。

【说明】

（1）修改记录前需确定记录指针的位置。

（2）若使用 FIELDS 子句，则只有<字段名表>中的字段才会被数组元素值替代；若传送备注型字段，还需使用 MEMO 选项。

（3）内存变量将传送给与它同名的内存变量；若某字段无同名的内存变量，则不对该字段进行数据替换。

（4）若数组元素多于字段数，则多出的数组元素不传送；若数组元素少于字段数，则多出的字段值不会改变。

【例 2.34】 GATHER FROM 命令使用示例。

```
USE teacher
COPY STRUCTURE TO teacher5
USE teacher5
```

```
APPEND BLANK
GATHER FROM a
APPEND BLANK
GATHER FROM b
APPEND BLANK
GATHER memvar
BROWSE
```

显示结果如图 2.29 所示。

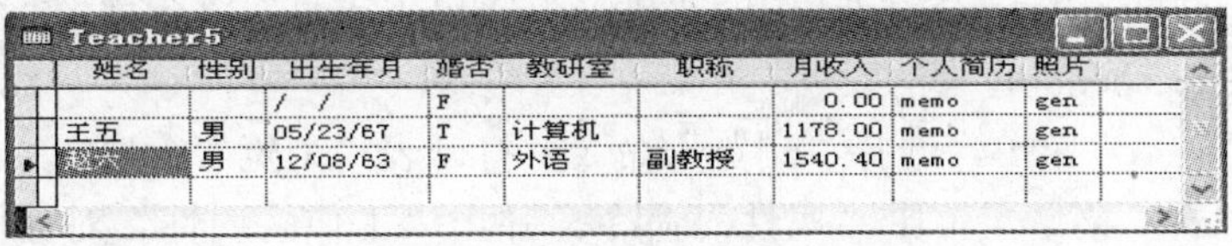

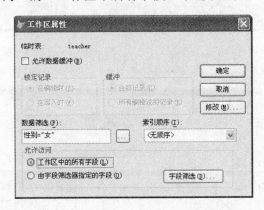

图 2.29 【例 2.34】显示结果

2.10 数据筛选

在实际应用中,表的记录较多或字段数目较大,处理数据就显得不太方便。VFP 提供了表的筛选功能,可以只对满足条件的部分记录或部分字段进行操作。挑选出满足条件记录的操作称记录的筛选,挑选出部分字段的操作称字段的筛选。

2.10.1 记录的筛选

【例 2.35】 只显示表 teacher.dbf 中所有女教师的记录。

(1)打开表 teacher.dbf。

(2)打开"显示"菜单,选择"浏览"命令,打开表"浏览"窗口。

(3)打开"表"菜单,单击"属性"命令,弹出"工作区属性"对话框。

(4)在"工作区属性"对话框的"数据筛选"文本框中,输入记录筛选条件"性别="女"",并选中"允许访问"的"工作区中所有字段"单选项,如图 2.30 所示。

图 2.30 "工作区属性"对话框

(5)单击"确定"按钮,返回"浏览"窗口,结果如图 2.31 所示。

图 2.31　【例 2.35】显示结果

2.10.2　字段的筛选

【例 2.36】　只显示表 teacher.dbf 中的"姓名"、"出生年月"、"职称"3 个字段。

（1）打开表 teacher.dbf。

（2）打开"显示"菜单，选择"浏览"命令，打开表"浏览"窗口。

（3）打开"表"菜单，单击"属性"命令，弹出"工作区属性"对话框，选中"允许访问"的"由字段筛选器指定的字段"单选项。

（4）单击"工作区属性"对话框的"字段筛选"按钮，弹出"字段选择器"对话框。

（5）选择"姓名"、"出生年月"、"职称"3 个字段，使它们出现在"字段选择器"对话框右边的列表框中，如图 2.32 所示。

（6）单击"确定"按钮，关闭"字段选择器"对话框，返回"工作区属性"对话框。

（7）单击"确定"按钮，返回"浏览"窗口。这时"浏览"窗口显示仍是原来的记录内容，关闭这个"浏览"窗口。

（8）再次打开"显示"菜单，选择"浏览"命令，打开表"浏览"窗口，结果如图 2.33 所示。

图 2.32　"字段选择器"对话框

图 2.33　筛选字段后的浏览窗口

思考与练习

一、选择题

1. 表主要由两部分组成（　　）。

　　A．结构部分和记录部分　　　　　　　B．记录部分和数据部分

　　C．结构部分和属性部分　　　　　　　D．关系部分和属性部分

2. 备注字段是一种特殊字段，下列有关它的叙述中，错误的是（　　）。

　　A．备注字段存储一个指针，指针指向存放备注内容的地址

B．备注内容存放在与表同名、扩展名为.fpt 的文件中

C．如果有多个备注字段，则对应多个.fpt 文件

D．该字段由 VFP 规定其长度为 4

3．当函数 EOF()的值为真时，说明记录指针指向（　　）。

A．文件尾　　　　　　　　　　　　B．文件中的最后一条记录

C．文件中的第一条记录　　　　　　D．文件中的某一条记录

4．输入命令 BROWSE LAST，则系统显示（　　）。

A．和最后一次浏览相同的记录　　　B．和最后一次设置相同的浏览格式

C．剩余的记录　　　　　　　　　　D．最后一条记录

二、填空题

1．已知某数据表的结构为：编号（C，4）、单价（N，7，2）、数量（N，6，0），则单价字段可接收的最大数额为_____。

2．如果通用型字段中已输入数据，则相应字段中显示_____。

3．_____命令可以在数据表尾部追加数据记录。

4．_____删除是指删除磁盘上表文件的记录，删除后的记录不能恢复。

三、简答题

1．VFP 中的自由表和数据库表有什么区别？

2．表由几部分组成？建表的步骤是什么？

3．表的打开和关闭是怎么回事？

4．怎样设置 VFP 文件的默认目录？

5．什么是记录号、记录指针、当前记录、文件头、文件尾、首记录、尾记录？

6．逻辑删除记录和物理删除记录是怎么回事？

7．VFP 命令中范围限定的方法有哪几种？

8．如何向表添加记录？

9．修改表记录的方式有哪些？

10．如何实现数组与表之间的数据传递？

四、操作题

1．更改 VFP 文件的默认目录。

（1）在桌面建立真实信息的个人文件夹，文件夹命名的格式为：班级+学号+姓名，如"电商一 01 付亚娟"，其中学号是实际学号的后两位，班级、学号、姓名之间没有空格。

（2）参照 2.4 节目录的操作中设置默认目录的步骤，将此个人文件夹设置为默认目录。

2．建立表。

（1）建立学生表，详细内容见实训 1。

（2）建立分数表：学号（C，10）、课程编码（C，4）、成绩（N，3），数据如图 2.34 所示。

（3）建立课程表：课程编码（C，4）、课程名称（C，20）数据如图 2.35 所示。

3．将已建立的教师表、学生表、分数表、课程表复制到操作题 1 建立的个人文件夹。注意，对于使用了备注型、通用型字段的教师表和学生表，一定不要忘记在复制.dbf 文件的同时，也必须同时复制.fpt 文件。

4．打开其中的一个表，如学生表，对其进行操作。

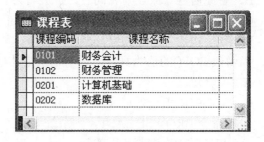

图 2.34　分数表浏览窗口　　　　　　　图 2.35　课程表浏览窗口

表的基本操作包括：表的打开与关闭、记录的输入与修改、表结构的修改、记录的定位与显示、记录的删除与恢复、表文件的复制与删除、表与数组和内存变量之间的数据交换。

（1）使用菜单方式，在学生表的尾部追加一条记录，记录的数据为学生本人的真实数据，并查看结果。

（2）使用 APPEND 命令在尾部追加一条空记录，然后使用 REPLACE WITH 替换命令，将班上学习委员的真实数据填入其中，并查看结果。

（3）显示学生表中的所有记录。

（4）显示第 2 条记录。

（5）显示 1987 年 1 月 1 日以后出生的学生记录。

（6）显示家在安阳市的学生姓名、家庭住址。

（7）显示家庭住址不在河南省的学生姓名、家庭住址。

（8）定位到最后一条记录（学习委员），使用 SCATTER 命令，将当前记录复制到数组 A。

（9）定位到最后一条记录（学习委员），将其打上删除标记，并查看结果。

（10）逻辑删除表中女学生的记录，并查看结果。

（11）恢复所有被删除的女学生的记录，并查看结果。

（12）物理删除最后一条记录（学习委员），并查看结果。

（13）使用 APPEND 命令在尾部追加一条空记录，然后使用 GATHER FROM 命令，将数组 A 中的数据复制到当前记录，并查看结果。

上机实训

实训 1：表的建立

【实训目的】

1．了解设计表的思路。

2．掌握自由表的建立方法和步骤。

【实训内容】

建立反映学生基本情况的学生表。

【实训步骤】

1．参看如表 2.2 所示的学生表，分析、确定表中字段的个数、字段名、字段类型、字段宽度等。

表 2.2　学生表

学　号	姓　名	性　别	出生年月	班　级	家庭住址	简　历	照　片
2005032101	付亚娟	F	1986-5-8	电商一	陕西省咸阳市	（略）	（略）
2005032102	周清云	F	1985-12-1	电商一	河南省洛阳市	（略）	（略）
2005032103	王芳	F	1986-12-22	电商一	河南省新乡市	（略）	（略）
2005032104	王晓涛	F	1986-11-22	电商一	江西省抚州市	（略）	（略）
2005033201	郭丽	F	1986-10-25	网络二	吉林省梅河口市	（略）	（略）
2005033202	黄飞龙	F	1986-2-8	网络二	吉林省吉林市	（略）	（略）
2005033203	李扬	T	1986-9-10	网络二	河南省郑州市	（略）	（略）
2005033204	张杰	T	1986-11-8	网络二	河南省安阳市	（略）	（略）

　　"学号"根据实际情况定义为字符型，比如学号 2005032101"代表的意义是"2005"级"03"系"21"班"01"号，所以我们将"学号"定义为字符型，这样可以通过字符的截取函数取得"年级"、"系"或"班级"等信息。这个字段也是唯一能够确定学生记录的关键字，长度为 10 字节。

　　"姓名"定义为字符型，考虑到复姓，长度定义为 8 字节。

　　"性别"字段只有两个值，可以定义为逻辑型，如果人为规定"男"用".T."表示，那么"女"的值就是".F."，固定长度为 1 字节。

　　"出生年月"定义为日期型，固定长度为 8 字节。

　　"班级"根据实际情况定义为字符型，宽度为 6 字节。

　　"家庭住址"定义为字符型，考虑足够容纳所存放的数据，宽度定义为 20 字节。

　　"简历"存放字符较多，是不定长的文本，定义为备注型，固定长度为 4 字节。

　　"照片"存放图片，属多媒体信息，定义为通用型，固定长度为 4 字节。

　　2．利用菜单、命令等方式，打开"表设计器"对话框创建表"学生.DBF"的结构。

　　3．使用菜单方式打开学生表。

　　4．打开"显示"菜单，选择"浏览"命令，打开表"浏览"窗口。此时的表是一个空表，只显示表中的字段名。

　　5．第 2 次打开"显示"菜单，选择"追加方式"命令，在当前表尾部追加记录。

　　6．依照上表向表"学生表.DBF"中录入数据。

　　7．录入备注型字段。

　　8．双击第 1 条记录的备注型字段 memo 标志区（或单击 memo 标志区后按 Ctrl+PgDn 组合键），打开备注型字段编辑窗口，输入"出生地：陕西"。

　　9．输入完毕，单击关闭按钮（或按 Ctrl+W 组合键），关闭备注型字段编辑窗口，保存数据。此时备注型字段显示为 Memo（第 1 个字母大写）。

　　10．如果要放弃本次的输入或修改操作，则按 Esc 键或 Ctrl+Q 组合键。

　　11．录入通用型字段。

　　（1）双击第 1 条记录的通用注型字段 gen 标志区（或单击 gen 标志区后按 Ctrl+PgDn 组合键），打开通用型字段编辑窗口。

　　（2）打开"编辑"菜单，选择"插入对象"命令，弹出"插入对象"对话框，选中由"文件创建"单选按钮，单击"浏览"按钮，选择相应的位图文件。

（3）单击"插入对象"对话框中的"确定"按钮，图像出现在通用型字段编辑窗口。

（4）单击关闭按钮（或按 Ctrl+W 组合键），关闭通用型字段编辑窗口，保存图像。此时通用型字段显示为 Gen（第 1 个字母大写）。

12．打开"窗口"菜单，选择"数据工作期"命令，弹出"数据工作期"对话框，在"别名"列表框中，选择需要关闭的学生表，单击"关闭"按钮，关闭该表。

实训 2：表的显示

【实训目的】

1．熟练掌握表的浏览方法。

2．熟悉 FOR 短语、FIELDS 短语和范围短语的使用。

【实训内容】

1．用菜单方式浏览和修改数据。

2．用 LIST/DISPLAY 命令显示记录。

【实训步骤】

1．用菜单方式浏览和修改数据。

（1）使用菜单方式打开学生表。注意，若要对表进行修改，须使用"独占"方式打开表。

（2）打开"显示"菜单，选择"浏览"命令，打开表"浏览"窗口，如图 2.36 所示。

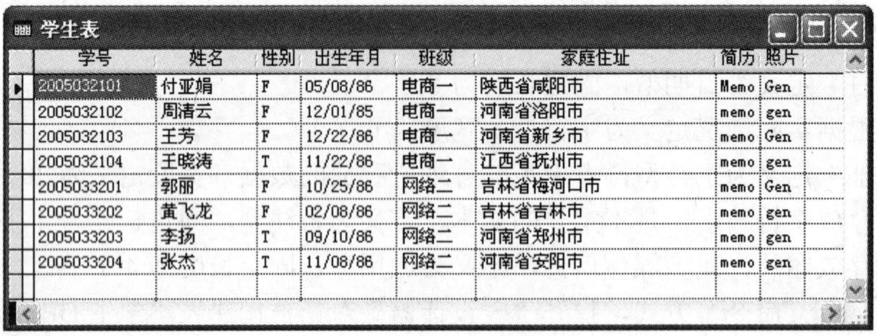

学号	姓名	性别	出生年月	班级	家庭住址	简历	照片
2005032101	付亚娟	F	05/08/86	电商一	陕西省咸阳市	Memo	Gen
2005032102	周清云	F	12/01/85	电商一	河南省洛阳市	memo	gen
2005032103	王芳	F	12/22/86	电商一	河南省新乡市	memo	Gen
2005032104	王晓涛	T	11/22/86	电商一	江西省抚州市	memo	gen
2005033201	郭丽	F	10/25/86	网络二	吉林省梅河口市	memo	gen
2005033202	黄飞龙	F	02/08/86	网络二	吉林省吉林市	memo	gen
2005033203	李扬	T	09/10/86	网络二	河南省郑州市	memo	gen
2005033204	张杰	T	11/08/86	网络二	河南省安阳市	memo	gen

图 2.36　学生表浏览窗口

（3）在浏览窗口中，将鼠标移到需要修改记录的相应字段上，直接进行修改。

（4）在浏览窗口中，可以用鼠标调整浏览窗口的大小，同时还可以用鼠标拖动的方法调整表中字段的显示顺序和显示宽度。

（5）退出浏览窗口，完成记录的浏览和修改。

2．用 LIST/DISPLAY 命令显示记录，在命令窗口输入以下命令。

（1）显示全部记录。

```
USE 学生表
LIST
CLEAR
```

（2）使用<范围>子句。

```
USE 学生表
LIST record 2
GO  TOP
```

```
DISPLAY
GO 3
LIST next 2
GO 6
LIST rest
```

（3）使用 FOR 子句和 FIELDS 子句。

```
USE 学生表
LIST for 性别
LIST for NOT 性别
LIST for 性别=.f.
LIST for AT("安阳",家庭住址)<>0
LIST for "安阳"$家庭住址
LIST for AT("河南",家庭住址)=0
LIST for NOT "河南"$家庭住址
LIST FIELDS 学号,姓名,出生年月 FOR 出生年月<{^1986/6/1}
```

实训 3：表的复制

【实训目的】

掌握表复制的方法。

【实训内容】

1. 复制表文件，包括结构和数据。

2. 复制表结构。

【实训步骤】

1. 复制表文件，包括结构和数据。

```
USE 学生表
COPY TO stu1
USE stu1
LIST
USE 学生表
COPY TO stu2 FOR 班级="电商一"
COPY TO stu3 FOR 班级="电商一" FIELDS  学号,姓名,出生年月
USE stu2
LIST
USE stu3
LIST
```

2. 复制表结构。

```
USE 学生表
LIST STRUCTURE
COPY STRUCTURE TO stu4
USE stu4
LIST
LIST STRUCTURE
```

```
USE 学生表
COPY STRUCTURE TO stu5  FIELDS 学号,姓名,出生年月
USE stu5
LIST STRUCTURE
```

实训 4：记录的删除与恢复

【实训目的】

掌握删除记录的步骤和特点。

【实训内容】

1．逻辑删除表中的记录。

2．恢复逻辑删除的记录。

3．物理删除表中打上删除标记的记录。

【实训步骤】

1．使用"独占"方式打开学生表。

2．逻辑删除表中的记录。

（1）用鼠标的方式逻辑删除记录。在浏览窗口，用鼠标单击第 1 条记录前的白色小框，使其变为黑色，表示逻辑删除。

（2）用 DELETE 命令逻辑删除记录。

```
GO  2
DELETE
DELETE FOR  性别
BROWSE
```

3．恢复逻辑删除的记录。

（1）用鼠标的方式逻辑删除记录。在浏览窗口，用鼠标单击第 1 条记录前的黑色小框，使其变为白色，表示恢复逻辑删除。

（2）用 RECALL 命令恢复逻辑删除的记录。

```
GO  4
RECALL
BROWSE
RECALL FOR 姓名="张杰"
BROWSE
RECALL FOR 性别=.f.
BROWSE
```

4．物理删除表中打上删除标记的记录。

```
PACK
BROWSE
```

第 3 章　查询与统计

查询与统计是常用的表操作。记录在数据表文件中是按照物理顺序排列的，如果希望数据表文件中的数据记录按照某种固定次序来显示或处理，需要采取一些有效的方法对文件中的记录重新组织，使其与希望的顺序一致。利用排序和索引，可以实现此目的。本章主要介绍记录的排序与索引、记录的查询、数据统计和多表操作。

3.1　排序

排序就是把表文件中的记录按照某个字段值的大小顺序重新排列，作为排序依据的字段称为"关键字段"。排序操作结果将生成一个新的表文件，表文件的结构和数据可与源文件完全相同，也可以是取自源文件的一部分字段。排序既可以按照关键字段值从小到大的顺序进行，也可以按照由大到小的顺序进行，前者称为升序，后者称为降序。数据大小的比较规则为：如果是数值型、日期型的数据进行比较，则由其本身的大小决定；字符型数据由其ASCII 码值确定，汉字由机内码确定大小。

总之，排序是将表记录的顺序按指定的字段重新排列，生成一个新的表文件。

【命令格式】　SORT TO <文件名> ON <字段名 1> [/A][/D][/C][, <字段名 2>[/A][/D][/C]…][范围][FIELDS <字段名表>][FOR/WHILE<条件>]

【功能】　对当前数据表中指定范围内满足条件的记录，按指定字段的升序或降序重新排列，并将排序后的记录按 FIELDS 子句指定的字段写入新的表文件中。

【说明】　选项 A 为升序，D 为降序，若缺省 A 和 D，则系统默认为升序。C 为忽略大小写。排序后生成的新表文件是关闭的，使用时必须先打开。

【例 3.1】　要求：①将 TEACHER 表记录按月收入升序排列，生成一个名为 ATEACHER 的表文件；②将 TEACHER 表记录按性别升序和月收入降序排列，生成 BTEACHER 表文件。

```
USE TEACHER
SORT TO ATEACHER ON 月收入
USE ATEACHER
LIST
```

显示结果如下。

记录号	姓名	性别	出生年月	婚否	教研室	职称	月收入	个人简历	照片
1	王五	男	05/23/67	.T.	计算机		678.00	memo	Gen
2	马识途	男	04/21/75	.F.	计算机	讲师	860.00	memo	gen
3	李华	男	08/15/88	.T.	数学	讲师	880.00	memo	gen
4	*景秀丽	女	02/11/79	.T.	外语	讲师	890.00	Memo	Gen
5	赵六	男	12/08/63	.F.	外语	副教授	1040.40	memo	Gen
6	李四	女	08/23/60	.T.	数学	副教授	1050.20	memo	Gen
7	张三	男	08/12/57	.T.	语文	教授	1343.56	Memo	Gen

```
USE TEACHER
SORT TO BTEACHER ON 性别/A,月收入/D
```

```
USE BTEACHER
LIST
```

显示结果如下。

记录号	姓名	性别	出生年月	婚否	教研室	职称	月收入	个人简历	照片
1	张三	男	08/12/57	.T.	语文	教授	1343.56	Memo	Gen
2	赵六	男	12/08/63	.F.	外语	副教授	1040.40	memo	Gen
3	李华	男	08/15/88	.F.			880.00	memo	gen
4	马识途	男	04/21/75	.F.	计算机	讲师	860.00	memo	gen
5	王五	男	05/23/67	.T.	计算机	讲师	678.00	memo	gen
6	李四	女	08/23/60	.T.	数学	副教授	1075.20	memo	Gen
7	景秀丽	女	02/11/79	.T.	外语	讲师	890.00	memo	gen

3.2 索引

如果表中记录比较多，在表中自上而下地顺序查找某个记录就要花费较长时间。为了减少查找时间、实现快速查询，可以为表建立索引，之后就可以指定按已有的某个索引的顺序查询表中的记录。

3.2.1 索引的概念及类型

索引就是依据表中某些字段（或含字段的表达式）建立记录的逻辑顺序，索引所依据的字段或含字段的表达式称为索引关键字。为表创建的索引存储在索引文件中，索引文件是表文件的一个辅助性文件（索引文件和表文件是分别存储的），它是将记录的顺序按关键字重新排列，所存储的仅是记录指针的逻辑顺序，而不改变表中记录的物理顺序和记录号。与排序文件相比，索引文件占用的存储空间小，查询速度快。

可以依据不同的索引关键字为一个表建立多个索引。例如，可以为 TEACHER 表建立两个索引，一个是按"月收入"字段升序排列的索引，另一个是按"姓名"字段升序排列的索引，这样就可以分别按收入和姓名进行快速查询了。

索引文件有两种类型：单索引文件（IDX）和复合索引文件（CDX）。

单索引文件只包括一个索引关键字（如 teacher 表按月收入字段建立索引文件）。复合索引文件允许包含多个索引项（如 teacher 表按性别和月收入两个字段建立索引文件），每个索引项可指定一个索引标识（Index Tag），作为索引文件的别名。复合索引文件又分为结构复合索引和非结构复合索引。结构复合索引文件是和表名相同的复合索引文件（如"TEACHER"表的结构复合索引文件名为"TEACHER.CDX"），它随表的打开而打开，在表记录的添加、删除和修改时会自动更改。非结构复合索引是用户为它另起了名字的索引文件（扩展名仍为.CDX），使用时要用相应的打开命令来打开。

VFP 中，可以为数据库表建立四种索引：主索引、候选索引、唯一索引和普通索引。对于自由表，只可以建立和使用候选索引、唯一索引和普通索引。

1. 主索引

主索引可以确保索引关键字中输入值的唯一性并确定记录的先后顺序。对于数据库中的每个表，只能建立一个主索引，如果某个数据库表已经有了一个主索引，则只能为该表继续创建其他三种索引。主索引要求在整个表中索引关键字不能出现重复值或 NULL 值。如果把某个已含有重复数据或 NULL 值的字段指定为主索引关键字，或者在已定义为主索引的关键字段中输入重复值或 NULL 值，VFP 都将给出错误信息。

主索引就是数据库表的主键，对于自由表，则没有主键的概念。

2．候选索引

候选索引与主索引的要求和作用是一样的，"候选"的含义是它们在表中有资格被选为主索引，是主索引的候选者。每个数据库表和自由表都可以建立多个候选索引。

3．唯一索引

VFP 为了保持同早期版本的兼容性，还允许建立唯一索引。唯一索引允许表中索引关键字段存在重复值，但它只记录每个索引关键字值在表中的首次出现，它不能防止用户继续向表中输入重复的索引关键字值的记录。可以为一个表建立多个唯一索引。

4．普通索引

如果希望允许在索引关键字中出现重复值，可以使用普通索引。普通索引适合用在包含重复索引关键字值的表中逻辑排序记录和查询。在一个表中可以建立多个普通索引。

在唯一索引和普通索引中，都允许索引关键字出现 NULL 值，所有的 NULL 值记录将排在所有的非 NULL 值记录之前。

3.2.2　索引文件的建立

若要建立索引，首先打开要建立索引的表，然后打开"表设计器"窗口，选择其中的"索引"选项卡，如图 3.1 所示为 TEACHER 表建立的三个索引。

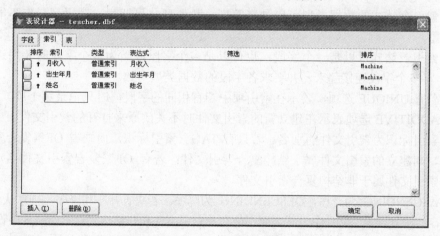

图 3.1　"表设计器"的"索引"选项卡

1．添加索引

要添加一个新的索引，可以在"表设计器"窗口的"索引"选项卡中单击"插入"按钮，然后利用"索引"选项卡中的各输入框和按钮设置该索引。

（1）"索引名"框，用于输入一个标识符作为索引名，也称为索引标志。同一个表的各个索引名不能相同。

（2）"类型"框，用于选择索引类型。

（3）"表达式"框，用于输入索引关键字表达式，单击带"…"符号的按钮可以打开"表达式生成器"来生成索引关键字表达式。表达式中应含有表的一个或多个字段，并且不能含有通用型或备注型字段。如果含有多个不同类型的字段，应采用类型转换函数使它们能构成一个合法的表达式。

（4）"排序"按钮，表明索引中索引关键字的排序方式，即升序（"↑"）或降序（"↓"），单击该按钮可以改变排序方向。

（5）"筛选"框，用于输入筛选表达式，表中只有符合筛选表达式的记录才被索引。

此外，上下拖动每行最左侧的标记块可以改变索引的排列顺序。单击"删除"按钮可以删除一个索引。

2．快速建立索引

可以在"表设计器"窗口中快速建立索引。在"字段"选项卡中选定一个字段，在它的"索引"下拉列表框中选择一种索引顺序，这样就建立了一个普通索引，默认索引名和索引关键字表达式都是字段本身。然后打开"索引"选项卡就可以看到这个索引，并可以修改该索引了。

3．索引命令 INDEX

（1）单索引文件的建立。

【命令格式】 INDEX ON <索引表达式> TO <索引文件名> [FOR<条件>][UNIQUE] [ADDITIVE]

（2）复合索引文件的建立。

【命令格式】 INDEX ON <索引表达式> TAG <索引标识> [OF <复合索引文件名>] [FOR <条件>] [UNIQUE] [ASCENDING/DESCENDING] [ADDITIVE]

【说明】

（1）索引表达式的数据类型可以是字符型、数值型、日期型、逻辑型，但不能是备注型和通用型。

（2）索引表达式可以是一个字段，也可以是多个字段，当为多个字段时要用连接运算符（+/–）将多个字段连接起来，并要求各字段的数据类型一致。

（3）若有 UNIQUE 选项，表示在索引项中若有相同的字段值时只记录第 1 项。

（4）ADDITIVE 选项表示在建立新的索引文件时不关闭原来打开的索引文件。

（5）索引标识为索引文件的别名。若只有 TAG〈索引标识〉而缺省 OF〈复合索引文件名〉选项，则建立的索引文件属于结构复合索引文件；若有 OF〈复合索引文件名〉选项，则建立的索引文件属于非结构复合索引文件。

（6）ASCENDING 为升序，DESCENDING 为降序。若缺省升序和降序，则默认为升序。降序只能在结构复合索引文件中设置，而不能在单索引文件和非结构复合索引文件中设置。

【例 3.2】 以月收入为索引关键字对 TEACHER 表建立单索引文件，索引文件名为 ATEACHER.IDX。

```
USE TEACHER
INDEX ON 月收入 TO ATEACHER
LIST
```

显示结果如下：

记录号	姓名	性别	出生年月	婚否	教研室	职称	月收入	个人简历	照片
4	王五	男	05/23/67	.T.	计算机		678.00	memo	Gen
6	马识途	男	04/21/75	.F.	计算机	讲师	860.00	memo	gen
7	李华	男	08/15/88	.T.	数学	讲师	880.00	memo	gen
3	*景秀丽	女	02/11/79	.T.	外语	讲师	890.20	Memo	Gen
5	赵六	男	12/08/63	.F.	外语	副教授	1040.40	memo	Gen
2	李四	女	08/23/60	.T.	数学	副教授	1050.20	memo	Gen
1	张三	男	08/12/57	.T.	语文	教授	1343.56	Memo	Gen

【例 3.3】 为 TEACHER 表建立结构复合索引文件（系统自动生成索引文件名 TEACHER.CDX），以姓名降序排列，索引标识为 XM；以年龄按升序排列，索引标识为 NL。

```
USE TEACHER
INDEX ON 姓名 TAG XM DESCENDING
LIST
```

显示结果如下：

记录号	姓名	性别	出生年月	婚否	教研室	职称	月收入	个人简历	照片
5	赵六	男	12/08/63	.F.	外语	副教授	1040.40	memo	Gen
1	张三	男	08/12/57	.T.	语文	教授	1343.56	Memo	Gen
4	王五	男	05/23/67	.T.	计算机		678.00	memo	Gen
6	马识途	男	04/21/75	.F.	计算机	讲师	860.00	memo	gen
2	李四	女	08/23/60	.T.	数学	副教授	1050.20	memo	Gen
7	李华	男	08/15/88	.T.	数学	讲师	880.00	memo	gen
3	*景秀丽	女	02/11/79	.T.	外语	讲师	890.20	Memo	Gen

```
INDEX ON date()-出生年月 TAG NL
LIST
```

显示结果如下：

记录号	姓名	性别	出生年月	婚否	教研室	职称	月收入	个人简历	照片
7	李华	男	08/15/88	.T.	数学	讲师	880.00	memo	gen
3	*景秀丽	女	02/11/79	.T.	外语	讲师	890.00	Memo	Gen
6	马识途	男	04/21/75	.F.	计算机	讲师	860.00	memo	gen
4	王五	男	05/23/67	.T.	计算机		678.00	memo	Gen
5	赵六	男	12/08/63	.F.	外语	副教授	1040.40	memo	Gen
2	李四	女	08/23/60	.T.	数学	副教授	1050.20	memo	Gen
1	张三	男	08/12/57	.T.	语文	教授	1343.56	Memo	Gen

3.2.3 索引文件的打开

索引文件不能脱离所依赖的数据表文件而单独使用。当建立索引文件时，生成的索引文件呈打开状态。在打开一个数据表文件时，结构复合索引文件将随着数据表文件的打开而自动打开，但如果要使用其他的索引文件，则要使用索引文件的打开命令。

【命令格式】 USE <表文件名> [INDEX <索引文件名表>]

【功能】 打开数据表文件的同时打开 INDEX 后面指定的各索引文件。

3.2.4 设置主控索引

在打开的索引文件中，排在最前面的索引文件叫主控索引文件，数据表只按主控索引文件的顺序显示各记录。若主控索引文件是复合索引文件，则显示与存取记录的次序仍按各记录实际存放的顺序，只有用 ORDER 指定主标记后，才按主标记的次序显示与存取记录。对数据表文件进行增加、删除、修改操作时，系统会自动修改所有打开的索引文件。

【命令格式】 SET ORDER TO [<数值表达式>]/<单索引文件名>/[TAG <索引标识>][OF <复合索引文件名>] [ASCENDING/DESCENDING]]

【功能】 在打开的索引文件中指定主控索引文件，或在打开的复合索引文件中设置主索引标识。

【说明】 数值表达式的值为 0～7，表示打开的第 N 个索引文件为当前有效的索引。若未指定主控索引，则系统默认为 1。若指定 0，则退出索引控制，恢复表记录顺序。

【例 3.4】 在打开 TEACHER 的同时，打开相应的索引文件。

```
USE TEACHER INDEX ATEACHER
LIST
```

显示结果同【例3.2】 ATEACHER。

```
SET ORDER TO TAG XM
LIST
```

显示结果同【例3.3】 的第一个。

3.2.5 索引文件的关闭

当表关闭时索引文件也随之关闭。

【命令格式】 CLOSE ALL

【功能】 命令关闭所有文件。

【命令格式】 SET INDEX TO

【功能】 关闭当前打开的索引文件。

3.2.6 索引的更新

对数据表进行修改、增加、删除等操作时，如果没有打开相应的索引文件，则这些索引文件不会随着数据表文件的更新而自动更新，这时就需要使用重新索引命令。

【命令格式】 REINDEX

【功能】 重新建立打开的索引文件。

【说明】 使用重新索引命令时，需要先打开数据表文件和需要更新的索引文件。

3.3 数据查询

3.3.1 顺序查询

在表中查询记录有以下两条命令。

1. LOCATE 命令

【命令格式】 LOCATE [范围] FOR/WHILE<条件>

【功能】 在表中查找满足条件的记录。

【例3.5】 在 TEACHER 表中查找职称为"副教授"的记录。

```
USE TEACHER
LOCATE FOR 职称="副教授"
DISPLAY
```

显示结果如下：

记录号	姓名	性别	出生年月	婚否	教研室	职称	月收入	个人简历	照片
2	李四	女	08/23/60	.T.	数学	副教授	1050.20	memo	Gen

2. CONTINUE 命令

【命令格式】 CONTINUE

【功能】 与 LOCATE 命令配合，用于继续查找。

如【例 3.5】 继续查找职称为"副教授"的记录：

```
CONTINUE
DISPLAY
```

显示结果如下：

记录号	姓名	性别	出生年月	婚否	教研室	职称	月收入	个人简历	照片
5	赵六	男	12/08/63	.F.	外语	副教授	1040.40	memo	Gen

3.3.2 索引查询

在索引文件中查询记录也有两条命令。

1. FIND 命令

【命令格式】 FIND <字符串>/<数字>

【功能】 在索引文件中查找与索引关键字相匹配的数据记录。

【例 3.6】 用 FIND 命令在 TEACHER 表中查找姓马的记录。

```
USE TEACHER
INDEX ON 姓名 TO BTEACHER
FIND 马
DISPLAY
```

2. SEEK 命令

【命令格式】 SEEK <表达式>

【功能】 与 FIND 功能相同，但允许用表达式查找。在查找字符型数据时需加定界符。

【例 3.7】 SEEK 命令的使用。

```
USE TEACHER
INDEX ON 姓名 TO BTEACHER
SEEK 马                &&错误的命令（未加定界符）
SEEK "马"
DISPLAY
INDEX ON 月收入 TO ATEACHER
SEEK 400+480
DISPLAY
FIND 400+480          &&错误的命令（不能用表达式）
```

3.4 数据统计与汇总

在 VFP 中，我们可以对表中相应的记录进行统计，对数值型数据还可以进行求和、求平均值以及分类汇总等计算。

3.4.1 数据统计

1. 计数命令

【命令格式】 COUNT [范围][FOR/WHILE<条件>] [TO <内存变量>]

【功能】 统计满足条件的记录数。

【例3.8】 分别统计 TEACHER 表中男、女教工人数。

```
USE TEACHER
COUNT FOR 性别="男" TO MEN
COUNT FOR 性别="女" TO WOMEN
?"男教工人数为：",MEN
?"女教工人数为：",WOMEN
?"男女教工人数为：",MEN+WOMEN
```

显示结果如下：

```
男教工人数为：         5
女教工人数为：         2
男女教工人数为：        7
```

2. 求和命令

【命令格式】 SUM [数值型表达式表][范围][FOR/WHILE <条件>][TO <内存变量表>]

【功能】 对当前表中的数值型字段的表达式求和。

【例3.9】 对 TEACHER 表中的月收入求和。

```
USE TEACHER
SUM 月收入
```

3. 求平均数命令

【命令格式】 AVERAGE [数值型表达式表][范围][FOR/WHILE <条件>][TO <内存变量表>]

【功能】 对当前表中的数值型字段的表达式求平均数。

【例3.10】 对 TEACHER 表中的月收入求平均数。

```
USE TEACHER
AVERAGE 月收入
```

4. 计算命令

【命令格式】 CALCULATE <表达式表> [范围][FOR/WHILE <条件>][TO <内存变量表>]

【功能】 计算表达式的值。

【说明】 表达式表中的函数有计数函数 CNT()、求和函数 SUM(<数值型表达式>)、求平均数函数 AVG(<数值型表达式>)、最大值函数 MAX(<表达式>)、最小值函数 MIN(<表达式>)、净现值函数 NPV(<数值型表达式>)和标准差函数 STD(<数值型表达式>)等系统函数。

【例3.11】 计算 TEACHER 表的月收入平均数、合计数、最大值、最小值，并统计记录个数。

```
USE TEACHER
CALCULATE AVG(月收入),SUM(月收入),CNT(),MAX(月收入),MIN(月收入)
```

结果显示如下：

AVG(月收入)	SUM(月收入)	CNT ()	MAX(月收入)	MIN(月收入)
966.74	6767.16	7	1343.56	678.00

3.4.2 数据汇总

数据表的汇总又称同类项合并、分类求和等，它可以按照关键字值的不同来对数值型字段进行分类求和。

【命令格式】 TOTAL TO <文件名> ON <关键字> [范围][FIELDS <N 型字段名表>][FOR/WHILE<条件>]

【功能】 在当前表中，对关键字相同的记录的数值型字段求和，并将结果存入一个新表。

【说明】 在分组求和之前须按分组关键字段建立索引。

【例 3.12】 对 TEACHER 表按教研室分组求和，将分组求和结果放在 TEMP 中。

```
USE TEACHER
INDEX ON 教研室 TO CTEACHER
TOTAL TO TEMP ON 教研室
USE TEMP
LIST
```

显示结果如下：

记录号	姓名	性别	出生年月	婚否	教研室	职称	月收入	照片
1	王五	男	05/23/67	.T.	计算机	讲师	1538.00	Gen
2	李四	女	08/23/60	.T.	数学	副教授	1930.20	Gen
3	景秀丽	女	02/11/79	.T.	外语	讲师	1930.40	Gen
4	张三	男	08/12/57	.T.	语文	教授	1343.58	Gen

3.5 多表操作

前面所有的操作都是有关一个数据表的，但在实际工作中，常常需要同时使用几个数据表中的数据，这就要用到多个数据表的操作命令。

3.5.1 工作区的选择和互访

在 VFP 中，一个工作区只能打开一个数据表文件，如果在同一个工作区中打开了另一个数据表文件，则系统自动关闭前一个已打开的数据表文件。如果同时使用多个数据表文件，就需要在不同的工作区中分别打开，这就要通过选择工作区的命令来实现。VFP 在内存中提供了 32 767 个工作区，工作区编号从 1～32 767，前 10 个工作区除使用编号外，还依次使用了 A～J 的工作区别名。

1. 工作区的选择

【命令格式】 SELECT <工作区号/别名>

【功能】 选择指定的工作区为当前工作区。

【说明】 若指定工作区号为 0，则选择未被使用的最小工作区为当前工作区。

【例 3.13】 在不同工作区中打开学生表、分数表和课程表，并分别为它们定义别名。

```
SELECT A                    &&选择 1 号工作区为当前工作区
USE 学生表 ALIAS XSB          &&在 1 号工作区打开学生表并定义别名为 XSB
LIST
```

显示结果如下：

记录号	学号	姓名	性别	出生年月	班级	家庭住址	简历	照片
1	2005032101	付亚娟	.F.	05/08/86	电商一	陕西省咸阳市	Memo	Gen
2	2005032102	周清云	.F.	12/01/85	电商一	河南省洛阳市	memo	gen
3	2005032103	王芳	.F.	12/22/86	电商一	河南省新乡市	memo	Gen
4	2005032104	王晓涛	.T.	11/22/86	电商一	江西省抚州市	memo	gen
5	2005033201	郭丽	.F.	10/25/86	网络二	吉林省梅河口市	memo	Gen
6	2005033202	黄飞龙	.F.	02/08/86	网络二	吉林省吉林市	memo	gen
7	2005033203	李扬	.T.	09/10/86	网络二	河南省郑州市	memo	gen
8	2005033204	张杰	.T.	11/08/86	网络二	河南省安阳市	memo	gen

```
SELECT B                    &&选择 2 号工作区为当前工作区
USE 分数表 ALIAS FSB
LIST
```

显示结果如下：

记录号	学号	课程编码	成绩
1	2005032101	0101	78
2	2005032101	0202	86
3	2005032102	0101	91
4	2005032102	0202	74
5	2005032103	0101	80
6	2005032103	0202	92
7	2005032104	0101	88
8	2005032104	0202	85

```
SELECT 0     &&选择未用的最小工作区（第 3 号工作区）为当前工作区
USE 课程表 ALIAS KCB
LIST
```

显示结果如下：

记录号	课程编码	课程名称
1	0101	财务会计
2	0102	财务管理
3	0201	计算机基础
4	0202	数据库

2．工作区的互访

【命令格式】 工作区别名.字段名

【功能】 在当前工作区访问指定工作区打开表的字段。

【例 3.14】 有一单价表 DJ.DBF 和一用户表 USER.DBF 如下。

DJ.DBF：

记录号	水价	电价	煤气价
1	1.30	0.60	1.50

USER.DBF：

记录号	用户名	用水	用电	用气	金额
1	张三	15.00	80.00	25.00	
2	李四	30.00	70.00	28.00	
3	王五	27.00	90.00	39.00	

要求计算出本月各用户的费用。

```
SELECT 1
USE DJ
SELECT 2
USE USER
REPLACE ALL 金额 WITH 用水*A.水价+用电*A.电价+用气*A.煤气价
LIST
```

显示结果如下：

记录号	用户名	用水	用电	用气	金额
1	张三	15.00	80.00	25.00	105.00
2	李四	30.00	70.00	28.00	123.00
3	王五	27.00	90.00	39.00	147.60

3.5.2　表的关联

1．关联的概念

关联就是令在不同工作区打开的表的记录指针建立一种临时的联动关系，使一个表的记录指针移动时另一个表的记录指针能随之移动。

在关联的两个表中，当前表是主动表，称为父表；别名工作区中的表是被动表，称为子表。两个表必须有相同的字段才能建立两个表的关联，这个相同的字段称为关键字段。

2．关联的种类

表的关联有一一关系、一多关系、多一关系和多多关系。在关联的两个表中，若父表的一条记录对应子表的一条记录则称一一关系；若父表的一条记录对应子表的多条记录则称一多关系；若父表的多条记录对应子表的一条记录则称多一关系；若父表的多条记录对应子表的多条记录则称多多关系。

一一关系可以看做是一多关系或多一关系的一个特例，VFP 能够处理一多关系和多一关系，但不能处理多多关系。

3．建立关联的命令

【命令格式】　SET　RELATION　TO<关键表达式>INTO<别名>

【功能】　通过关键表达式将当前表和别名工作区表建立关联。

【说明】　子表应在关键字上建立索引。

【例 3.15】　将学生表与分数表建立关联后，显示学生的学号、姓名、性别、班级、成绩等字段的内容。

```
SELECT 2
USE 学生表
INDEX ON 学号 TO XH
SELECT 1
USE 分数表
SET RELATION TO 学号 INTO B
LIST 学号,B.姓名,B.性别,B.班级,课程编码,成绩
```

显示结果如下：

记录号	学号	B->姓名	B->性别	B->班级	课程编码	成绩
1	2005032101	付亚娟	.F.	电商一	0101	78
2	2005032101	付亚娟	.F.	电商一	0202	86
3	2005032102	周清云	.F.	电商一	0101	91
4	2005032102	周清云	.F.	电商一	0202	74
5	2005032103	王芳	.F.	电商一	0101	80
6	2005032103	王芳	.F.	电商一	0202	92
7	2005032104	王晓涛	.T.	电商一	0101	88
8	2005032104	王晓涛	.T.	电商一	0202	85

【例 3.16】　有一图书调价单 TJD.DBF 和一订货单 DHD.DBF 如下。

TJD.DBF：

记录号	书名	原价	新价
1	操作系统	18.40	16.40
2	数据库系统	12.50	17.50
3	会计电算化	17.60	19.30

DHD.DBF:

记录号	书名	册数	单价	金额
1	数据库系统	100	12.50	1250.00
2	操作系统	80	18.40	1472.00
3	会计电算化	120	17.60	2112.00
4	操作系统	40	18.40	736.00

要求用 TJD 中的新价修改 DHD 中的单价，并改正金额字段值。

```
SELECT 1
USE TJD
INDEX ON 书名 TO TJDID
SELECT 2
USE DHD
SET RELATION TO 书名 INTO A
REPLACE ALL 单价 WITH A.新价,金额 WITH 单价*册数
LIST
```

显示结果如下：

记录号	书名	册数	单价	金额
1	数据库系统	100	17.50	1750.00
2	操作系统	80	16.40	1312.00
3	会计电算化	120	19.30	2316.00
4	操作系统	40	16.40	656.00

4．使用"数据工作期"窗口创建临时关联

在"数据工作期"窗口可以创建临时关系，也可以看到已经创建的临时关系，如图 3.2 所示。

下面仍以【例 3.15】为例，说明使用"数据工作期"窗口创建临时关系的步骤。

（1）单击 VFP 工具栏里的"数据工作期"按钮，打开"数据工作期"窗口。

（2）单击"打开"按钮，打开数据表"分数表"。

（3）单击"打开"按钮，打开数据表"学生表"。

（4）选择"学生表"，单击"属性"按钮，打开"工作区属性"对话框，在其中"索引顺序"下拉列表框中选择索引名"学生表.学号"，单击"确定"按钮，如图 3.3 所示。

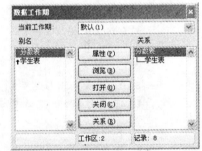

图 3.2 "数据工作期"窗口

（5）选择"分数表"，单击"关系"按钮。

（6）选择"学生表"，自动显示"表达式生成器"，在其中双击"分数表"的"学号"字段，使"学号"字段显示在"SET RELATION:<expression>"框中，单击"确定"按钮，如图 3.4 所示。

至此，就可以看到如图 3.2 所示的窗口了。

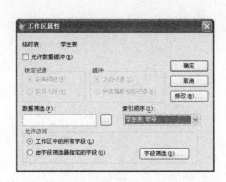

图 3.3　"工作区属性"窗口　　　　图 3.4　"表达式生成器"窗口

3.5.3　表的联接

联接是将当前工作区的表和指定工作区的表按照关键字段进行联接，形成一个新表。

【命令格式】　JOIN WITH〈工作区号/别名〉TO〈新表名〉FOR〈联接条件〉[FIELDS〈字段名表〉]

【功能】　联接两个表，生成一个新表。

【例 3.17】　现有 TEACHER 和 TEACHER1 两个表如下。

TEACHER.DBF：

记录号	姓名	性别	出生年月	婚否	教研室	职称	月收入	个人简历	照片
1	张三	男	08/12/57	.T.	语文	教授	1343.56	Memo	Gen
2	李四	女	08/23/60	.T.	数学	副教授	1075.20	memo	Gen
3	景秀丽	女	02/11/79	.T.	外语	讲师	890.00	memo	gen
4	王五	男	05/23/67	.T.	计算机	讲师	678.00	memo	Gen
5	赵六	男	12/08/63	.F.	外语	副教授	1040.40	memo	Gen
6	马识途	男	04/21/75	.F.	计算机	讲师	860.00	memo	gen
7	李华	男	08/15/88	.F.			880.00	memo	gen

TEACHER1.DBF：

记录号	姓名	性别	学历
1	张三	男	本科
2	李四	女	专科
3	景秀丽	女	硕士
4	王五	男	博士
5	赵六	男	本科
6	马强	男	专科
7	李伟	男	硕士

要求按姓名将 TEACHER 和 TEACHER1 联接起来，生成一个 TEACHER2 表，新表包括姓名、性别、学历、教研室和职称字段。

```
SELECT 1
USE TEACHER
SELECT 2
USE TEACHER1
JOIN WITH A TO TEACHER2 FOR 姓名=A.姓名 FIELD 姓名,性别,学历,A.教研室,A.职称
USE TEACHER2
LIST
```

显示结果如下：

记录号	姓名	性别	学历	教研室	职称
1	张三	男	本科	语文	教授
2	李四	女	专科	数学	副教授
3	景秀丽	女	硕士	外语	讲师
4	王五	男	博士	计算机	讲师
5	赵六	男	本科	外语	副教授

思考与练习

一、选择题

1. 在当前表"TEACHER"中，查找第 2 个女教师的记录，应使用命令（　　）。

   A. LOCATE FOR 性别="女"

   B. LOCATE FOR 性别="女" NEXT 2

   C. LIST FOR 性别="女"

     CONTINUE

   D. LOCATE FOR 性别="女"

     CONTINUE

2. 以下命令中需要使用索引文件的是（　　）。

   A. LOCATE　　　　B. LIST　　　　C. DISPLAY　　　　D. SEEK

3. 数据表文件中有数学、英语、计算机和总分四个数值型字段，要将当前记录的三科成绩汇总后存入总分字段中，应使用命令（　　）。

   A. TOTAL 数学 英语 计算机 TO 总分

   B. REPLACE 总分 WITH 数学+英语+计算机 ALL

   C. SUM 数学,英语,计算机 TO 总分

   D. REPLACE ALL 数学 英语 计算机 WITH 总分

4. 打开分数表及（对成绩字段的）索引文件，假定当前记录号为 200，欲使记录指针指向记录号为 100 的记录，应使用命令（　　）。

   A. LOCATE FOR 记录序号=100　　　　B. SKIP 100

   C. GOTO 100　　　　　　　　　　　　D. SKIP -100

5. 将 TEACHER 表文件按月收入字段升序索引后，再执行 GO TOP 命令，此时当前记录号是（　　）。

   A. 1　　　　　　　　　　　　　　　B. 月收入最少的记录号

   C. 0　　　　　　　　　　　　　　　D. 月收入最多的记录号

二、填空题

1. 在 VFP 中，选择一个没有使用的、编号最小的工作区的命令是 _____。

2. 在 VFP 中，建立索引的作用之一是提高_____速度。

3. 在 VFP 的数据库表中，相当于表的主关键字的索引是_____。

4. 可以伴随着表的打开而自动打开的索引是_____。

5. 数据库表的索引有_____、_____、_____和_____。

三、简答题

1. 说明 VFP 中四种索引的区别。

2. 为什么要设置主控索引？

3. 使用 FIND、SEEK 和 LOCATE 命令进行查询时有何区别？

4. 说出 SORT 命令与 INDEX 命令的主要区别。

四、操作题

打开 TEACHER 表，进行如下操作：

1. 将表中的记录按出生年月的先后进行排序。

2. 按姓名建一个单一索引，并显示结果。

3. 按性别、职称、月收入建一个索引标识。

4. 计算男教授的人数。

5. 计算副教授、讲师两类人员的工资总额。

上机实训

实训 1：排序文件的建立

【实训目的】

了解并掌握排序命令 SORT 及其使用方法。

【实训内容】

将"学生表"按班级的升序进行排序，班级相同者，按姓名的降序进行排序。

【实训步骤】

命令序列如下：

```
USE 学生表
SORT TO STUDENT1 ON 班级,姓名/D
USE STUDENT1
LIST
```

显示结果如下：

记录号	学号	姓名	性别	出生年月	班级	家庭住址	简历	照片
1	2005032102	周清云	.F.	12/01/85	电商一	河南省洛阳市	memo	gen
2	2005032104	王晓涛	.T.	11/22/86	电商一	江西省抚州市	memo	gen
3	2005032103	王芳	.F.	12/22/86	电商一	河南省新乡市	memo	Gen
4	2005032101	付亚娟	.F.	05/08/86	电商一	陕西省咸阳市	Memo	Gen
5	2005033204	张杰	.T.	11/08/86	网络二	河南省安阳市	memo	gen
6	2005033203	李扬	.T.	09/10/86	网络二	河南省郑州市	memo	gen
7	2005033202	黄飞龙	.F.	02/08/86	网络二	吉林省吉林市	memo	gen
8	2005033201	郭丽	.F.	10/25/86	网络二	吉林省梅河口市	memo	Gen

实训 2：索引文件的建立

【实训目的】

1. 了解并掌握建立索引命令 INDEX 及其使用方法。

2. 了解并掌握用"表设计器"建立索引的方法。

【实训内容】

为"学生表"建立结构复合索引文件，其中包括以下 3 个索引标识。

1. 以姓名的降序排列，索引标识 XM 为普通索引。

2. 以班级的升序排列，班级相同时以年龄的升序排列，索引标识 BJNL 为普通索引。

3．以学号的降序排列，索引标识 XH 为候选索引。

【实训步骤】

1．使用命令方式，命令序列如下：

```
USE 学生表
INDEX ON 姓名 TAG XM DESCENDING
LIST
```

显示结果如下：

记录号	学号	姓名	性别	出生年月	班级	家庭住址	简历	照片
2	2005032102	周清云	.F.	12/01/85	电商一	河南省洛阳市	memo	gen
8	2005033204	张杰	.T.	11/08/86	网络二	河南省安阳市	memo	gen
4	2005032104	王晓涛	.T.	11/22/86	电商一	江西省抚州市	memo	gen
3	2005032103	王芳	.F.	12/22/86	电商一	河南省新乡市	memo	Gen
7	2005033203	李扬	.T.	09/10/86	网络二	河南省郑州市	memo	gen
6	2005033202	黄飞龙	.F.	02/08/86	网络二	吉林省吉林市	memo	gen
5	2005033201	郭丽	.F.	10/25/86	网络二	吉林省梅河口市	memo	Gen
1	2005032101	付亚娟	.F.	05/08/86	电商一	陕西省咸阳市	Memo	Gen

```
INDEX ON 班级+STR(DATE()-出生年月) TAG BJNL
LIST
```

显示结果如下：

记录号	学号	姓名	性别	出生年月	班级	家庭住址	简历	照片
3	2005032103	王芳	.F.	12/22/86	电商一	河南省新乡市	memo	Gen
4	2005032104	王晓涛	.T.	11/22/86	电商一	江西省抚州市	memo	gen
1	2005032101	付亚娟	.F.	05/08/86	电商一	陕西省咸阳市	Memo	Gen
2	2005032102	周清云	.F.	12/01/85	电商一	河南省洛阳市	memo	gen
8	2005033204	张杰	.T.	11/08/86	网络二	河南省安阳市	memo	gen
5	2005033201	郭丽	.F.	10/25/86	网络二	吉林省梅河口市	memo	Gen
7	2005033203	李扬	.T.	09/10/86	网络二	河南省郑州市	memo	gen
6	2005033202	黄飞龙	.F.	02/08/86	网络二	吉林省吉林市	memo	gen

```
INDEX ON 学号 TAG XH CANDIDATE DESCENDING
LIST
```

显示结果如下：

记录号	学号	姓名	性别	出生年月	班级	家庭住址	简历	照片
8	2005033204	张杰	.T.	11/08/86	网络二	河南省安阳市	memo	gen
7	2005033203	李扬	.T.	09/10/86	网络二	河南省郑州市	memo	gen
6	2005033202	黄飞龙	.F.	02/08/86	网络二	吉林省吉林市	memo	gen
5	2005033201	郭丽	.F.	10/25/86	网络二	吉林省梅河口市	memo	Gen
4	2005032104	王晓涛	.T.	11/22/86	电商一	江西省抚州市	memo	gen
3	2005032103	王芳	.F.	12/22/86	电商一	河南省新乡市	memo	gen
2	2005032102	周清云	.F.	12/01/85	电商一	河南省洛阳市	memo	gen
1	2005032101	付亚娟	.F.	05/08/86	电商一	陕西省咸阳市	Memo	Gen

2．使用"表设计器"建立索引的步骤如下：

（1）打开"学生表"。

（2）打开"显示"菜单，选择"表设计器"命令，打开"表设计器"对话框。

（3）选择"索引"选项卡，在"索引名"下面的文本框中输入各索引标识；在"类型"下拉框中选择索引类型；在"表达式"列表框中输入对应的索引表达式。

（4）单击"确定"按钮，完成在"表设计器"中建立索引的操作。

在"表设计器"对话框中，单击"插入"按钮，在当前行插入一个空行，可以建立新的索引。单击"删除"按钮，可以删除选定的索引。当索引名与索引表达式就是字段名时，可在"字段"选项卡中快速建立普通索引。

实训 3：建立表间临时关系

【实训目的】

掌握多表之间关联的建立命令 SET RELATION TO。

【实训内容】

为"学生表"和"分数表"建立临时关系，查询学生"王芳"的各科成绩。

【实训步骤】

命令序列如下：

```
CLOSE ALL
SELECT 2
USE 分数表
INDEX ON 学号 TAG XH
SELECT 1
USE 学生表
SET RELATION TO 学号 INTO B
LOCATE FOR 姓名="王芳"
SELECT 2
LIST A.姓名,课程编码,成绩 for 学号=A.学号
```

显示结果如下：

记录号	A->姓名	课程编码	成绩
5	王芳	0101	80
6	王芳	0202	92

第4章 关系数据库文件管理

在 VFP 中，有许多种文件类型和操作，往往会给初学者造成混乱的感觉。本章首先按层次结构将所有文件分类，给读者一个清晰的文件结构框架，然后对项目管理器和数据库的管理进行了详细介绍。要求学生掌握 VFP 文件的层次结构，掌握数据库的基本操作，掌握项目管理器的使用，了解数据库的设计过程。

4.1 VFP 文件的层次结构

4.1.1 VFP 文件类型

VFP 文件类型多而繁杂，存储数据的数据库文件和存储程序的程序文件是 VFP 中两类最常用的文件。实际上，VFP 会创建很多种类的文件，这些文件具有许多不同的格式，常用的文件类型有：数据库、表、项目、表查询、视图、连接、报表、标签、程序、文本、表单、菜单等。如表 4.1 所示为 VFP 中常用的文件扩展名。

表 4.1 VFP 常用文件类型

扩 展 名	文件类型	扩 展 名	文件类型
.DBF	表	.FRX	报表
.FPT	表备注	.FRT	报表备注
.DBC	数据库	.LBX	标签
.DCT	数据库备注	.LBT	标签备注
.DCX	数据库索引	.MNX	菜单
.PJX	项目	.MNT	菜单备注
.PJT	项目备注	.MPR	生成的菜单程序
.PRG	程序	.MPX	编译后的菜单程序
.FXP	编译后的程序	.QPR	生成的查询程序
.IDX	单索引	.QPX	编译后的查询程序
.CDX	复合索引	.VUE	视图文件
.SCX	表单	.APP	生成的应用程序
.SCT	表单备注	.TXT	文本文件
.SPR	源程序文件	.EXE	可执行程序
.SPX	目标程序文件	.FMT	格式文件
.MEM	内存变量文件	.BAK	备份文件

（1）数据表文件，有.DBF 和.FPT 两种文件。.DBF 文件为数据表文件，存储数据表的结构和备注型、通用型以外的数据；而.FPT 文件为备注文件，存储备注型和通用型的字段数据，由表设计器产生。

（2）数据库文件，有.DBC、.DCT 和.DCX 三种文件，其中.DBC 为数据库文件，.DCT 为数据库备注文件，.DCX 为数据库索引文件。

（3）项目文件，有.PJT 和.PJX 两种文件。通过项目文件可以实现对项目中其他类型文件的组织。

（4）程序文件，有.PRG 和.FXP 两种文件。.PRG 为命令文件，用于存储用 VFP 语言编写的程序；而.FXP 文件为编译生成的目标文件，用于存储编译好的目标程序文件。

（5）索引文件，有.IDX 和.CDX 两种文件。.IDX 文件用于存储只有一个索引标识符的单索引文件；而.CDX 文件用于存储具有若干个索引标识符的复合结构索引文件。

（6）表单文件，有.SCX、.SCT、.SPR 和.SPX 四种文件。前两种文件用于存储表单格式，其中.SCX 为定义文件，.SCT 为定义备注文件；后两种文件用于存储根据表单定义文件自动生成的程序文件，其中.SPR 为源程序，.SPX 为目标程序，它们由表单设计器产生。

（7）报表文件，有.FRX 和.FRT 两种文件，由报表设计器产生。.FRX 文件用于存储报表定义文件，.FRT 文件用于存储报表定义备注文件。

（8）标签文件，有.LBX 和.LBT 两种文件，由标签设计器产生。.LBX 文件用于存储标签定义文件，.LBT 文件用于存储标签定义备注文件。

（9）菜单文件，有.MNX、.MNT、.MPR 和.MPX 四种文件，由菜单设计器产生。前两种文件用于存储菜单格式，其中.MNX 为定义文件，.MNT 为定义备注文件；后两种文件用于存储根据菜单定义文件自动生成的程序文件，其中.MPR 为源程序，.MPX 为目标程序。

（10）查询文件，有.QPR 和.QPX 两种文件，由查询设计器产生。.QPR 为查询程序文件，.QPX 为查询程序文件编译后的文件。

（11）视图文件为.VUE 文件，用于存储程序运行环境的设置。

（12）应用程序文件为.APP 文件，用于存储应用程序文件。

（13）文本文件为.TXT 文件，用于供 VFP 与其他高级语言交换数据的数据文件。

（14）可执行文件为.EXE 文件，用于可执行应用程序文件。

（15）格式文件为.FMT 文件，用于屏幕的输出格式文件。

（16）内存变量文件为.MEM 文件，用于保存已定义的内存变量。

4.1.2　VFP 文件的层次结构

在实际的数据库应用系统中，一个项目往往会包含很多种文件，按文件的性质可以分为数据文件、文档文件、类文件、代码文件和其他文件等几大类。如果零散地管理可能会比较麻烦，因此，VFP 将这些文件放到项目管理器中，形成后缀名为.PJX 的项目文件，通过项目管理器来组织和管理这些文件。VFP 文件的层次结构如图 4.1 所示。

1. 数据文件

（1）数据库。数据库由数据表组成，通常由公共的字段建立数据表间的相互关系。为了支持这些表和关系，用户也可以在数据库中，建立相应的视图、连接、存储过程、规则和触发器。使用数据库设计器可以建立数据库，并在数据库中加入表。数据库文件的后缀为.DBC。

（2）自由表。自由表并不是数据库的一部分，后缀名为.DBF，如果需要可将自由表加入到数据库中，使其变成一个数据库表。

（3）查询文件。查询文件用来实现对存储于表中的特定数据的查找。通过查询设计器，用户可以按照一定的查询规则从表中得到数据。

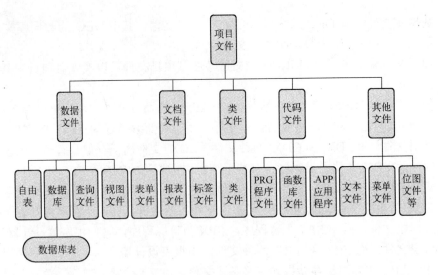

图 4.1　VFP 文件的层次结构

（4）视图文件。视图执行特定的查询，从本地或远程数据源中获取数据，并允许用户对所返回的数据进行修改。视图依赖数据库存在，并不是独立的文件。

2．文档文件

（1）表单文件。表单文件提供交互式操作数据的界面。可以使用表单设计器设计表单，从而实现对数据库的管理。

（2）报表文件。报表文件实现对 VFP 数据表格式化打印输出，使用报表设计器可以实现对报表的设计。

（3）标签文件。标签文件实现对 VFP 数据表格式化打印输出，使用标签设计器可以实现对标签的设计。

3．类文件

使用 VFP 的基类就可以创建一个可靠的面向对象的事件驱动程序。如果自己创建了能实现特殊功能的类，也可以在项目管理器中修改。

4．代码文件

（1）扩展名为.PRG 的程序文件。

（2）函数库 API Libraries。

（3）扩展名为.APP 的应用程序文件。

5．其他文件

这类文件主要包括文本文件、菜单文件和其他文件，如位图文件.BMP、图标文件.ICO 等。

4.2　项目管理器及项目文件

项目管理器是 VFP 中开发应用程序的管理中心。它可以将用户在开发过程中所用的数据库、数据库表、查询、视图、表单、报表、类库以及各种应用程序均集成于项目管理器中。用户可以用项目管理器查看表结构、表的内容，并向其中加入文件、删除文件、生成新文件、修改已有文件等。因此项目管理器实际上是 VFP 对象、程序及文档的集合，将一个应用程序的所有文件集合成一个有机的整体，形成扩展名为.PJX 和.PJT 的项目文件。

4.2.1　创建项目

一个应用系统的开发往往先从项目开始。在 VFP 中创建项目的操作步骤如下：

（1）单击常用工具栏的"新建"按钮□，或选择"文件"菜单中的"新建"命令，或按 Ctrl+N 组合键，打开"新建"对话框，如图 4.2 所示。

（2）选择"项目"单选框，单击"新建"按钮，打开"创建"对话框，如图 4.3 所示。系统会显示一个默认的项目文件名。

图 4.2　"新建"对话框　　　　　　图 4.3　"创建"项目对话框

（3）选择项目的保存位置（如 E 盘根目录下的"学生管理"文件夹）并输入项目的名称（例如"学生管理"），单击"保存"按钮，打开 "项目管理器–学生管理"窗口，如图 4.4 所示。

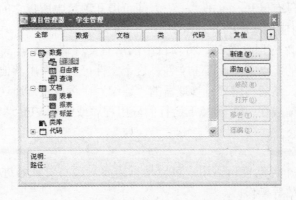

图 4.4　"项目管理器–学生管理"窗口

4.2.2　项目管理器的使用

在开发一个数据库应用系统时，可以有两种方法使用项目管理器。一种方法是先创建一个项目管理器文件，再使用项目管理器的界面来创建应用系统所需的各类文件；另一种方法是先独立地建立应用系统的各类文件，再把它们逐一添加到项目中。

1．命令按钮的功能

在如图 4.4 所示的"项目管理器"窗口右侧有一些命令按钮，下面分别介绍它们的功能。

（1）新建。在工作区窗口选中某类文件后，单击"新建"按钮，新建的此类文件就添加到该项目管理器窗口中。

（2）添加。将已存在的文件添加到项目文件中。

（3）修改。可修改项目中已存在的各类文件，仍然使用该类文件的设计器界面来修改。

（4）运行。在工作区窗口中选中某个具体文件后，可运行此文件。

（5）移去。把选中的文件从该项目中移去。注意，移去并非删除，移去后文件仍然保存在原目录中，只是不包括在该项目文件中了。

（6）连编。把项目中相关的文件连编成应用程序或可执行文件。

2．选项卡功能

"项目管理器"窗口中有 6 个选项卡，下面分别介绍它们的功能。

（1）数据。包含了一个项目中的所有数据。

（2）文档。包含了用户处理数据时使用的所有文档。

（3）代码。包含了用户的所有代码程序文件。

（4）类。用来显示和管理类库文件。

（5）其他。用来显示和管理上述类型以外的文件。

（6）全部。用来显示和管理所有类型的文件。

3．折叠功能

如果项目中含有一个以上的项，在其类型符号左边显示一个"＋"号，单击该"＋"号可展开项目中所包含的内容；如果需要折叠项目列表，单击该类型符号左边的"－"号。

如图 4.4 所示的"项目管理器"窗口中，"数据"和"文档"类型前面是"－"号，表示该类型已展开，单击"－"号可以将项目列表折叠。而"类"类型前面是"＋"号，表示该类型下面有项目还没有展开，单击"＋"号便可展开项目中所包含的内容。

4．项目管理器对应用程序的开发运用

在开发一个数据库应用系统时，将项目中的所有文件修改和调试完成后，就可以选择应用系统中程序运行的起点文件，即主文件，这个文件可以是调用其他程序的主程序，也可以是主表单或主菜单。然后利用项目管理器的"连编"命令按钮，通过弹出的"连编选项"对话框把项目文件连编成在 VFP 环境下运行的应用程序或脱离 VFP 运行的可执行文件。

4.2.3　定制项目管理器

项目管理器是一个浮动窗口，用户可以根据需要对项目管理器进行调整大小、移动位置、折叠、拆分、停放等操作。

（1）移动位置。鼠标拖动标题栏。

（2）改变窗口大小。在窗口边界拖动鼠标。

（3）展开和折叠项目管理器。单击窗口右边的箭头按钮。

（4）重新安排选项卡。将选定的选项卡从项目管理器中拖开成为浮动选项卡，可通过快捷菜单访问"项目"菜单中的选项；单击选项卡上的关闭按钮或将选项卡拖回将还原选项卡。

（5）使项目管理器成为工具栏的一部分。用鼠标将其拖到工具栏中。

4.3 数据库的设计

单独使用自由表，可以方便地存储、浏览数据，但是只有将自由表加入到数据库中，使其成为数据库表，VFP 的强大功能才能发挥出来。把自由表放进数据库能够减少数据冗余，提高数据的完整性。数据库提供了一系列管理数据库表的机制，特别是数据字典中所记录的有效性规则、存储过程和触发器等。

1. 明确数据库设计的目的

数据库设计是建立数据库的依据，一个好的数据库设计对于用户需要的各种信息能够提供非常便利的访问途径，使用户能够方便、快捷地建立和管理数据库。

在创建数据库之前，首先应对数据库进行总体设计，明确数据库要实现的功能，即建立数据库的目的、使用方法，以及需要从数据库中获得的信息。在明确了目的之后，就可以确定需要保存哪些主题的信息，以形成表；每个主题需要保存哪些信息，以形成表中的字段。

例如，高校学生的收费，由于生源不同、招生类别不同，交费项目以及各项目的交费金额就有可能不一样。学校如果要建一个高校学生收费数据库，首先需要建立一个高校学生基本情况和交费金额的表。

首先列出需要数据库解决的问题，如学校有几种生源类型，各种生源的学费情况，各系、班、专业、年级的交费情况等。接下来收集所有的表单和报表，这些表单和报表包含了应该由数据库提供的各种信息，包括给学生的收费收据、应交费用、实交费用、欠交费用的情况等，以及生源的基本情况，如姓名、年级、专业等。

2. 数据库设计的一般过程

数据库设计过程的关键在于明确关系型数据库管理系统存储数据的方式与关联方式。在各种类型的数据库系统中，为了能够更有效、更准确地为用户提供信息，往往需要将不同对象的信息存放在不同的表中。比如高校学生收费数据库可以包含两个表：一个表用来存放学生基本信息，另一个表用来存放学生交费信息。但是经常需要使用各种不同的方式来组合现有的数据。比如，要查看某班学生的交费情况，就需要在这两个表之间建立一个联系。

所以，在设计数据库时，首先要把信息分解成不同相关内容的组合，分别放在不同的表中，然后告诉系统这些表相互之间是如何进行关联的。而且 VFP 系统可以根据管理人员的需要从各表中分别将部分或全部数据提取出来并组合到一起，形成一个完整的信息返回给管理人员。

虽然也可以使用一个表来同时存储学生的基本信息和学生的交费信息，但是对设计者和使用者来说，在数据库的创建和管理上都将非常麻烦。

设计数据库的一般步骤如下：

（1）需求分析。确定建立数据库的目的，即需要数据库提供哪些功能，这是整个数据库设计过程中最重要的步骤之一，也是后续各阶段的基础。

（2）确定需要的表。在明确了对数据的需求后，就可以着手把需求和各种信息分成各个独立的主题，如学生基本情况和学生交费情况等，每个主题建一个表。

（3）确定需要的字段。确定在每个表中要保存哪些信息，即确立各个表的结构。

（4）确定各表之间的关系。分析每个表，确定一个表中的数据和其他表中的数据有何关系，各表之间的数据应该如何进行连接等。

（5）设计优化。对设计进一步分析，查找其中的不合理处。可以通过创建表，在表中加入几个示例数据记录，看能否从表中得到想要的结果。如果发现设计不完备，可以对设计做进一步调整。

数据库设计好之后，还需要注意一些问题。

（1）字段。字段是否全面反映了信息？是否有需要的信息还没包括进去？

（2）主关键字。是否为每个表选择了合适的主关键字？在使用这个主关键字查找具体记录时，它是否很容易记忆和输入？并且要确保主关键字段的值不会出现重复。

（3）重复信息。在某个表中是否有重复输入的信息？如果是，需要将该表分成两个一对多关系的表。

（4）表。是否有字段很多而记录项却很少的表，而且许多记录中的字段值为空？如果有，就要考虑重新设计该表，使它的字段减少，记录增多。

在刚开始设计数据库时，出一些错误是很容易修改的，而一旦数据库中拥有大量数据，并且被用到报表、表单或是应用程序中之后，再进行修改就非常困难了。在确定数据设计之前，一定要做适量的测试，分析其中的错误和不合理的设计。要设计出优秀的数据库，不是一件容易的事情，不但需要有大量的实践经验，而且要经过反复的修改。

3．数据库中表间的关系

在实际应用中，虽然单个表已经能够完成不少工作，但是很多情况下，为了获得更准确、详细的信息，需在多个表之间建立某种联系，以便于提取有用信息。作为一个关系数据库管理系统，VFP 提供了在各个表间定义关系的功能。

VFP 9.0 的数据库表之间有三种关系。

（1）一对一关系。这是最简单的一种关系，表 A 中的记录在表 B 中只能有一个匹配项；同样，表 B 中的记录在表 A 中也只能有一个匹配项。

这种关系虽然简单，但并不常用，因为许多情况下两个表的信息可以简单地合并成一个表。例如，"学生宿舍表"和"学生专业表"，分别用来记录学生的住宿情况和专业情况。两个表之间因为学号相同，可以相互关联起来，也就是可以同时找出某学生的专业名称和公寓号。虽然这两类数据不在同一表中，但因为学号字段的关系而连接，一个学生的住宿对应于一个学生的专业，反之亦然。此种关系是一对一的关系，如图 4.5 所示。

学生住宿表				学生专业表		
学　号	姓　名	公寓号		学　号	姓　名	专业名称
20060001	李小平	3304	←→	20060001	李小平	信息
20060002	张明明	4201	←→	20060002	张明明	电子商务
20060003	吴　丽	2214	←→	20060003	吴　丽	网络
20060004	胡国杨	6421	←→	20060004	胡国杨	信息

图 4.5 "学生住宿表"和"学生专业表"是一对一的关系

（2）一对多关系。一对多关系是关系数据库中最常用的一种关系。表 A 中的一条记录在表 B 中能找到多条记录与之对应，而表 B 中的一条记录在表 A 中最多只能找到一条记录与之对应。例如，在高校数据库中的"专业表"和"学生表"，在"专业表"中，一个专业可以对应多个学生，而在"学生表"中一个学生只能有一个专业，所以这样两个表之间的关系是一对多关系，如图 4.6 所示。

（3）多对多关系。多对多的关系是表 A 中的一条记录在表 B 中能找到多条记录与之对应，而表 B 中的一条记录在表 A 中也可以找到多条记录与之对应。例如，在学校的学生学习表和教师的授课表中，一个学生可以听多个教师的课，一个教师也可以教多个学生，彼此的关系非常复杂。

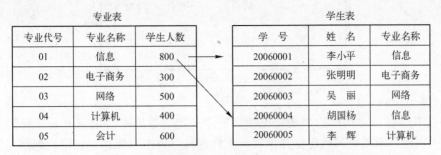

图 4.6 "专业表"和"学生表"是一对多的关系

多对多关系在 VFP 中无法直接实现。如果一定要在两个表之间使用多对多的关系，那么可以在这两个表之间建立一个连接表，两个表分别和这个表建立一对多的关系，就可以实现间接的多对多关系。

4.4 数据库的创建及基本操作

4.4.1 创建数据库

数据库文件的扩展名为.DBC，创建好一个数据库文件后，文件夹中会出现三个文件名相同而扩展名不同的文件。除了.DBC 文件之外，与之相关的另外两个文件扩展名为. DBT（数据库备注文件）和.DCX（数据库索引文件）。

创建数据库主要有三种方法。

1. 在项目管理器中创建数据库

在 4.2.1 节中创建了一个名为"学生管理"的项目，本节将讲述在"学生管理"项目中创建数据库的方法，具体操作步骤如下：

（1）选择"文件"中的"打开"命令，或单击常用工具栏的打开按钮，在"文件类型"框中选择"项目"，此时，在对话框的文件列表中显示"学生管理"项目。

（2）单击"学生管理"项目文件，并单击"确定"按钮，打开项目管理器，选择"数据"选项卡，然后选择"数据库"项。

（3）单击"新建"按钮，打开"新建数据库"对话框。

（4）单击"数据库向导"按钮，可通过向导建立数据库。单击"新建数据库"按钮，打开"创建"对话框，输入数据库名称及保存位置。系统默认的保存位置为"我的文档\ Visual FoxPro 项目"文件夹下，用户可以另选位置。此处我们选择 E 盘根目录下的"学生管理"文件夹（即 4.2.1 节中创建的项目所在的文件夹），在"数据库名"文本框中输入名称，如"学生"。

（5）单击"保存"按钮，创建好"学生"数据库，系统自动打开"数据库设计器"。打开"数据库设计器"后，窗口的菜单栏中会出现"数据库"菜单，如图 4.7 所示。

2. 通过"新建"对话框创建数据库

（1）单击常用工具栏的"新建"按钮，或选择"文件"菜单中的"新建"命令，或按 Ctrl+N 组合键，打开"新建"对话框。

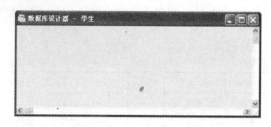

图 4.7 创建一个名为"学生"的数据库

（2）在"新建"对话框的"文件类型"框中选定"数据库"项，单击"新建文件"按钮，打开"创建"对话框，确定保存位置和文件名称，单击"保存"按钮，则创建的数据库文件就被保存在指定位置。

3．使用命令创建数据库

【命令格式】 CREATE DATABASE [数据库名称|?]

【功能】 在 VFP 中建立数据库。

【说明】 使用命令时若不给出数据库名称或"?"号，系统会弹出一个对话框，要求用户输入数据库文件的名称。用户若需要在指定的位置创建数据库，则应在数据库名前面添加文件路径。

【例 4.1】 创建"学生"数据库，并将其保存在 E 盘根目录下的"学生管理"文件夹中，应在命令窗口中输入：

```
CREATE DATABASE E:\学生管理\学生
```

4.4.2 打开和修改数据库

1．打开数据库

（1）在项目管理器中打开数据库。在项目管理器中，只要选中相应的数据库，该数据库就会自动打开，便可以对该数据库进行修改、移动等操作。

（2）通过菜单命令打开数据库。选择"文件"菜单中的"打开"命令，或单击常用工具栏的打开按钮，弹出"打开"对话框。

在"文件类型"下拉列表框中选择"数据库"，在"搜寻"下拉列表框中选择数据库所在的位置。选中数据库文件名后，单击"确定"按钮。

（3）使用命令方式打开数据库。

【命令格式】 OPEN DATABASE [文件名|?] [EXCLUSIVE|SHARED] [NOUPDATE] [VALIDATE]

【功能】 打开数据库。

【例 4.2】 打开 E 盘根目录下"学生管理"文件夹中的"学生"数据库，应在命令窗口中输入：

```
OPEN DATABASE E:\学生管理\学生
```

2．修改数据库

修改数据库实际上是在"数据库设计器"中添加、移去或删除对象等。

（1）在项目管理器中打开数据库设计器，选择一个数据库，单击"修改"按钮，就可直接打开数据库设计器。

（2）通过菜单命令打开数据库设计器，使用"打开"命令打开一个数据库后，数据库设计器自动打开。

（3）使用命令方式打开数据库设计器。

【命令格式】 MODIFY DATABASE [文件名|?] [NOEDIT] [NOWAIT]

【功能】 打开数据库设计器。

4.4.3 关闭和删除数据库

1．关闭数据库

（1）通过项目管理器关闭数据库。在项目管理器中选定需要关闭的数据库文件，单击"关闭"按钮。如果要关闭数据库设计器，只需要关闭数据库设计器的窗口即可。

（2）使用命令方式关闭数据库。

【命令格式】 CLOSE DATABASE [ALL]

【功能】 关闭数据库。

2．删除数据库

（1）在项目管理器中删除数据库。在项目管理器中选定要删除的数据库文件后，单击"移去"按钮，或按 Delete 键，将打开提示对话框，询问从项目中移去数据库还是从磁盘上删除数据库。

移去：只是从项目管理器中移去数据库，并不从磁盘上删除相应的数据库文件。

删除：从项目管理器中删除数据库，并删除磁盘上所有相应的数据库文件。

取消：取消删除数据库的操作。

（2）使用命令方式删除数据库。

【命令格式】 DELETE DATABASE [文件名|?] [DELETETABLES] [RECYCLE]

【功能】 删除数据库。

4.5 在数据库中添加和移去表

4.5.1 在数据库中建立新表

当数据库处于打开状态时，可以使用建立自由表的方法在数据库中建立新表，所建立的新表将自动添加到打开的数据库中。

1．使用项目管理器创建表

（1）打开项目管理器，展开"数据"选项卡中的"数据库"，再展开要创建表的数据库（例如"学生"数据库）。

（2）单击鼠标右键，选择"表"，单击"新建"按钮，打开"新建表"对话框，如图 4.8 所示。

（3）单击"新建表"按钮，打开"创建"对话框，在"保存在"下拉列表中选择 E 盘根目录下的"学生管理"，在"输入表名"文本框中输入"学生登记表"。

若单击"表向导"按钮，将在向导的提示下创建表。

（4）单击"保存"按钮，打开"表设计器"。

（5）在"表设计器"中输入字段内容。单击"确定"按钮，该表将出现在"数据库设计器"中，如图 4.9 所示。

图 4.8 "新建表"对话框 　　　　　　　　　图 4.9 新建表的字段

（6）此时这个表是空表，如要输入数据，则要在图 4.9 中双击"学生登记表"图标，出现"学生登记表"的浏览窗口，如图 4.10 所示。

（7）单击主菜单中的"显示"，在子菜单中选择"追加模式"，就可以输入表的内容了。

图 4.10 输入表内容

2. 在"数据库设计器"中创建表

打开"数据库设计器"，在"数据库设计器"的空白处单击鼠标右键，从弹出的快捷菜单中选择"新建表"命令，打开"新建表"对话框。单击"新建表"按钮，打开"创建"对话框，接下来的操作与上面相同，不再赘述。

3. 使用 CREATE 命令创建表

通过命令创建表的方法是，在命令窗口中用 OPEN DATABASE 命令打开数据库，然后使用 CREATE 命令创建表。

【例 4.3】 在"学生"数据库中创建"课程登记表"，则应输入以下命令。

```
OPEN DATABASE E:\学生管理\学生 ✓
CREATE E:\学生管理\课程登记表 ✓
```

之后打开"表设计器"，接下来的操作与上面相同，不再赘述。

4.5.2　向数据库中添加数据表

VFP 有两种形式的数据表，即数据库表和自由表。数据库表是与数据库相关联的表，而自由表是与数据库无关联的表。将自由表移入数据库中时，自由表就变成了数据库表；反之，将数据库表移出数据库时，数据库表就变成了自由表。

1．通过项目管理器添加

在项目管理器中，打开"数据"选项卡，选择"数据库"中的"表"，单击"添加"命令，弹出"打开"对话框，从中选择要添加到数据库中的自由表后，单击"确定"按钮。

2．通过数据库设计器添加

打开数据库设计器，单击"数据库"菜单中的"添加表"命令，弹出"打开"对话框，选择要添加的自由表。

3．命令方式添加

【命令格式】　ADD TABLE <表名>

【功能】　向当前打开的数据库中添加一个自由表。

4.5.3　从数据库中移去数据表

数据库中数据表只能属于一个数据库，如果向当前数据库添加一个已被添加到其他数据库中的数据表，需要先从该数据库中移去该数据表。一旦某个表从数据库中移出，那么与之联系的所有主索引、默认值及有关的规则都将消失，因此，将某个表移出的操作会影响到当前数据库中与该表有联系的其他表。

1．通过项目管理器移去

在项目管理器中，打开"数据"选项卡，选择"数据库"中相应的"表"，单击右侧的"移去"按钮，在弹出的对话框中，单击"移去"按钮。

2．通过数据库设计器添加

打开数据库设计器，先激活要删除的数据表，然后在主菜单"数据库"的下拉菜单中选择"移去"即可。

3．命令方式移去或删除

【命令格式】　REMOVE TABLE <表名> [DELETE] [RECYCLE]

【功能】　从当前打开的数据库中移去或删除一个数据表，使之成为自由表。

4.5.4　访问其他数据库中的表

一个表不能同时加入到两个数据库中，但是在一个数据库中同时访问其他数据库中的表时可以使用 USE 命令和"!"符号访问，使用"!"符号可以引用一个不在当前数据库中的表。

【例 4.4】　若要浏览教学管理数据库中的学生表，可以在命令窗口中输入：

```
USE 教学管理!学生表
LIST
```

在上面的例子中，使用 USE 命令时会自动打开教学管理数据库，但 VFP 并不把教学管理数据库设成当前数据库。当关闭表时，除非在表关闭之前已显示打开了该数据库，否则自动打开的数据库会自动关闭。

4.6 数据字典

数据字典（Data Dictionary）是用于保存数据库中各种数据定义或设置信息的一张表，存储在数据字典中的信息称为元数据。

在 VFP 中，数据字典的各项功能使得对数据库的设计和修复更加灵活，使用数据字典可以设置字段级和记录级的有效性检查，保证主关键字字段内容的唯一性。

数据字典主要包括数据库表的属性、字段属性、记录规则、表间关系，以及参照完整性等。这些属性或信息均可通过数据库设计器来设置、显示或修改，并存储在.DBC 文件中，直到相关的数据库表从数据库中移去为止。如果不使用数据字典，这些功能都要通过编程来实现。

下面介绍数据字典的主要功能。

4.6.1 长表名和长字段名

1. 数据库表的长表名

在 VFP 中，新建的表会被指定一个.DBF 类型的文件名，这个文件名是数据库表或自由表的默认表名。对于数据库表，除了默认表名外，还可以指定一个长表名，它最多可以包含128 个字符，并可以用来替代短表名。只要定义了长表名，在 VFP 的数据库设计器、查询设计器、视图设计器或浏览器窗口的标题栏中都将显示这个长表名。长表名与默认表名的构成规则是一样的，都必须以字母或下画线开始，并由字母、数字和下画线字符组成，而且表名中不能有空格。

设定长表名可先打开"表设计器"对话框，在"表"选项卡下的"表名"文本框中输入长表名，如图 4.11 所示。

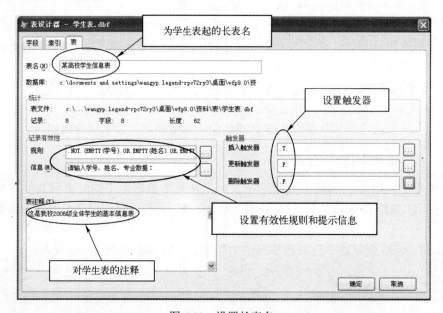

图 4.11　设置长表名

但是要注意，当一个数据表与一个数据库相关联时，使用长表名和短表名都可引用表中的信息，否则不关联时只能使用长度为 8 个字符的表名来引用。

2．长字段名

数据库表中的字段也可具有长字段名，可长达 128 个字符，自由表的字段名最多只能为 10 个字符。如果从数据库中移去一个数据表，则此数据表的长字段名被截为 10 个字符。

当在数据库中建立一个数据表时，VFP 将数据表字段的长字段名存储在.DBC 文件的一个记录中，长字段名的前 10 个字符存储在.DBF 文件中作为字段名。如果字段名的前 10 个字符对于此数据表不是唯一的，则 VFP 取长字段名的前几个字符，在后面添加顺序标号，使字段名仍为 10 个字符。

当一个数据表与一个数据库相关联时，必须使用长字段名来引用该表中的字段，不能使用长度为 10 个字符的字段名来引用。如果从数据库中移去一个数据表，则长字段名丢失，这时必须使用存储在.DBF 文件中的、长度为 10 个字符的字段名来引用该表中的字段。

在索引文件中也可以引用长字段名，但是，如果把用长字段名创建索引的表从数据库中移去，该索引文件将不会工作。在这种情况下，需要删除此索引文件，并用短字段名重新建立索引文件。

4.6.2　设置字段标题和注释

1．设置字段标题

在命名字段名称时，一般都会取比较方便、简单的名字，同时为方便在程序中使用字段名称，也常使用英文作为字段名称，但有时却让人难以理解其真正的含义。VFP 提供了给数据库表中的字段创建标题的功能，可以详细说明字段的含义、要求等。为字段创建标题后，系统将以此标题作为该字段在浏览窗口的列标题或表单表格中的默认标题。创建字段标题的方法如下：

（1）在"数据库设计器"中，选择待设定字段的表，如"学生表"，然后单击鼠标右键从快捷菜单中选择"修改"按钮，进入"表设计器"。

（2）在"表设计器"中，选择待设定标题的字段，如"学号"，然后在右侧的"标题"框中输入字段标题，如"学号是学生证编号"。

（3）单击"确定"按钮，如图 4.12 所示。

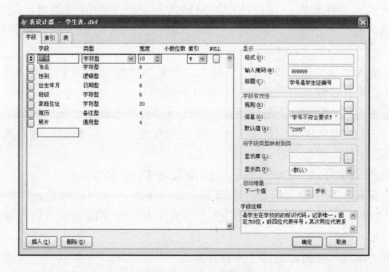

图 4.12　设置字段标题

2．为字段添加注释

为字段添加注释的方法如下：

在如图 4.12 所示的"表设计器"中，选择待添加注释的字段，如"学号"，然后在右侧的"字段注释"框中输入字段注释。单击"确定"按钮。

4.6.3　设置有效性规则

通过创建字段级和记录级规则，可以控制输入到数据库表的记录和字段中的数据是否符合要求，这些规则称为有效性规则。字段级和记录级规则将把所输入的值与所定义的规则表达式进行比较，如果输入的值不满足规则要求，则提示错误信息，拒绝该值。

有效性规则只在数据库表中存在，如果从数据库中移去或删除一个表，所有属于该表的字段级和记录级规则都会从数据库中删除。

1．字段的有效性规则和错误信息

设置字段的有效性规则，可以控制输入到字段中的数据类型，以便能检验输入的数据是否正确。字段级规则在字段值改变时发生作用，如果字段值没有改变，则不检查规则。表达式必须是逻辑表达式。

例如，"学生表"中的"学号"字段表示 2005 级学生，该值必须满 10 位。若使用者输入的不是 2005 级学生或者不满 10 位，则是无效的数据，需要提示错误信息，重新输入。其设置步骤如下：

（1）在如图 4.12 所示的"表设计器"中选择"字段"选项卡。

（2）在"字段有效性"栏的"规则"文本框中，输入一个有效的 VFP 定义规则。如单击在"规则"右边的"…"按钮，进入表达式生成器，在"有效规则"文本框中输入表达式：

SUBSTR（学号,1,4）="2005".AND.LEN(TRIM(学号))=10

（3）在"信息"文本框中输入提示信息，如"学号不符合要求！"，则在输入学号时，若不满足上述要求，即有效性规则未满足时，就会显示此信息。

（4）单击"确定"按钮，返回"表设计器"。

2．记录的有效性规则和错误信息

使用记录的有效性规则，可以控制用户输入到记录中的信息类型，从而检验输入的数据是否正确。记录的有效性规则通常在输入或修改记录时被激活，在删除记录时一般不使用。

如果希望输入"学生表"数据，"学号"、"姓名"、"性别"三个字段是必须要输入的数据，此时可以设置有效性规则和说明，步骤如下：

（1）在如图 4.12 所示的"表设计器"中选择"表"选项卡，在"规则"文本框中，输入一个有效的 VFP 定义规则。如单击在"规则"右边的"…"按钮，进入表达式生成器，在"有效规则"中输入表达式：

.NOT(EMPTY(学号).OR.EMPTY(姓名) .OR.EMPTY(性别))

（2）在"信息"框中输入错误提示信息。如"请输入学号、姓名、性别数据："，则在输入记录时，"学号"、"姓名"、"性别"三个字段中有一个字段未输入值，即有效性规则未满足时，就会显示此信息。

（3）单击"确定"按钮，返回"表设计器"。

【说明】　记录有效性规则的调用在字段的有效性之后，但在触发器之前。

3. 设置字段默认值

如果向数据库表中输入数据时，某个字段的数据重复特别多，那么可以为这个字段的数据设一个默认值以加速数据输入，步骤如下：

（1）在"表设计器"中，选择要赋予默认值的字段。

（2）在"字段有效性"栏的"默认值"文本框中输入要显示在所有新记录中的字段值（字符型字段应使用引号括起来）。例如，可以使"学生表"中"学号"字段的所有新记录都有一个默认值为"2005"，如图4.12所示。

4.6.4 指定输入掩码和定义字段格式

1. 指定输入掩码

字段中的输入掩码就是定义字段值必须要遵守的标点、空格和其他格式要求，使字段中的值具有统一的风格，从而减少数据输入错误，提高输入效率。输入掩码是按位来控制格式的，例如在如图4.12所示的"表设计器"的"输入掩码"文本框中输入"999999"，则表示该字符型字段只能输入6位字符型的数字。如表4.2所示为常用输入掩码代码表。

表4.2　常用输入掩码代码表

输 入 掩 码	功 能 用 途
A	允许输入英文字母
L	只允许输入英文字母 T 或 F
X	允许输入字符
Y	只允许输入英文字母 Y、y、N、n，并自动将输入的小写 y 和 n 转换成大写的 Y 和 N
9	允许输入数字
#	只能输入数字、空格、正负号（+、−）和英文句点（.）
!	将所输入的英文字母转换为大写
$	将数值数据以货币格式显示
*	在指定宽度的数值数据前显示星号
.	指定小数点位置
,	用逗号分割小数点左边的数字

2. 定义字段格式

"格式"指定字段在浏览窗口、表单或报表中显示的样式，如是否大小写、能否加上货币符号、是否将0显示为空格等，它对字段格式是整体控制的。如表4.3所示为常用格式代码表。

表4.3　常用格式代码表

格 式 码	功 能 用 途
A	允许输入英文字母，不允许输入空格、汉字和标点符号等字符
D	按照 SET DATE 命令设置格式来显示日期和时间类型数据
M	只能按空格键选用数据项，数据项是在"输入掩码"中以逗号（,）分割的数据项，因此该代码必须与"输入掩码"中的数据项一起使用
R	可以将"输入掩码"中非格式化代码的字符与格式化代码一起使用，而非格式化代码的字符将不写入字段中
T	删除字段的前置与结尾空白
Z	如果数据字段的值为0，则显示成空白
!	将所输入的英文字母转换为大写
$	将数值数据以货币格式显示
^	将数值字段的内容以科学符号表示

4.6.5 设置触发器

触发器是指在对数据库表中的记录进行插入、删除、更新时所启动的表达式，有以下三种形式。

（1）插入触发器，表示在数据库表中插入记录时所触发的检测程序，该程序可以为表达式，也可以为自定义函数。如果响应为假值时，表示触发失败，插入的记录将不被存储。

（2）更新触发器，表示在修改记录后按 Enter 键时，激发所设置的表达式或自定义函数进行检测，确定该记录被修改后是否符合所设置的规则。如果符合返回真值，保存修改后的记录；否则返回假值，不保存修改后的记录，同时还原修改之前的记录值。

（3）删除触发器，表示数据库表中记录被删除时，激发所设置的表达式或自定义函数进行检测。如果检测结果为真值，该记录可以被删除；如果返回假值，则该记录禁止被删除。

当对表中的记录进行插入、删除、更新时会激活相应的触发器。如果用户将一个表从数据库中移走，则与这个表相关的触发器也将被删除。

在图 4.11 中，所设置的插入、删除、更新触发器分别是.T.、.F.、.F.，则系统允许记录的插入，但是不允许记录的删除和更新。

1．创建触发器

（1）使用"表设计器"。在"表设计器"的"表"选项卡中，分别在"插入触发器"、"更新触发器"、"删除触发器"的文本框中输入触发器表达式。

（2）命令方式。

【命令格式】 CREATE TRIGGER ON <表名> FOR DELETE/INSERT/UPDATE AS <表达式>

【功能】 创建触发器。

【例 4.5】 如果要在"学生表"中只插入班级为"电商"或"网络"的学生，则可在命令窗口中输入下列命令。

```
CREATE TRIGGER ON 学生表 FOR INSERT AS 班级="电商" OR 班级="网络"
```

或在"表设计器"中的"插入触发器"文本框中输入表达式：

```
班级="电商" OR 班级="网络"
```

2．修改触发器

（1）使用"表设计器"。在"表设计器"的"表"选项卡中，分别在"插入触发器"、"更新触发器"、"删除触发器"的文本框中修改触发器表达式。

（2）命令方式。首先将 SET SAFETY 设置为 OFF，然后再使用 CREATE TRIGGER 命令重新创建触发器，这样旧的触发器将自动删除，并且建立新的触发器。

3．移去或删除触发器

（1）使用"表设计器"。在"表设计器"的"表"选项卡中，分别在"插入触发器"、"更新触发器"、"删除触发器"的文本框中删除触发器表达式。

（2）命令方式。

【命令格式】 DELETE TRIGGER ON <数据表名> FOR DELETE/INSERT/UPDATE

【功能】 移去或删除触发器。

【例 4.6】 如果要删除"学生表"中的插入触发器，在命令窗口输入命令：

```
DELETE TRIGGER ON 学生表 FOR INSERT
```

4．为表文件加入注释

对于数据库表文件，可以为其加入注释，以便说明这个表文件的作用及其他相关信息，有利于数据库及表文件的维护。

为表文件加入注释的方法是，在"表设计器"的"表"选项卡中，在"表注释"框中输入表文件的注释文件即可，如图 4.12 所示。

4.6.6 设置表间永久关系及参照完整性

1．设置表间永久关系

永久关系是存储在数据库中的数据表之间的关系，是相对于用命令 SET RELATION TO 建立的临时关系而言的。它们存储在数据库文件中，不需要每次使用时都重建，在"数据库设计器"中显示为联系数据表索引的线。

创建数据库表间的永久关系既可以通过命令实现，也可以在"数据库设计器"中进行。

（1）命令方式。

【命令格式】 CREATE TABLE<数据库表名 1>FOREIGN KEY<表达式>TAG<标识名> REFERENCES <数据库表名 2>

或

　　ALTER TABLE <数据库表名 1> ADD FOREIGN KEY

　　<表达式> TAG <标识名> REFERENCES <数据库表名 2>

【功能】 设置数据库表间的永久关系。

【例 4.7】 如果要在"教学管理"数据库中的"学生表"和"分数表"之间建立永久关系，则执行下面的命令：

```
OPEN DATABASE 教学管理
USE 学生表
ALTER TABLE 学生表 ADD PRIMARY KEY 学号 TAG 学号
ALTER TABLE 分数表 ADD FOREIGN KEY 学号 TAG 学号 REFERENCES 学生表
MODIFY DATABASE
```

【说明】 在一对多关系中，"一方"必须用主关键字建立主索引，"多方"则可使用普通索引关键字建立普通索引。

（2）"数据库设计器"方式。在"数据库设计器"中，选择想要关联的索引名，然后把它拖到相关联表的索引名上。当两个表之间建立永久关系后，两个表之间会有一条连线，如图 4.13 所示。

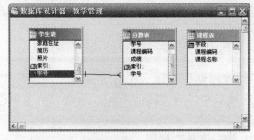

图 4.13　创建表数据库间的永久关系

2．设置参照完整性

参照完整性是关系数据库管理系统中一个很重要的功能，VFP中为了建立参照完整性，必须首先建立表之间的联系（表之间的联系在VFP中称为关系）。

使用参照完整性主要是为控制数据库中相关表之间的一致性，即对一个表进行插入、删除、更新操作时，要保证其关联数据的一致性，尤其是不同表的主关键字和外部关键字之间关系的规则。

实施参照完整性规则可以确保：当主表中没有关联记录时，记录不得添加到相关表中；主表的值不能改变，若改变将导致相关表中出现孤立记录；若某主表记录在相关表中有匹配记录，则该主表记录不能被删除。

在建立参照完整性之前，首先要清理数据库，为的是删除数据库中所有带删除标记的记录，打开"数据库设计器"，单击"数据库"菜单中的"清理数据库"命令。

如果要在"教学管理"数据库中建立参照完整性，其步骤如下：

（1）打开数据库文件"教学管理"，进入"数据库设计"窗口。

（2）在"数据库设计"窗口，在相关联的"学生表"和"分数表"的关系连线上双击，进入"编辑关系"对话框，如图4.14所示。

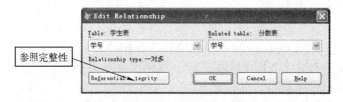

图4.14 "编辑关系"对话框

（3）在"编辑关系"对话框中，单击"参照完整性"按钮，进入"参照完整性生成器"对话框，如图4.15所示。在此对话框中，有"更新规则"、"删除规则"和"插入规则"三个选项卡，可根据需要选择。

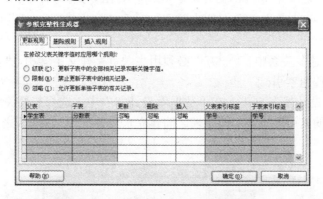

图4.15 "参照完整性生成器"对话框

在"更新规则"和"删除规则"选项卡中，分别有"级联"、"限制"和"忽略"三个单选项；在"插入规则"选项卡中，有"限制"和"忽略"两个单选项，根据需要选择相应的单选项，然后单击"确定"按钮。

（4）在弹出的对话框中单击"是"按钮。

3. 建立存储过程

存储过程是存储在.DBC 文件中的 VFP 代码，是专门操作数据库中数据的代码过程。存储过程可以提高数据库性能，因为在打开一个数据库时，它们便加载到了内存中。

使用存储过程主要是为了创建用户自定义函数，以便于字段级规则和记录级规则引用这些函数。当把一个用户自定义函数作为存储过程保存在数据库时，函数代码保存在.DBC 文件中，并且在移动数据库时，会自动随数据库移动。使用存储过程能使应用程序更容易管理，因为可以不必在数据库文件之外管理用户自定义函数。

存储过程的建立、修改或移去可在"数据库设计器"中进行，从"数据库"菜单中选择"编辑存储过程"选项，或者在命令窗口中使用 MODIFY PROCEDURE 命令。

数据字典是程序开发过程中的重要程序文档，若将数据字典建成一个数据表，今后的维护将更加方便，而且还可以利用现成的数据字典中的数据，快速建立数据录入、查询、统计等通用程序。对不同的应用软件，只要修改数据字典，就可以生成一套新的应用软件，大大地提高了编程速度和质量，是数据处理人员在数据库的设计、实现、运行、维护等各阶段对数据进行管理和控制的重要工具。

思考与练习

一、选择题

1. 在 VFP 中，以下叙述正确的是（　　）。
   A. 自由表的字段可以设置默认值
   B. 数据库表的字段可以设置默认值
   C. 自由表和数据库表的字段均可以设置默认值
   D. 自由表和数据库表的字段均不可以设置默认值

2. 在 VFP 中，打开数据库表的命令是（　　）。
   A. USE　　　　B. OPEN　　　　C. USE TABLE　　　D. OPEN TABLE

3. 在 VFP 中通用型（G）字段在表（.DBF 文件）中占用的字节数是（　　）。
   A. 2　　　　　B. 4　　　　　　C. 8　　　　　　　D. 10

4. 在 VFP 中，执行 CREATE DATABASE 命令将（　　）。
   A. 建立一个扩展名为.DBC 的数据库文件
   B. 建立一个扩展名为.DBF 的数据库表文件
   C. 建立一个子目录
   D. 建立一个扩展名为.DBC 的数据库文件和一个扩展名为.DBF 的数据库表文件

5. 在 VFP 中，自由表（　　）。
   A. 不可以加入到数据库中
   B. 可以加入到数据库中
   C. 加入到数据库后不可以再移出
   D. 是否可以加入到数据库中取决于自由表的状态

6. VFP 的数据库表之间可建立两种联系，它们是（　　）。
   A. 永久联系和临时联系　　　　　　B. 长期联系和短期联系
   C. 永久联系和短期联系　　　　　　D. 长期联系和临时联系

7. 下面关于项目及项目中的文件的叙述，不正确的一项是（　　）。

    A. 项目中的文件不是项目的一部分

    B. 项目中的文件表示该文件与项目建立了一种关联

    C. 项目中的文件是项目的一部分

    D. 项目中的文件是独立存在的

8. VFP 的参照完整性规则不包括（　　）。

    A. 更新规则　　　　B. 删除规则　　　　C. 查询规则　　　　D. 插入规则

二、填空题

1. 从数据库中移去表，可以在命令窗口中输入命令_____TABLE。

2. 在 VFP 中，数据完整性包括_____、_____和_____。

3. VFP 支持两种类型的索引文件，即_____和_____。

4. 在 VFP 中，数据库表之间的关系有一对一、一对多和_____关系。

5. VFP 的_____用于对项目中的数据、文档等进行集中管理，可用于项目的管理和维护。

6. "项目管理器"窗口中共有 6 个选项卡，分别为_____、_____、_____、_____、_____、_____。

7. VFP 中项目文件的扩展名（后缀）是_____。

8. 永久关系是存储在数据库中的_____ 之间的关系，存储在数据库文件中，不需要每次使用时都重建。

9. 触发器是指在对数据库表中的记录进行插入、删除、更新时所启动的_____。

三、简答题

1. 在 VFP 中，文件有哪些层次结构？

2. 数据库中表间有哪些关系？

3. 什么是数据字典？数据字典有哪些功能？

4. 什么是有效性规则？

5. 如何设置参照完整性？设置参照完整性的目的是什么？

四、操作题

1. 创建一个数据库 AAA.DBC，将本章中的三个表"学生表"、"分数表"和"课程表"加入到该数据库中。

2. 将"学生表"和"分数表"按学号字段建立一对多的关系。

3. 将"学生表"和"分数表"之间参照完整性对照表中的删除规则设定为级联，更新规则设定为限制。

4. 设置"学生表"的字段属性。

5. 为"课程表"添加注释信息："2007～2008 学年第二学期课程表。"

上机实训

实训 1：创建一个项目

【实训目的】

掌握在 VFP 中创建一个项目的方法。

【实训内容】

新建一个项目文件：高校管理系统.PJX。

【实训步骤】

假设本章所有的文件均保存在："D：\第 4 章实训"文件夹中，并将本书中的三个自由表：学生表、分数表和课程表加入到该文件夹中。

设置默认保存文件的路径命令：SET DEFAULT TO D:\第 4 章实训

在 VFP 中创建项目的操作步骤如下：

（1）单击常用工具栏的"新建"按钮 ，打开"新建"对话框。

（2）选择"项目"单选框，单击"新建"按钮，打开"创建"对话框，系统会显示一个默认的项目文件名。

（3）输入项目的名称"高校管理系统"，单击"保存"按钮，打开 "项目管理器-高校管理系统"窗口，如图 4.16 所示。

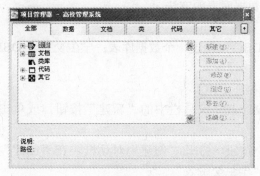

图 4.16 "项目管理器-高校管理系统"窗口

实训 2：创建一个数据库

【实训目的】

掌握在 VFP 中创建数据库的方法。

【实训内容】

新建一个数据库：学生管理数据库.DBC。

【实训步骤】

方法 1：在项目管理器中创建数据库。

在实训 1 中创建了一个名为"高校管理系统"的项目，在"高校管理系统"项目中创建数据库的具体操作步骤如下：

（1）单击"文件"中的"打开"命令，或单击常用工具栏的打开按钮 ，在"文件类型"框中选择"项目"，此时，在对话框的文件列表中显示"高校管理系统"项目。

（2）单击"高校管理系统"项目文件，并单击"确定"按钮，打开项目管理器，选择"数据"选项卡，然后选择"数据库"项。

（3）单击"新建"按钮，打开"新建数据库"对话框。

（4）单击"新建数据库"按钮，打开"创建"对话框，输入数据库名称"学生管理数据库"。保存位置在实训 1 中已设定为"D:\第 4 章实训"文件夹。

（5）单击"保存"按钮，创建好"学生管理数据库"数据库，系统自动打开"数据库设计器"，至此便完成了数据库的创建。

方法2：利用菜单方式创建数据库。

（1）打开"文件"菜单，选择"新建"对话框。

（2）在"新建"对话框中，选中"数据库"单选按钮，打开"创建"对话框。

（3）在"数据库名"文本框中输入数据库名"学生管理数据库"。

（4）单击"保存"按钮，打开"数据库设计器"窗口，至此便完成了数据库的创建工作。

方法3：利用命令方式创建数据库。

（1）在命令窗口中直接输入命令 CREATE DATABASE，打开"创建"对话框，在"数据库名"文本框中输入数据库名"学生管理数据库"。

（2）单击"保存"按钮，保存数据库。

实训3：创建一个数据库表

【实训目的】

掌握在 VFP 中创建数据库表的方法。

【实训内容】

在学生管理数据库.DBC 中创建一个数据库表：学生交费表.DBF。

【实训步骤】

1．打开学生管理数据库.DBC。

2．单击"数据库设计器"工具栏中的"新建"按钮，或单击鼠标右键，打开"新建表"对话框。

3．单击"新建表"按钮，打开"创建"对话框，在"创建"对话框中的"输入文件名"文本框中输入表名"学生交费表"。

4．单击"保存"按钮，打开"表设计器"对话框。

5．在"表设计器"中设置每个字段的定义。

6．单击"表设计器"对话框中的"确定"按钮，如图4.17 所示。

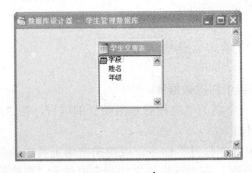

图 4.17 "数据库设计器-学生管理数据库"窗口

实训4：将自由表添加到数据库中

【实训目的】

掌握将自由表添加到数据库中使之成为数据库表的方法。

【实训内容】

将三个自由表"学生表"、"分数表"和"课程表"，分别添加到学生管理数据库.DBC 数据库中，使之成为数据库表。

【实训步骤】

1．打开学生管理数据库.DBC。

2．单击"数据库设计器"工具栏中的"添加表"按钮，或单击鼠标右键，打开"打开"对话框，选择要添加到数据库中的自由表"学生表"。

3．单击"确定"按钮，将"学生表"添加到数据库中成为了数据库表。

4．重复步骤1～3，分别将自由表"分数表"和"课程表"添加到数据库中，如图4.18所示。

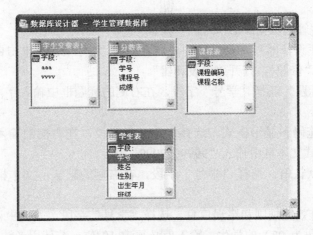

图4.18　将自由表添加到数据库中

实训 5：数据库表的浏览和修改

【实训目的】

掌握浏览和修改数据库表的方法。

【实训内容】

浏览和修改"学生管理数据库"中的"学生表"。

【实训步骤】

1．打开"学生管理数据库"数据库设计器，选择数据库表"学生表"，单击鼠标右键，弹出快捷菜单，如图4.19所示。

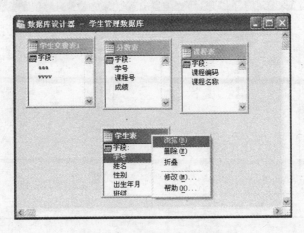

图4.19　打开学生管理数据库

2．在快捷菜单中选择"修改"命令，打开"表设计器"对话框，即可进行表结构修改。

3．在快捷菜单中选择"浏览"命令，可以浏览数据库表的记录。

实训 6：设置表的字段属性

【实训目的】

掌握数据字典中数据库表字段属性的编辑方法。

【实训内容】

设置"学生管理数据库.DBC"数据库中的数据库表"学生表"的字段属性。

【实训步骤】

1．打开"学生管理数据库.DBC"。

2．在"数据库设计器"工具栏选中要设置的表"学生表"，单击鼠标右键，在弹出的快捷菜单中，选择"修改"，打开"表设计器"。

3．设置字段标题。选择"学号"字段，在右侧的标题框中输入字段标题，如"学生证编号"。

4．设置字段掩码和显示格式。选择"学号"字段，在右侧的输入掩码文本框中输入"9999999999"，格式文本框中输入"9999999999"。

5．设置字段默认值。选择"学号"字段，在右侧的默认值文本框中输入一个默认值"200503"。

6．设置字段有效性规则和错误信息。选择"学号"字段，本例中该字段表示 2005 级信息系（设系别代码为 03）的学生，输入值必须满 10 位。若使用者输入的不是 2005 级信息专业的学生或者不满 10 位，则是无效的数据，要提示错误信息，重新输入。

（1）单击"规则"右边的"…"按钮，进入表达式生成器，在"有效规则"中输入表达式：

SUBSTR（学号,1,6）="200503"AND LEN(TRIM(学号))=10

（2）在信息文本框中输入"学号不符合要求！"。

7．为字段加注释。选择"学号"字段，在右侧的字段注释框中输入要加入的内容，如"共 10 位，分别是入学年份（4 位）、系别（2 位）、专业（2 位）和个人代码（2 位）"。

设置情况如图 4.20 所示。

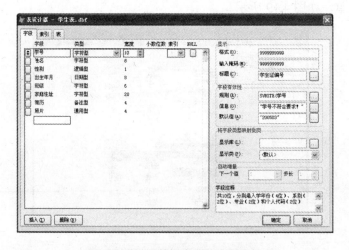

图 4.20　设置数据库表的字段属性

实训 7：设置数据库表的属性

【实训目的】

掌握数据字典中数据库表属性的设置方法。

【实训内容】

设置"学生管理数据库.DBC"数据库中的数据库表"学生表"的表属性。

【实训步骤】

1．打开"学生管理数据库.DBC"。

2．在"数据库设计器"工具栏选中要设置的表"学生表"，单击鼠标右键，在弹出的快捷菜单中，选择"修改"，打开表设计器。在"表设计器"中选择"表"选项卡。

3．设置长表名，在表名文本框中输入"学生基本情况表"。

4．设置记录有效性和错误信息。

（1）单击在"规则"右边的"…"按钮，进入表达式生成器，在"有效规则"中输入表达式：

NOT(EMPTY(学号) OR EMPTY(姓名) OR EMPTY(性别))

（2）在"信息"框中输入提示信息："请输入学号、姓名、性别数据："

5．设置触发器。

（1）若只能插入 2005 级的学生记录，则在"插入触发器"的文本框中输入表达式：

SUBSTR(学号,1,4)="2005"

（2）若不允许删除网络专业的学生记录，则在"删除触发器"的文本框中输入表达式：

班级<>"网络"

（3）若所有记录都不允许被更新，则在"更新触发器"的文本框中输入表达式：

.F.

6．为表文件加注释，在表注释文本框中输入"这是 2005 级信息专业的学生基本情况表。"设置情况如图 4.21 所示。

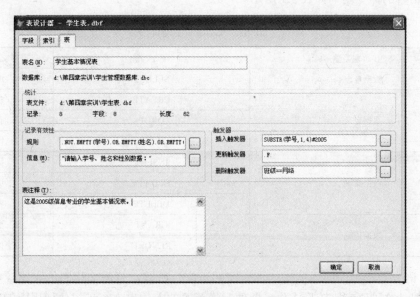

图 4.21 设置数据库表的属性

第 5 章　关系型数据库查询语言 SQL

将数据保存在数据库中的目的之一就是能够对数据进行快速分析，提取有用的信息。在 VFP 中，数据分析是通过查询（Query）实现的，利用 VFP 的查询功能，可以从一个或多个表中选择所需的数据，其中，基于多表进行查询更有意义。本章讨论 VFP 的 SELECT-SQL 语言及其界面接口语言 RQBE。

5.1　SQL 概述

VFP 中的 SELECT-SQL 是从 SQL 语言移植过来的查询命令，具有强大的单表与多表查询功能。SQL 是结构化查询语言（Structured Query Language）的缩写，其标准由美国国家标准化组织 ANSI（American National Standards Institute）于 1986 年 10 月公布，并由国际标准化组织 ISO（International Standards Organization）认证。

SQL 语言具有以下主要特点。

（1）SQL 是一种一体化语言，它包括数据定义、数据查询、数据操纵和数据控制等功能，可以完成数据库的全部操作。

（2）SQL 是一种高度非过程化的语言，它没有必要告诉计算机如何去做，而只需要告诉计算机做什么。

（3）SQL 功能强大，语言简洁。

（4）SQL 命令既可以在交互方式下使用，也可以在程序方式中使用。

SQL 语言的命令动词如表 5.1 所示。

表 5.1　SQL 命令动词

SQL 命令类型	命　令	功　能
数据查询	SELECT	选择
数据定义	CREATE	建立
	DROP	删除
	ALTER	修改
数据操纵	INSERT	插入
	UPDATE	更新
	DELETE	删除
数据控制	GRANT	准予
	REVOKE	撤销

SQL 语言是一种面向懂英语的人编写的语言，所以，英语文化圈的人比较容易接受这种语言。但是这种语言比较形式化，即便是懂英语的人，也不容易记住使用中的若干细节，

所以又出现了一种 RQBE（Relational Query By Example）语言，这种语言实际上是 SQL 语言的一个界面接口语言，旨在完成相应的查询任务。

5.2 SQL 查询

本节的例子以表 5.2 和表 5.3 作为背景材料。

表 5.2　产品销售中(CPSOLD.DBC)有关的表文件

产品编码文件：PRODUCTBM.DBF				产品销售明细文件：PRODUCTSOLD.DBF			
产品编码	类别	产品名称	计量单位	产品编码	数量	单价	金额
01001	消耗品	网卡	个	01001	43.000	20.000 0	860.000 0
01002	消耗品	备品备件	套	01001	22.000	20.000 0	440.000 0
01003	消耗品	光驱	个	01002	566.000	1.000 0	566.000 0
02001	办公用品	签字笔	个	01002	10.000	1.000 0	10.000 0
02002	办公用品	笔记本	本	01003	2.000	120.000 0	240.000 0
02003	办公用品	笔记本	本	02001	10.000	2.000 0	20.000 0
02004	办公用品	墨水	瓶	02002	10.000	3.000 0	30.000 0
				02003	10.000	0.000 0	0.000 0

表 5.2 中的数据表 PRODUCTBM.DBF 的产品编码的前两位为类别编码。

表 5.3　教学管理(STUGL.DBC)有关的表文件

学生文件：学生表.DBF							
学号	姓名	性别	班级	出生年月	家庭住址	简历	照片
2005032101	付亚娟	女(F)	电商一	05/08/86	陕西省咸阳市	memo	gen
2005032102	周清云	女(F)	电商一	12/01/85	河南省洛阳市	memo	gen
2005032103	王芳	女(F)	电商一	12/22/86	河南省新乡市	memo	gen
2005032104	王晓涛	男(T)	电商一	11/22/86	江西省抚州市	memo	gen
2005033201	郭丽	女(F)	网络二	10/25/86	吉林省梅河口市	memo	gen
2005033202	黄飞龙	女(F)	网络二	02/08/86	吉林省吉林市	memo	gen
2005033203	李扬	男(T)	网络二	09/10/86	河南省郑州市	memo	gen
2005033204	张杰	男(T)	网络二	11/08/86	河南省安阳市	memo	gen

成绩文件：分数表.DBF			课程文件：课程表.DBF	
学号	课程编码	成绩	课程编码	课程名称
2005032101	0101	78	0101	财务会计
2005032101	0202	86	0102	财务管理
2005032102	0101	91	0201	计算机基础
2005032102	0202	74	0202	数据库
2005032103	0101	80		
2005032103	0202	92		
2005032104	0101	88		
2005032104	0202	85		
2005032104	0201	88		

5.2.1 SELECT-SQL 的命令格式

【命令格式】SELECT [ALL|DISTINCT] [TOP 数值表达式 [PERCENT]]

[<别名.>] <选择表达式> [AS <显示列名>]

[,<别名.>] <选择表达式> [AS <显示列名>]...]

FROM [FORCE][<数据库名!>]<表名> [<本地别名>]

|[INNER|LEFT [OUTER]|RIGHT [OUTER]|FULL [OUTER] JOIN

<数据库名>!]<表名> [<本地别名>]

[ON 连接条件...]

| [INTO <目标>]

|[TO FILE <文件名> [ADDITIVE]|TO PRINTER [PROMPT]|TO SCREEN]]

[NOCONSOLE][PLAIN][NOWAIT]

[WHERE <连接条件> [AND<连接条件>...]

[AND|OR <筛选条件> [AND|OR <筛选条件>...]]]

[GROUP BY <分组表达式> [,<分组表达式>...]]

[HAVING <筛选条件>]

[UNION [ALL] SELECT-SQL 命令]

[ORDER BY <关键字表达式> [ASC|DESC] [,<关键字表达式> [ASC|DESC]...]]

【功能】在一个或多个表中查询数据。

【说明】

（1）SELECT [ALL|DISTINCT]。SELECT 说明要查询的数据；ALL 表示选出的记录中包括重复的记录，是默认值；DISTINCT 则表示选出的记录中不包括重复的记录。

[<别名.>.] <选择表达式> [AS<显示列名>]。别名是字段所在的表名；选择表达式可以是字段名，也可以是自定义函数或如表 5.4 所示的 SQL 函数，选择表达式还可以用 "*" 表示，表示指定所有的字段；显示列名用于指定输出时使用的列标题。

表 5.4 <选择表达式>中可用的 SQL 函数

函　　数	功　　能
AVG(<选择表达式>)	求<选择表达式>值的平均值
COUNT(<选择表达式>)	统计记录个数
MIN(<选择表达式>)	求<选择表达式>值中的最小值
MAX(<选择表达式>)	求<选择表达式>值中的最大值
SUM(<选择表达式>)	求<选择表达式>值的和

（2）FROM [<数据库名>!]<表名>|[INNER|LEFT|RIGHT|FULL JOIN<数据库名>!]<表名>[ON<连接条件>...]，用于指定查询的表与连接类型。

FROM 说明要查询的表，JOIN 用于连接两个表，ON 用于指定连接条件。

INNER|LEFT|RIGHT|FULL，指定连接类型。连接类型有 4 种，分别为内部连接、左连接、右连接和完全连接。若数据表的表 1 中有字段 D1，数据表的表 2 中有字段 D2，连接条件为表 1.D1=表 2.D2，则连接类型与查询结果如表 5.5 所示。

表 5.5　连接类型

连接类型	意　义	表 1 中 D1 字段值	表 2 中 D2 字段值	查询结果	
INNER JOIN	两个表中的字段都满足连接条件，记录才选入查询结果	A	A	A	A
LEFT JOIN	连接条件左边的表中的记录都包含在查询结果中，而右边的表中的记录只有满足连接条件时，才选入查询结果	B C	D	A B C	A .NULL. .NULL.
RIGHT JOIN	连接条件右边的表中的记录都包含在查询结果中，而左边的表中的记录只有满足连接条件时，才选入查询结果			A .NULL.	A D
FULL JOIN	两个表中的记录不论是否满足连接条件，都选入查询结果			A .NULL. B C	A D .NULL. .NULL.

其中的选项 OUTER 表示外部连接，既允许满足连接条件的记录，又允许不满足连接条件的记录。若省略 OUTER 选项，其效果不变。

FORCE 子句表示要严格按照指定的连接条件来连接表，避免 VFP 因进行连接优化而降低查询速度。

（3）[INTO<目标>]|[TO FILE<文件名>[ADDITIVE]|TO PRINTER [PROMPT]|TO SCREEN]]，用于指定查询结果的输出去向。

目标有三种选项：ARRAY（数组）、CURSOR（临时表名）、DBF（表名）。

TO FILE<文件名>，指输出到指定的文本文件，并取代原文件的内容。ADDITIVE 表示只添加新数据，不清除原文件的内容。

TO PRINTER，指打印输出，PROMPT 表示打印前先显示打印确认对话框。

TO SCREEN，指输出到屏幕，为默认值。

（4）[WHERE<连接条件>[AND<连接条件>…][AND|OR<筛选条件>[AND|OR<筛选条件>…]]]，用于指定连接和筛选条件。若已用 ON 子句指定了连接条件，则 WHERE 子句中只能指定筛选条件。

也可以省去 JOIN 子句，一次性地在 WHERE 子句中指定连接条件和筛选条件。

筛选条件用的比较符为=（等于），<>、!=、#（不等于），= =（恒等于），>（大于），>=（大于等于），<（小于），<=（小于等于）。

筛选条件是指在子查询的结果集中，满足相应谓词演算的条件，如果条件为真则选择该记录。表 5.6 是筛选条件中的关键字意义和使用方法。

表 5.6　WHERE 中筛选条件关键字

关　键　字	说　　明
ALL	表示确定字段中内容与子查询中所有值的关系都满足条件才为真。例如，子查询的结果为{1,2,3,4}，如果记录中字段 1 的值=5，则字段 1 大于集合中所有的值。 用法：<字段><比较符> ALL(<子查询>)
ANY	字段中内容与子查询中任何一个值的关系都满足条件，则为真。 用法：<字段><比较符> ANY (<子查询>)
BETWEEN	如果要求某列的数值在某个区间内，可用 BETWEEN…AND…，而如果要查找不在某个区间的数据，可用 NOT BETWEEN…AND…。 用法：<字段> BETWEEN <范围始值> AND <范围终值>

关 键 字	说　　明
EXISTS	总存在着一个值满足条件 用法：EXISTS (<子查询>)
IN	如果要查的值是已知的某几个值中的一个，此时可用 IN；同样，可以用 NOT IN 来表示相反的含义。 用法：<字段> IN <结果集合> 或 <字段> IN (<子查询>)
LIKE	LIKE 提供两种字符串匹配方式，一种是使用下画线"_"匹配任意一个符，另一种是使用百分号"%"匹配 0 个或多个字符的字符串。同样可以使用 NOT LIKE 来表示相反的含义。 用法：<字段> LIKE <字符表达式>
SOME	满足集合中某一个值。 用法：<字段><比较符> SOME (<子查询>)

（5）[GROUP BY<分组表达式>[,<分组表达式>…]]，用于对查询结果分组。

（6）[HAVING<筛选条件>]，当含有 GROUP BY 子句时，HAVING<筛选条件>用于记录查询结果分组的限制条件；无 GROUP BY 子句时，HAVING 子句的作用与 WHERE 子句相同。

（7）[UNION<SELECT-SQL 命令>]，用于嵌入另一个 SELECT-SQL 命令，使这两个命令的查询结果合并输出。

（8）[ORDER BY<关键字表达式>[ASC|DESC][<关键字表达式>[ASC|DESC]…]]，指定查询结果中的记录排序输出。关键字表达式可以是字段，也可以是查询结果中列位置的数字。

（9）[TOP<数值表达式>[PERCENT]]，该子句必须与 ORDER BY 子句同时使用。数值表达式表示在符合条件的记录中选取的记录数，范围为 1～32 767。有 PERCENT 选项时，数值表达式表示百分比，范围为 0.01～99.99。

（10）[NOCONSOLE]，禁止将输出送往屏幕。若指定过 INTO 子句，则忽略它的设置。

（11）[PLAIN]，输出时省略字段名。

（12）[NOWAIT]，显示浏览窗口后继续往下执行。

5.2.2　SELECT 命令的使用方法

1. 基本使用方法

【例 5.1】　查询学生文件的清单。

```
SELECT * FROM 学生表
```

【例 5.2】　列出学生文件的姓名，自动去掉重名的记录。

```
SELECT DIST 姓名 FROM 学生表
```

【例 5.3】　列出电商一班的学生情况。

```
SELECT * FROM 学生表 WHERE 班级="审计"
```

【例 5.4】　列出电商一班且性别为男的学生情况。

```
SELECT * FROM 学生表 WHERE 班级="电商一" AND 性别
```

2．SQL 函数的使用方法

【例 5.5】 求出每一个班的人数，按 BJMC 排序，并打印。

```
SELECT 班级,COUNT(班级) AS "数" FROM 学生表 GROUP BY 班级;
ORDER BY 班级 TO PRINTER
```

若按每个班的人数排序，则用下面的语句。

```
SELECT 班级,COUNT(班级) AS "人数" FROM 学生表 GROUP BY 班级;
ORDER BY 2 TO PRINTER
```

【注意】

不可用"COUNT（班级）"作为排序表达式，因此 ORDER 子句中用数字 2 来表示按查询中的第 2 列排序。

3．左连接与右连接

【例 5.6】 将表 PRODUCTBM.DBF 和表 PRODUCTSOLD.DBF 用左连接的方式进行查询。

```
SELECT Productbm.产品编码, Productbm.产品名称, Productbm.计量单位,;
Productbm.数量, Productsold.单价, Productsold.金额 ;
FROM  productbm LEFT OUTER JOIN productsold ;
ON  Productbm.产品编码 =Productsold.产品编码
```

查询结果如图 5.1 所示。

产品编码	产品名称	计量单位	数量	单价	金额
01001	网卡	个	43.000	20.0000	860.0000
01001	网卡	个	22.000	20.0000	440.0000
01002	备品备件	套	566.000	1.0000	566.0000
01002	备品备件	套	10.000	1.0000	10.0000
01003	光驱	个	2.000	120.0000	240.0000
02001	签字笔	个	10.000	2.0000	20.0000
02002	笔记本	本	10.000	3.0000	30.0000
02003	作业本	本	10.000	0.0000	0.0000
02004	墨水	瓶	.NULL.	.NULL.	.NULL.

图 5.1 【例 5.6】左连接输出结果

其中，在销售明细文件中没有产品"墨水"，则数据显示为"NULL"。右连接的结果正好和左连接相反，不再赘述。

4．多表内连接

【例 5.7】 将学生表.DBF、分数表.DBF 和课程表.DBF 连接求学生的学习成绩，要求输出学号、姓名、班级、课程名称、成绩。

```
SELECT 学生表.学号,学生表.姓名,学生表.班级,分数表.成绩,课程表.课程名称;
FROM 学生表  INNER JOIN (分数表 INNER JOIN 课程表 ;
ON 分数表.课程编码=课程表.课程编码) ON 学生表.学号=分数表.学号
```

这个结果的查询过程是这样的，首先在主表（学生表）中取第一条记录，用学号

"2005032101"在成绩文件（分数表）中找，找到第一个记录，得到成绩 78；再根据课程编码"0101"到课程文件（课程表）中找，得到课程名称"财务会计"。

也可以直接在 WHERE 子句中用关键字进行连接查询。

```
SELECT 学生表.学号,学生表.姓名,学生表.班级,分数表.成绩,;
课程表.课程名称 FROM 学生表,分数表,课程表 ;
WHERE 学生表.学号=数表.学号 AND 分数表.课程编码=课程表.课程编码
```

查询结果如图 5.2 所示。

学号	姓名	班级	成绩	课程名称
2005032101	付亚娟	电商一	78	财务会计
2005032101	付亚娟	电商一	86	数据库
2005032102	周洁云	电商一	91	财务会计
2005032102	周洁云	电商一	74	数据库
2005032103	王芳	电商一	80	财务会计
2005032103	王芳	电商一	92	数据库
2005032104	王晓涛	电商一	88	财务会计
2005032104	王晓涛	电商一	85	数据库
2005032104	王晓涛	电商一	88	计算机基础

图 5.2 【例 5.7】学生成绩单输出结果

5．结果合并

【例 5.8】 在例 5.6 中增加"类别"的输出，将结果存入数据表文件 Soldmx.DBF 中，然后计算 Soldmx.DBF 表中各类别的销售金额合计及产品销售总和。

（1）在例 5.6 中增加类别的输出，将结果存入数据表文件 Soldmx.DBF 中。

```
SELECT Productbm.类别,;
Productbm.产品编码, Productbm.产品名称, Productbm.计量单位,;
Productsold.数量,Productsold.单价,; Productsold.金额 ;
FROM  productbm LEFT OUTER JOIN productsold ;
ON  Productbm.产品编码 = Productsold.产品编码 INTO TABLE Soldmx.DBF
```

（2）计算 Soldmx.DBF 表中各类别的销售金额合计及产品销售总和。

```
SELECT  类别, SUM(金额) FROM soldmx GROUP BY 类别;
UNION ;
SELECT "合计", SUM(金额) FROM soldmx ORDER BY 2
```

查询结果如图 5.3 所示。

【注意】

金额合计列的标题由系统自动起名"SUM_＋求和对象列"构成，也可以用 AS 选项指定列的标题。

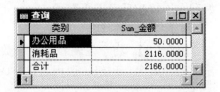

类别	Sum_金额
办公用品	50.0000
消耗品	2116.0000
合计	2166.0000

图 5.3 【例 5.8】分类别汇总输出结果

6．SELECT 嵌套

有时候一个 SELECT 命令无法完成查询任务，需要一个子 SELECT 的结果来作为条件去完成条件语句。不过应注意，子 SELECT 的结果必须是一个确定的内容，如果结果为一个集合，则要用谓词演算查询。下面的例子说明了嵌套的使用方法。

【例 5.9】 列出王芳所在班级的学生清单。

```
SELECT 学号,姓名,性别,班级,出生年月 FROM 学生表;
WHERE 班级=(SELECT 班级 FROM 学生表 WHERE 姓名="王芳")
```

【例 5.10】 列出王芳所在班级的男学生的清单。

```
SELECT 学号,姓名,性别,班级,出生年月 FROM 学生表;
WHERE 班级=(SELECT 班级 FROM 学生表 WHERE 姓名="王芳") AND 性别
```

7. 谓词演算

在 WHERE 字句中，有一部分内容是筛选表达式，这些表达式可以进行谓词演算操作，这样，原来很难检索到的记录，通过谓词演算便可以很容易地找到。

【例 5.11】 求成绩在 65～80 之间的学生的情况，列出学号、姓名、班级、成绩和课程名称。

```
SELECT 学生表.学号,学生表.姓名,学生表.班级,分数表.成绩,课程表.课程名称;
FROM 学生表 ;
INNER JOIN (分数表 INNER JOIN 课程表 ON 分数表.课程编码=课程表.课程编码);
ON 学生表.学号=分数表.学号;
WHERE 分数表.成绩 BETWEEN 65 AND 80
```

【例 5.12】 求姓王的学生名单。

```
SELECT 学号,姓名,性别,班级,出生年月 FROM 学生表 WHERE 姓名 LIKE "王%"
```

【例 5.13】 求课程编码为 0201、0202 的学生的成绩单，列出学号、姓名、班级、成绩和课程。

```
SELECT 学生表.学号,学生表.姓名,学生表.班级,分数表.成绩,课程表.课程名称;
FROM 学生表 ;
INNER JOIN (分数表 INNER JOIN 课程表 ON 分数表.课程编码=课程表.课程编码);
ON 学生表.学号=分数表.学号;
WHERE 课程表.课程编码 IN ("0201","0202")
```

（"0201","0202"）是一个集合，要求选择的课程编码 KCBM 是这两个课程编码中的任意一个。

【例 5.14】 求课程编码为 0202 的任何（ANY/SOME）成绩高于学号为 2005032104 的学生的此课程成绩的学生，列出其学号、姓名、班级、成绩和课程。

```
SELECT 学生表.学号,学生表.姓名,学生表.班级,分数表.成绩,课程表.课程名称;
FROM 学生表;
INNER JOIN (分数表 INNER JOIN 课程表 ON 分数表.课程编码=课程表.课程编码);
ON 学生表.学号=分数表.学号;
WHERE 分数表.课程编码="0202" and 分数表.成绩 >SOME;
(SELECT 分数表.成绩 FROM 分数表;
WHERE 分数表.学号="2005032104" AND 分数表.课程编码="0202")
```

【注意】

本例中 SOME 也可以改为 ALL 或 ANY，甚至没有关键词 SOME、ALL、ANY 也可以，因为子查询集合中只有一个元素。

5.3 定义功能

本节给出在程序方式下建立、修改表结构和表的删除命令等简要操作方法，深入的讨论请参考 VFP 编程手册。

1. 表结构的建立

用 CREATE<表名>建立表结构，只能在交互方式下使用。如果要在程序方式下建立表结构，需要用 CREATE TABLE 命令，此命令也可在交互方式下使用。

【命令格式】CREATE TABLE|DBF<表名>（<字段名 1><类型>[（<宽度>[,<小数位>]）]][,<字段名 2>…])

【例 5.15】 建立学生档案表 STUDENT.DBF。

```
CREATE TABLE STUDENT(学号 C(10),姓名 C(8),性别 L,班级 C(10),;
出生年月 D,通信地址 C(20),简历 M)
LIST STRUCTURE
```

2. 表结构的修改

用 MODIFY STRUCTURE 修改表结构，只能在交互方式下使用。如果要在程序方式下修改表结构，需要用 ALTER TABLE 命令。

【命令格式】ALTER TABLE<表名>ADD|ALTER<字段名><类型>[(<宽度>[,<小数位>])]|DROP<字段名>|RENAME COLUMN <字段名 1> TO <字段名 2>

【说明】

（1）ADD<字段名>子句用于添加字段。

（2）ALTER<字段名>子句用于修改已有字段。

（3）DROP<字段名>子句用于删除字段。

（4）RENAME COLUMN <字段名 1> TO <字段名 2>子句用于更改字段名。

【例 5.16】 已知【例 5.15】中的 STUDENT.DBF 表，要求新增"体重 N(3)"字段。

```
USE STUDENT
LIST STRUCTURE
ALTER TABLE STUDENT ADD 体重 N(3)
LIST STRUCTURE
```

【例 5.17】 将 STUDENT 表中的学号改为数值型，宽度改为 10。

```
ALTER TABLE STUDENT ALTER 学号 N(10)
LIST STRUCTURE
```

3. 表的删除

【命令格式】DROP TABLE <表名>

【功能】删除指定的表。

【例 5.18】 删除 STUDENT 表。

```
DROP TABLE STUDENT
```

5.4 操作功能

1．插入记录

【命令格式 1】INSERT INTO 表名[（字段名 1[，字段名 2][，…])] VALUES（表达式 1，[表达式 2][，…])

【功能】在未打开的表尾直接插入记录数据。

【命令格式 2】INSERT INTO 表名 FROM ARRAY 数组名|FROM MEMVAR

【功能】在未打开的表尾插入数组或同名的内存变量值。

【例 5.19】 在 STUDENT 表尾插入一条记录。

```
INSERT INTO STUDENT (学号,姓名,性别,班级,出生年月,身高,通信地址);
VALUES ;
("2005032105","李伟",.T., "信息管理",CTOD("08/15/90"),1.88, "河南省郑州市")
LIST
```

2．更新记录

【命令格式】UPDATE 表名 SET <字段名 1>=<表达式 1>[, <字段名 2>=<表达式 2>…] WHERE <条件>

【功能】用表达式的值替换字段值。

【例 5.20】 将 TEACHER 表中讲师的月收入增加 10%。

```
USE TEACHER
LIST
UPDATE TEACHER SET 月收入=月收入*1.1 WHERE 职称="讲师"
LIST
```

3．删除记录

【命令格式】DELETE FROM 表名 [WHERE <条件>]

【功能】删除指定表中的记录。若条件缺省，则删除所有记录。

【例 5.21】 删除 TEACHER 表中数学教研室的记录。

```
DELE FROM TEACHER WHERE 教研室="数学"
PACK
USE TEACHER
LIST
```

5.5 查询与视图设计器

这一节我们详细讨论 RQBE 语言，即查询和视图设计器，它可以创建、修改查询和视图。查询设计器（Query Designer）用于建立基于数据表的查询，视图设计器（View

Designer）用于建立基于数据表的视图，两者的使用十分相似。在用查询和视图设计器创建查询和视图时，本节同时给出了其 SELECT-SQL 语句。本节以表 5.2 和表 5.3 中的数据表为数据源介绍查询及视图建立的方法。

5.5.1　查询设计器

1．查询的概念

（1）查询，就是向一个数据库发出检索信息的请求，从中提取符合特定条件的记录。

（2）查询文件，即保存实现 SELECT-SQL 命令的查询文件。查询文件保存时，系统自动给出扩展名.qpr；查询被运行后，系统还会生成一个编译后的查询文件，扩展名为.qpx。

（3）查询结果，通过运行查询文件得到的一个基于表和视图的动态的数据集合。查询结果可以用不同的形式来保存，查询中的数据是只读的。

（4）查询的数据源，可以是一张或多张相关的自由表、数据库表、视图。

2．利用"查询向导"创建查询

【例 5.22】　参考【例 5.6】中的要求说明查询建立的过程，并说明建立步骤。

基本步骤：

（1）在项目管理器的数据选项卡中，选中查询，单击"新建"按钮，进入"新建查询"对话框（也可以在"文件"菜单中，选择"新建"命令创建查询）。

（2）在"新建查询"对话框中，单击"查询向导"按钮，进入"向导选择"对话框，如图 5.4 所示。

（3）在"向导选择"对话框中，有三种形式的查询可以使用。

① Cross-Tab Wizard：以电子数据表的格式显示数据。

② Graph Wizard：以图形的方式显示查询结果。

③ Query Wizard：创建一个标准的查询。

根据需要，选择其中的一种。此例中选择"查询向导"（Query Wizard），单击"确定"按钮，进入"Query Wizard"对话框，如图 5.5 所示。

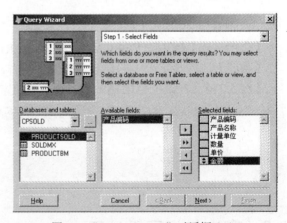

图 5.4　"向导选择"对话框　　　　　图 5.5　"Query Wizard"对话框 Step 1

（4）在"Query Wizard"对话框中，打开所需要的表，选择好数据表的字段，单击"Next"按钮，如图 5.6 所示。

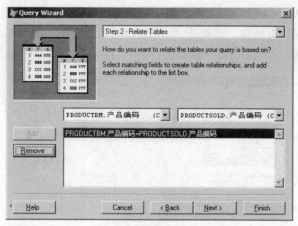

图 5.6 "Query Wizard" 对话框 Step 2

（5）在"查询向导"对话框中，添加数据表之间的关联关系，单击"Next"按钮，如图 5.7 所示。选定 4 个单选项（从上到下分别表示内连接、左连接、右连接和完全连接）中的任一项，单击"Next"按钮，如图 5.8 所示。

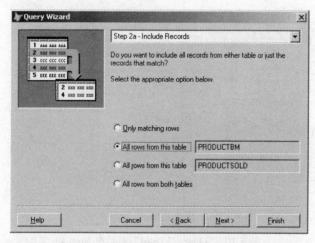

图 5.7 "Query Wizard" 对话框 Step 2a

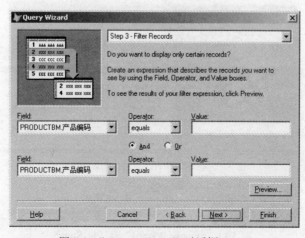

图 5.8 "Query Wizard" 对话框 Step 3

（6）在"Query Wizard"对话框中，如图5.9所示，可选择参数对记录进行筛选，然后可单击"Finish"按钮结束操作。或单击"Next"按钮，如图5.10所示，可选择参数对记录范围进行限制，然后单击"Finish"按钮结束操作。或单击"Next"按钮，如图5.11所示。

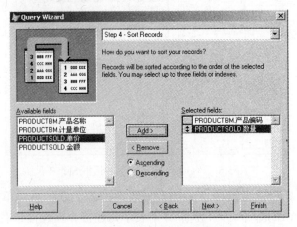

图5.9 "Query Wizard"对话框 Step 4

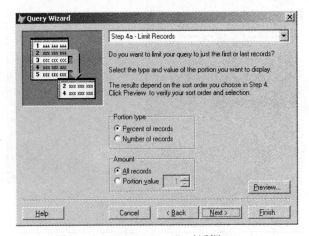

图5.10 "Query Wizard"对话框 Step 4a

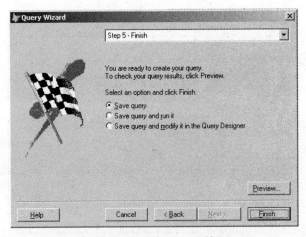

图5.11 "Query Wizard"对话框 Step 5

（7）在"Query Wizard"对话框 Step 5 中，选定任意一个单选项，单击"Finish"按钮，进入"另存为"对话框。在此对话框中，输入查询文件的名称，单击"保存"按钮，结束查询文件的创建操作。

其对应的 SELECT-SQL 语句为：

```
SELECT Productbm.产品编码, Productbm.产品名称, Productbm.计量单位, ;
Productsold.数量, Productsold.单价, Productsold.金额 ;
FROM CPSOLD!PRODUCTBM ;
LEFT OUTER JOIN CPSOLD!PRODUCTSOLD ;
ON  Productbm.产品编码 = Productsold.产品编码 ;
ORDER BY Productbm.产品编码, Productsold.数量
```

3．用查询设计器建立查询

基本步骤：查询设计器→添加创建查询所基于的数据表→定义输出内容→设置连接、筛选、排序、分组条件→选择查询结果的输出形式→保存查询文件 →运行查询。

【例 5.23】 查询要求同【例 5.22】。

（1）在项目管理器的"数据"选项卡中，选中"查询"，单击"新建"按钮，进入"新建查询"对话框。在"新建查询"对话框中，单击"新建查询"按钮，打开"查询设计器"对话框，如图 5.12 所示。

图 5.12 "查询设计器"对话框的初始状态

【说明】可以用菜单和命令两种方式打开查询设计器，而文件菜单中又有新建命令和打开命令两种情况，命令格式为：CREATE|MODIFY QUERY [? |<查询文件名>]。

（2）在"添加表或视图"对话框中，把要建立查询的数据表添加到查询设计器中。如果在所添加的数据表之间没有建立连接，将会出现"Join Condition"（"连接条件"）对话框，如图 5.13 所示。

图 5.13 "Join Condition"对话框

（3）在"Join Condition"对话框的连接类型中，有四种类型的连接，选择连接条件和所需的连接类型后，单击"OK"按钮，并关闭"添加表或视图"窗口。

（4）在"查询设计器"对话框的"字段"选项卡中，选择数据表可出现在查询中的字段或表达式，以及它们的排序表达式和分组表达式等内容（如果需要的话），然后退出"查询设计器"对话框，进入"Microsoft Visual FoxPro"窗口，单击"是"按钮，进入"另存为"窗口。

（5）在"另存为"窗口中，输入创建查询的名称，单击"保存"按钮，结束操作。

其对应的 SELECT-SQL 语句同【例 5.22】。

【说明】这个例子也可以按类别分组求和，其方法为：将类别添加至已选择字段，金额在"函数和表达式"中设置为"SUM（PRODUCTSOLD.金额）"，选中它，单击"添加"按钮，添加至"选定字段"中，在分组选项卡中选择类别作为分组字段。

其对应的 SELECT-SQL 语句为：

```
SELECT Productbm.类别,SUM(Productsold.金额);
FROM cpsold!productbm;
INNER JOIN cpsold!productsold;
ON Productbm.产品编码=Productsold.产品编码;
GROUP BY Productbm.类别
```

4. 交叉表查询

在"查询向导"的"向导选择"对话框中，有一个"交叉表向导（Cross-Tab Wizard）"选项，它以电子数据表的格式显示数据。但通过查询来获取某些数据时，交叉表往往具有很重要的作用。这里以"教学管理（STUGL.DBC）"数据库中的一个视图为例（有关视图的内容参见 5.5.2 节中的【例 5.24】），来说明交叉表的使用。

（1）在"向导选择"对话框中，选定"Cross-Tab Wizard"（"交叉表向导"），单击"确定"按钮，将出现"Cross-Tab Wizard"对话框，如图 5.14 所示，其内容和形式与在"Query Wizard"对话框基本相同。在这里，需要选定将要使用的数据库或数据表（选定"学生成绩单"视图），并选定所需字段，然后单击"Next"按钮，进入如图 5.15 所示的"交叉表向导"对话框 Step 2。

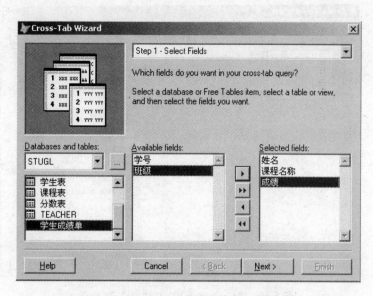

图 5.14 "Cross-Tab Wizard" 对话框 Step 1

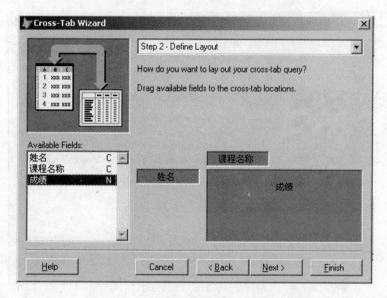

图 5.15 "Cross-Tab Wizard" 对话框 Step 2

（2）在"Cross-Tab Wizard"对话框 Step 2 中，需要定义交叉表的布局。本例中将"姓名"放在"行"的位置，"课程名称"放在"列"的位置，"成绩"放在"数据"区域，用鼠标将上述三个字段拖到相应的位置即可。设置好"交叉表"的布局之后，对话框下方的"Next"按钮被激活，单击此按钮，进入下一个窗口，如图 5.16 所示。

（3）在"Cross-Tab Wizard"对话框 Step 3 中，需要在"Summary"下面的单选项中选择每行所需的总计类型；在"Subtotals"下面的单选项中确定是否对数据添加分类汇总列。选定之后，单击"Next"按钮或"Finish"按钮，进入如图 5.17 所示的对话框。本例中，选定"Summary"下的"Sum（求和）"单选项和"Subtotals"下面的"Sum of data（数据求和）"单选项。

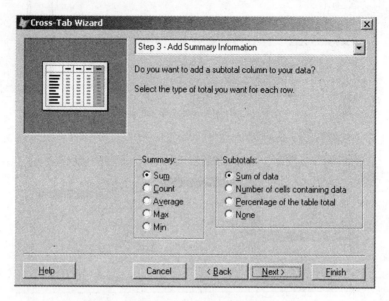

图 5.16 "Cross-Tab Wizard" 对话框 Step 3

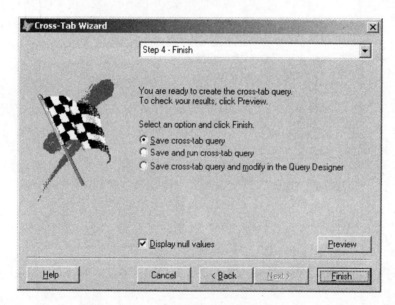

图 5.17 "Cross-Tab Wizard" 对话框 Step 4

（4）在"Cross-Tab Wizard"对话框 Step 4 中，根据需要选择结果的保存类型。在对话框下方有一个"Display null values"复选框，如果选定此复选框，则在交叉表中没有赋值的字段将自动赋给"NULL"值，以后需要时，可以随时添加相应的内容；如果不选定，在交叉表中没有赋值的字段将没有任何显示。此外，在对话框的右下角还有"Preview"按钮，单击此按钮，将会显示交叉表的结果。如果所做的交叉表不满足自己的需要，还可以退回到"Cross-Tab Wizard"中，重新设定交叉表。设置完成后，单击"Finish"按钮，结束交叉表的制作。

（5）单击"Finish"按钮后，将会出现"另存为"对话框，选择保存交叉表的文件夹，并为所做的交叉表确定名字"学生成绩单"。本例的交叉表结果如图 5.18 所示。

姓名	财务会计	计算机基础	数据库	Total
付亚娟	78	.NULL.	86	164
王芳	80	.NULL.	92	172
王晓涛	88	88	85	261
周清云	91	.NULL.	74	165

图 5.18　交叉表结果显示

其对应的 SELECT-SQL 语句为：

```
SELECT 学生成绩单.姓名,学生成绩单.课程名称,SUM(学生成绩单.成绩);
 FROM STUGL!学生成绩单;
 GROUP BY 学生成绩单.姓名,学生成绩单.课程名称;
 ORDER BY 学生成绩单.姓名,学生成绩单.课程名称;
 INTO CURSOR SYS(2015)
DO (_GENXTAB) WITH 'Query',.t.,.t.,.t.,,,,,.t.,0,.t.
BROWSE NOMODIFY
```

5．定向输出查询的结果

定向输出结果可以确定查询结果的输出格式，其操作步骤如下：

（1）在项目管理器中，选中某个查询文件，单击右边的"修改"按钮，进入"查询设计器"窗口。

（2）选择系统菜单"查询"中的"查询去向"选项，打开"Query Destination"（"查询去向"）对话框，如图 5.19 所示，其中有 4 种输出格式。

① 浏览（Browse）：将查询结果输出到浏览窗口。

② 临时表（Cursor）：将查询结果存入一个临时的数据表中，关闭数据表时，查询结果丢失。

③ 表（Table）：将查询结果存入一个数据表中，关闭数据表时，查询结果保留。

④ 屏幕（Screen）：将查询结果输出到屏幕上。

（3）选定所需的格式，然后单击"OK"按钮。

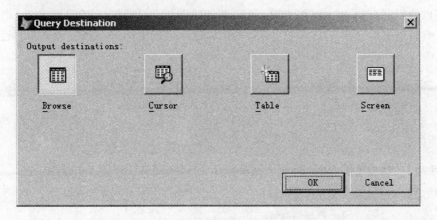

图 5.19　"Query Destination"对话框

6. 运行查询

在完成查询设计并指定输出格式之后，可以通过运行查询来启动该查询，其操作步骤为：在项目管理器中，选中所要运行的查询，单击"运行"按钮；或打开"查询设计器"对话框，然后选择系统菜单"查询"的"运行查询"选项，将结果以指定的格式输出。

另外，也可以在命令窗口中输入命令"DO<查询文件名>"，查询结果也将以指定的格式输出。

5.5.2 视图设计器

前面介绍的查询可以很方便地从表中检索出所需的数据，但不能修改所查询的数据。如果既要查询又要修改数据，可以使用视图，也就是将查询功能扩展为能够修改数据，即为视图。因此，视图的创建和查询的创建类似，只是视图增加了更新功能。

视图是数据库的一部分，与数据库表有很多相似的地方。视图是一个虚表，其中存放的是数据库表的定义。在大多数场合下，视图的作用等同于表，数据库提供给表的一些特性，比如给字段设置标题等，同样适用于视图。在 VFP 中，有两种类型的视图：本地视图和远程视图。本地视图能够更新存放在本地计算机上的表，远程视图能够更新存放在远程服务器上的表。

1. 视图的创建

（1）使用命令方式创建视图。

【命令格式】CREATE SQL VIEW 视图名 AS SELECT_SQL 语句

【例 5.24】 参考【例 5.7】的 SELECT-SQL 语句创建视图"学生成绩单"。

可使用以下的命令：

```
OPEN DATABASE stugl
CREATE SQL VIEW 学生成绩单 AS ;
SELECT 学生表.学号,学生表.姓名,学生表.班级,分数表.成绩,课程表.课程名称 ;
FROM 学生表  INNER JOIN (分数表 INNER JOIN 课程表 ;
ON 分数表.课程编码=课程表.课程编码) ON 学生表.学号=分数表.学号
```

也可以使用已有的 SELECT_SQL 语句来创建视图，只要把 SELECT_SQL 语句存入一个变量，然后用宏替换在 CREATE SQL VIEW 命令中调用即可。例如，上面创建视图的命令，可以改成下列的格式：

```
x="SELECT 学生表.学号,学生表.姓名,学生表.班级,分数表.成绩,课程表.课程名称;
 FROM 学生表 INNER JOIN (分数表 INNER JOIN 课程表 ;
ON 分数表.课程编码=课程表.课程编码) ON 学生表.学号=分数表.学号"
CREATE SQL VIEW 学生成绩单 AS &x
```

【例 5.25】 参考【例 5.6】的 SELECT-SQL 语句创建视图"产品销售情况表"。

```
OPEN DATABASE cpsold
CREATE SQL VIEW产品销售情况表 AS ;
SELECT Productbm.产品编码,Productbm.产品名称,Productbm.计量单位,;
Productsold.数量,Productsold.单价,Productsold.金额 ;
```

```
FROM  productbm LEFT OUTER JOIN productsold ;
ON  Productbm.产品编码 = Productsold.产品编码
```

以上的两个例子中创建的视图可以在项目管理器中浏览或修改。

（2）使用"视图设计器"创建视图。

启动"视图设计器"→添加表或视图→建立表间的关联→选择字段→筛选记录→排序记录→设置更新条件。

新建本地视图对话框中还包括一个视图向导按钮，用于引导用户快速创建视图。例如，参考【例5.24】用视图向导创建"学生成绩单"视图的具体操作参见实训2。

"视图设计器"的对话框与"查询设计器"对话框相类似，但也有一些差别。"视图设计器"还提供了"更新条件"选项卡，用于对出现在视图中的字段进行修改规则的设置。下面只介绍视图的更新，而其他内容不再赘述。

2．视图的更新

查询的结果只能阅读，不能修改；而视图则不仅仅具有查询的功能，还可修改记录数据并使源表随之更新。视图设计器中的"更新条件"选项卡具有使用修改过的记录更新源表的功能。

【例5.26】 根据【例5.25】所建立的视图，修改其中产品的数量来更新 Productsold 表原来的数量。

（1）打开视图"产品销售情况表"并设置更新条件，如图 5.20 所示。在视图设计器窗口选定"更新条件"选项卡→单击"Productbm.产品编码"左侧使之显示"√"，再单击"Productsold.数量"左侧，使之显示"√√"，选定"Send SQL Updates"复选框。

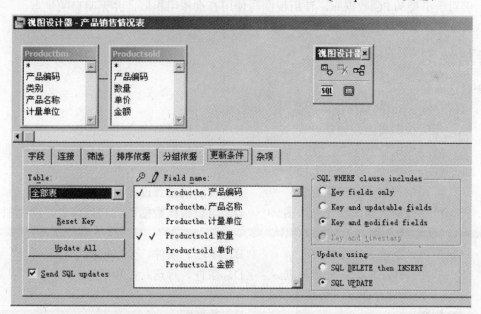

图 5.20　"视图设计器"的"更新条件"选项卡

（2）更新数量。右击"视图设计器"对话框，在快捷菜单中选定运行查询命令；在视图的浏览窗口中将网卡的数量由 43 改为 54；打开 Productsold 的浏览窗口，查看 Productsold 表网卡的数量，可以看到其数量由 43 改成了 54。

"更新条件"选项卡中 钥匙符号列显示"√"表示该行的字段为关键字段，选取关键字段可使视图中修改的记录与表中原始记录相匹配。 钥匙符号列显示"√"表示该行的字段为可更新字段。选定"Send SQL Updates"复选框表示要将视图记录中的修改传送给原始表。

3．视图的优点

　　初学者常常有这样的疑问：视图与查询十分相似，为什么还要引入视图的概念呢？它究竟有哪些优点呢？

　　（1）视图提高了数据库应用的灵活性。一个数据库可能拥有许多用户，不同的用户需要不同的常用数据。视图的出现，可使用户将注意力集中在各自所关心的数据上，按个人的需要来定义视图。这样，同一个数据库在不同用户的眼中就呈现为不同的视图，从而简化了用户的操作，提高了数据应用的灵活性。

　　（2）视图减少了用户对数据库物理结构的依赖。在关系数据库中，数据库表的结构难免会有这样那样的变化（例如，大表分小或小表并大）。一旦表结构出现变动，用户程序也要跟着修改，不胜麻烦。引入视图后，当数据库物理结构变化时，便可用改变视图来代替改变应用程序，从而减少了用户对数据库结构的依赖性。这也是为什么要求视图能支持数据更新，并支持把对视图数据的更新最终转换为源表更新的原因。

　　（3）视图可支持网络应用。创建远程视图后，用户可直接使用网上远端数据库中的数据。VFP 创建的远程视图，就支持在同一视图中合并使用本地数据与远程数据，从而扩大了用户的数据查询范围。

　　由以上的讨论可见，对于供许多用户共享的网络数据库来说，视图是一种十分有用的工具；但对于小型的 PC 数据库，使用视图与使用查询作用相似，并无明显的优点。

思考与练习

一、选择题

1．以下关于查询的描述正确的是（　　　）。
　　A．不能根据自由表建立查询　　　　B．只能根据自由表建立查询
　　C．只能根据数据库表建立查询　　　D．可以根据数据库表和自由表建立查询

2．以下关于视图的描述正确的是（　　　）。
　　A．可以根据自由表建立视图　　　　B．可以根据查询建立视图
　　C．可以根据数据库表建立视图　　　D．可以根据数据库表和自由表建立视图

3．查询设计器中包含的选项卡有（　　　）。
　　A．字段、筛选、排序依据　　　　　B．字段、条件、分组依据
　　C．条件、排序依据、分组依据　　　D．条件、筛选、杂项

4．视图不能单独存在，它必须依赖于（　　　）。
　　A．视图　　　　　　　　　　　　　B．数据库
　　C．数据表　　　　　　　　　　　　D．查询

5．修改本地视图使用的命令是（　　　）。
　　A．CREATE SQL VIEW　　　　　　B．MODIFY VIEW
　　C．RENAME VIEW　　　　　　　　D．DELETE VIEW

6．下列说法中，错误的是（　　　）。

　　A．在数据库中，可以包含表、视图、查询以及表间永久关系

　　B．可以通过修改视图中数据来更新数据源中的数据，但查询不可以

　　C．查询和视图都是用 SELECT-SQL 语言实现的，都要以数据库表作为数据源

　　D．视图虽然具备了一般数据表的特征，但它本身并不是表

7．对视图的更新是否反映在了基本表里，取决于在建立视图时是否在"更新条件"选项卡中选择了（　　　）。

　　A．关键字段　　　　　　　　　　B．SQL UPDATE

　　C．Send SQL UPDATE　　　　　　D．同步更新

8．在查询设计器的输出方向设置中，不能实现的输出是（　　　）。

　　A．表　　　　　　　　　　　　　B．视图

　　C．图形　　　　　　　　　　　　D．报表

9．查询的数据源可以是（　　　）。

　　A．自由表　　　　　　　　　　　B．数据库表

　　C．视图　　　　　　　　　　　　D．以上均可

10．有关多表查询结果中，以下说法正确的是（　　　）。

　　A．只可包含其中一个表的字段

　　B．必须包含查询表的所有字段

　　C．可包含查询表的所有字段，也可只包含查询表的部分字段

　　D．以上说法均不正确

11．有关查询结果的去向，以下说法中不正确的是（　　　）。

　　A．可输出到浏览窗口　　　　　　B．可输出到一临时表

　　C．可输出到一报表文件　　　　　D．只可输出到屏幕

12．视图是一个（　　　）。

　　A．虚拟的表　　　　　　　　　　B．真实的表

　　C．不依赖于数据库的表　　　　　D．不能修改的表

二、填空题

1．查询设计器的"筛选"选项卡用来指定查询的_____。

2．通过 Visual FoxPro 的视图，不仅可以查询数据库表，还可以_____数据库表。

3．默认查询的输出形式是_____。

4．视图设计器中比查询设计器多出的选项卡是_____。

5．在数据库中可以建立两种视图，分别是本地视图和_____。

6．在查询设计器中，选择查询结果中出现的字段及表达式应在_____选项卡和_____中完成。

7．在查询设计器中，设置查询条件应在_____选项卡中完成，该选项卡相当于 SELECT-SQL 语句中的 WHERE 子句。

8．当建立完查询并存盘后将产生一个扩展名为_____的文件。

9．视图不能单独存在，它必须依赖于_____。

10．视图是一个_____表。

三、问答题

1. 什么是查询？查询的建立方法有哪几种？
2. 什么是视图、本地视图和远程视图？
3. 视图和查询有何区别？

四、操作题

1. 查询表 TEACHER.DBF 中的已婚教师。
2. 查询表 TEACHER.DBF 中的姓李的教师。
3. 查询表 TEACHER.DBF 中各个教师的月收入情况（按月收入从大到小排序）。
4. 分教研室汇总表 TEACHER.DBF 中的月收入。
5. 查询表 TEACHER.DBF 中年龄最大的教师。

上机实训

实训 1：分组求和

【实训目的】

掌握用"查询设计器"创建查询的方法。

【实训内容】

用数据库表 SOLDMX.DBF 创建一个"分类别求和"查询，要求列出类别、数量的合计与金额的合计。

【实训步骤】

查询设计器→添加创建查询所基于的数据表（SOLDMX.DBF）→定义输出内容：类别、数量的合计、金额的合计[数量的合计与金额的合计在字段页面的"函数和表达式文本框"中设置，比如"SUM（SOLDMX.数量）"，选中它，添加到已选择字段]→分组条件（按类别分组）→选择查询结果的输出形式→保存查询文件→运行查询。

实训 2：建立学生成绩单（视图）

【实训目的】

掌握用"视图向导"创建视图的方法。

【实训内容】

用学生表、分数表和课程表这三个数据库表建立一个"学生成绩单"视图，要求列出如下字段：学号、姓名、班级、成绩、课程名称。

【实训步骤】

（1）在项目管理器的"数据"选项卡中，选中"本地视图"，单击"新建"按钮，进入"新建本地视图"对话框。

（2）在"新建本地视图"对话框中，单击"视图向导"按钮，进入"Local View Wizard"（"本地视图向导"）对话框 Step 1。

（3）在"Local View Wizard"对话框 Step 1 中，打开所需要的表，选择好数据表的字段，单击"Next"按钮，进入"Local View Wizard"对话框 Step 2。

（4）在"Local View Wizard"对话框 Step 2 中，添加数据表之间的关联关系，单击"Next"按钮，进入"Local View Wizard"对话框 Step 3。

（5）在"Local View Wizard"对话框 Step 3 中，可选择参数对记录进行筛选，然后可单击"Finish"按钮结束操作；或单击"Next"按钮，进入"Local View Wizard"对话框 Step 4。

（6）在"Local View Wizard"对话框 Step 4 中，可选择参数对记录进行排序，然后可单击"Finish"按钮结束操作；或单击"Next"按钮，进入"Local View Wizard"对话框 Step 5。

（7）在"Local View Wizard"对话框 Step 5 中，选定任意一个单选项，单击"完成"按钮，进入"View Name"对话框。在此对话框中，输入视图的名称，单击"OK"按钮，结束本地视图的创建操作。

第 6 章　Visual FoxPro 函数

VFP 提供了数百种函数，这些函数主要有：算术运算函数、字符处理函数、时间和日期函数、转换函数、测试函数等。本章主要讲授常用函数的格式和功能，以便在命令操作和程序设计中正确使用函数。

VFP 函数的基本格式：

函数名([参数 1,参数 2,…])

说明：函数名是英文单词或缩写词，用于说明函数的功能或作用；参数用来说明函数操作的对象或方式。

6.1　算术运算函数

1. 绝对值函数

【函数格式】ABS(N 型表达式)

【功能】求 N 型表达式的绝对值。

【例 6.1】　求 20-30 的绝对值。

```
?ABS(20-30)
 10
```

2. 自然指数函数

【函数格式】EXP(N 型表达式)

【功能】求 N 型表达式的自然指数（以 e≈2.72 为底的指数）。

【例 6.2】　求以 e 为底 5 的指数。

```
?EXP(5)
148.41
```

3. 自然对数函数

【函数格式】LOG(N 型表达式)

【功能】求 N 型表达式的自然对数。

【例 6.3】　求 10 的自然对数。

```
?LOG(10)
 2.30
```

4. 取整函数

【函数格式】INT(N 型表达式)

【功能】截去 N 型表达式的小数部分，返回整数部分。

【例 6.4】 求-10.5 的整数值。

```
?INT(-10.5)
 -10
```

5．平方根函数

【函数格式】SQRT(N 型表达式)

【功能】返回 N 型表达式的平方根。

【例 6.5】 求 16 的平方根。

```
?SQRT(16)
 4
```

6．最大值函数

【函数格式】MAX(N 型表达式 1，N 型表达式 2)

【功能】返回两个 N 型表达式中较大的值。

【说明】此函数也可用于 D 型数据的比较，在比较 D 型数据时，按年、月、日的顺序进行比较。

【例 6.6】 求 85 和-86 中的最大值。

```
?MAX(85,-86)
85
```

【例 6.7】 比较 1992 年 6 月 1 日和 1993 年 1 月 5 日，返回较大的日期。

```
?MAX(CTOD("06/01/92"),CTOD("01/05/93"))
01/05/93
```

7．最小值函数

【函数格式】MIN(N 型表达式 1，N 型表达式 2)

【功能】返回两个 N 型表达式中较小的值。

8．四舍五入函数

【函数格式】ROUND(N 型表达式 1，N 型表达式 2)

【功能】按 N 型表达式 2 指定保留的小数位对 N 型表达式 1 进行四舍五入运算，当 N 型表达式 2 为负数时，则返回四舍五入后的整数。

【例 6.8】 保留两位小数对 123.456 进行四舍五入运算。

```
?ROUND(123.456,2)
123.46
```

【例 6.9】 取两位整数对 123.456 进行四舍五入运算。

```
?ROUND(123.456,-2)
100
```

9．求模函数

【函数格式】MOD(N 型表达式 1，N 型表达式 2)

【功能】返回 N 型表达式 1 除以 N 型表达式 2 的余数。

【说明】除数和被除数符号相同时返回较小的余数，除数和被除数符号相反时返回较大的余数；若 N 型表达式 2 为负则返回负余数。

【例 6.10】 求模函数示例。

```
?MOD(21,4)
   1
?MOD(21,-4)
-3
```

10．圆周率函数

【函数格式】PI()

【功能】返回圆周率的值。

【例 6.11】 求圆周率的值。

```
?PI()
 3.14
```

6.2 字符处理函数

1．宏代换函数

【函数格式】&<C 型表达式>

【功能】用 C 型变量的值代替 C 型变量的名。

【例 6.12】 宏代换函数示例。

```
FILENAME="TEACHER"
USE &FILENAME            &&打开 TEACHER 表
LIST
```

2．删除字符串尾部空格函数

【函数格式】RTRIM/TRIM(C 型表达式)

【功能】删除字符串尾部空格。

【例 6.13】 删除字符串尾部空格函数示例。

```
A1="电子工业   "
A2="出版社   "
?A1+A2
电子工业   出版社
?TRIM(A1)+A2
电子工业出版社
```

3．删除字符串前导空格函数

【函数格式】LTRIM(C 型表达式)

【功能】删除字符串前导空格。

【例 6.14】 删除字符串前导空格函数示例。

```
A1=" 电子工业"
A2=" 出版社"
?A1+A2
电子工业  出版社
?A1+LTRIM(A2)
电子工业出版社
```

4. 删除字符串前后空格函数

【函数格式】ALLTRIM(C 型表达式)

【功能】删除字符串前后空格。

【例 6.15】 删除字符串前后空格函数示例。

```
A=" 电子工业出版社  "
?"*"+A+"*"
* 电子工业出版社 *
?"*"+ALLTRIM(A)+"*"
*电子工业出版社*
```

5. 子串检索函数

【函数格式】AT(<C 型表达式 1>，<C 型表达式 2>[，<N 型表达式>])

【功能】返回 C 型表达式 1 在 C 型表达式 2 中的起始位置。

【说明】N 型表达式表示 C 型表达式 1 在 C 型表达式 2 中第几次出现，其默认值为 1；若 C 型表达式 1 不是 C 型表达式 2 的子串，则返回 0 值。

【例 6.16】 子串检索函数示例。

```
STORE "is" TO A1
STORE "This is a student" TO A2
?AT(A1,A2)
3
?AT(A1,A2,2)
6
?AT(A2,A1)
 0
```

6. 求子串函数

【函数格式】SUBSTR(<C 型表达式>，<N 型表达式 1>[，<N 型表达式 2>])

【功能】在 C 型表达式中，按 N 型表达式 1 的位置开始截取 N 型表达式 2 指定的字符个数，若默认 N 型表达式 2，则截至字符串尾。

【例 6.17】 求子串函数示例。

```
?SUBS("abcdef",3,2)
cd
?SUBS("abcdef",3)
cdef
```

7. 求左子串函数

【函数格式】LEFT（<C 型表达式>，<N 型表达式>）

【功能】从 C 型表达式的左边按 N 型表达式截取指定的字符个数。

【例 6.18】 求左子串函数示例。

```
?LEFT("电子工业出版社",8)
电子工业
```

8. 求右子串函数

【函数格式】RIGHT(<C 型表达式>，<N 型表达式>)

【功能】从 C 型表达式的右边按 N 型表达式截取指定的字符个数。

【例 6.19】 求右子串函数示例。

```
?RIGHT("电子工业出版社",6)
出版社
```

9. 字符串替换函数

【函数格式】STUFF(<C 型表达式 1>，<N 型表达式 1>，<N 型表达式 2>，<C 型表达式 2>)

【功能】在 C 型表达式 1 中，按 N 型表达式 1 指定的位置和 N 型表达式 2 指定的字符个数替换为 C 型表达式 2。

【说明】若 C 型表达式 2 为空串，则删除被替换的字符；若 C 型表达式 2 为空格，则用空格替换字符。

【例 6.20】 字符串替换函数示例。

```
?STUFF("abcdefg",3,2,"123")
  ab123efg
?STUFF("abcdefg",3,2,"")
  abefg
?STUFF("abcdefg",3,2,"  ")
  ab  efg
```

10. 空格生成函数

【函数格式】SPACE(N 型表达式)

【功能】生成指定的空格。

【例 6.21】 空格生成函数示例。

```
?"*"+SPACE(5)+"*"
  *     *
```

11. 字符重复函数

【函数格式】REPLICATE(C 型表达式，N 型表达式)

【功能】按 N 型表达式指定的次数重复 C 型表达式。

【例 6.22】 字符重复函数示例。

```
?REPLICATE("**",5)
  **********
```

6.3 时间和日期函数

1. 时间函数
【函数格式】TIME()
【功能】返回系统的当前时间。
【例 6.23】 求系统的当前时间。

```
?TIME()
   09：30：25
```

2. 日期函数
【函数格式】DATE()
【功能】返回系统的当前日期。
【例 6.24】 求系统的当前日期。

```
?DATE()
   04/23/11
```

3. 求日函数
【函数格式】DAY(D 型表达式)
【功能】从 D 型表达式求出日的数值。
【例 6.25】 求 1998 年 5 月 23 日的日的数值。

```
?DAY(CTOD("05/23/98"))
   23
```

4. 求月函数
【函数格式】MONTH(D 型表达式)
【功能】从 D 型表达式求出月的数值。
【例 6.26】 求 1998 年 5 月 23 日的月份数值。

```
?MONTH(CTOD("05/23/98"))
   5
```

5. 求文字月函数
【函数格式】CMONTH(D 型表达式)
【功能】从 D 型表达式求出月的文字名称。
【例 6.27】 求 1998 年 5 月 23 日的文字月份。

```
?CMONTH(CTOD("05/23/98"))
   MAY
```

6. 求年函数
【函数格式】YEAR(D 型表达式)
【功能】从 D 型表达式求出年的数值。

【例 6.28】 求 1998 年 5 月 23 日的年份数值。

```
?YEAR(CTOD("05/23/98"))
  1998
```

7. 求星期函数

【函数格式】DOW(D 型表达式)

【功能】从 D 型表达式求出星期的数值。

【说明】星期数值从星期日到星期六分别用 1、2、3、4、5、6、7 表示。

【例 6.29】 求 1998 年 5 月 23 日的星期数值。

```
?DOW(CTOD("05/23/98"))
  7
```

8. 求文字星期函数

【函数格式】CDOW(D 型表达式)

【功能】从 D 型表达式求出星期的文字名称。

【例 6.30】 求 1998 年 5 月 23 日的文字星期名称。

```
?CDOW(CTOD("05/23/98"))
  Saturday
```

6.4 转换函数

1. 小写转换为大写函数

【函数格式】UPPER(C 型表达式)

【功能】将 C 型表达式中的小写字母转换为大写字母。

【例 6.31】 将 Student Work 转换为大写字母。

```
?UPPER("Student Work")
  STUDENT WORK
```

2. 大写转换为小写函数

【函数格式】LOWER(C 型表达式)

【功能】将 C 型表达式中的大写字母转换为小写字母。

【例 6.32】 将 Student Work 转换为小写字母。

```
?LOWER("Student Work")
  student work
```

3. 字符型转换为日期型函数

【函数格式】CTOD(C 型表达式)

【功能】将字符型数据转换为日期型数据。

【例 6.33】 字符型转换为日期型函数示例。

```
STORE "06/02/94" TO A
?CTOD(A)
06/02/94
```

4．日期型转换为字符型函数

【函数格式 1】DTOC(<D 型表达式>[, <1>])

【函数格式 2】DTOS(<D 型表达式>)

【功能】将 D 型数据转换为 C 型数据。若 DTOC 指定选项 1 或用 DTOS，则输出格式为 YYYYMMDD。

【例 6.34】 日期型转换为字符型函数示例。

```
STORE DATE() TO A
?DTOC(A)
 04/12/11
?DTOC(A,1)
 20110412
?DTOS(A)
 20110412
```

5．N 型转换为 C 型函数

【函数格式】STR(<N 型表达式 1>[, <N 型表达式 2>][, <N 型表达式 3>])

【功能】将 N 型表达式 1 转换为 C 型数据，宽度和小数位分别由 N 型表达式 2 和 N 型表达式 3 决定。

【说明】

（1）若缺省 N 型表达式 3，则对 N 型表达式 1 的小数部分进行四舍五入运算后返回整数部分。

（2）若缺省 N 型表达式 2 和 N 型表达式 3，则对 N 型表达式 1 的小数部分进行四舍五入运算后返回整数部分，默认宽度为 10。

（3）若 N 型表达式 2 的值大于 N 型表达式 1 给出的宽度，则在返回的字符串左边添加空格。

（4）若 N 型表达式 2 的值小于 N 型表达式 1 给出的宽度，则将返回 3 个 * 号，表示溢出。

【例 6.35】 N 型转换为 C 型函数示例。

```
?STR(3.1415926,10,4)
  3.1416
?STR(3.1415926)
  3
?STR(31415926,3)
***
```

6．C 型转换为 N 型函数

【函数格式】VAL(C 型表达式)

【功能】将 C 型数据转换为 N 型数据。

【例 6.36】 C 型转换为 N 型函数示例。

```
MA="12"
MB="21"
?MA+MB
  1221
?VAL(MA)+VAL(MB)
  33
```

7. 字符转换为数码函数

【函数格式】ASC(C 型表达式)

【功能】将 C 型数据左边的一个字符转换为 ASCII 码。

【说明】ASCII 码为美国标准信息交换代码（American Standard Code for Information Interchange），是计算机中最基本和最常用的编码。

【例 6.37】 将 Book 的第一个字符转换为 ASCII 码。

```
?ASC("Book")
  66
```

8. 数码转换为字符函数

【函数格式】CHR(N 型表达式)

【功能】将 N 型数据（ASCII 码）转换为一个字符。

【例 6.38】 将 ASCII 码 66 转换为字符。

```
?CHR(66)
  B
```

6.5 测试函数

1. 数据类型测试函数

【函数格式】VARTYPE(<表达式>)

【功能】返回表达式的数据类型。

【说明】返回的结果 C、N、D、T、L、G、U 分别为字符型、数值型、日期型、日期时间型、逻辑型、通用型、未定义型。

【例 6.39】 数据类型测试函数示例。

```
?VARTYPE(12*3+4)
  N
?VARTYPE("12*3+4")
  C
?VARTYPE(".F. ")
  C
?VARTYPE(.F.)
  L
```

```
?VARTYPE(student)
  U
?VARTYPE("student")
  C
```

2. 表测试函数

【函数格式】FILE(<表名>)

【功能】测试指定的表是否存在。

【说明】所测试的表需加扩展名。

【例 6.40】 测试 TEACHER 表是否存在。

```
?FILE("TEACHER")
  .F.
?FILE("TEACHER.DBF")
  .T.
```

3. 字母测试函数

【函数格式】ISALPHA(<字符型表达式>)

【功能】测试字符型表达式是否以字母开头。

【例 6.41】 字母测试函数示例。

```
?ISALPHA("123ABC")
  .F.
?ISALPHA("ABC123")
  .T.
```

4. 小写字母测试函数

【函数格式】ISLOWER(<字符型表达式>)

【功能】测试字符型表达式是否以小写字母开头。

【例 6.42】 小写字母测试函数示例。

```
?ISLOWER("ABC123")
  .F.
?ISLOWER("abc123")
  .T.
```

5. 大写字母测试函数

【函数格式】ISUPPER(<字符型表达式>)

【功能】测试字符型表达式是否以大写字母开头。

【例 6.43】 大写字母测试函数示例。

```
?ISUPPER("ABC123")
  .T.
?ISUPPER("abc123")
  .F.
```

6．字符串长度测试函数

【函数格式】LEN(<字符型表达式>)

【功能】返回字符串的长度。

【例 6.44】 测试 HELLO 的长度。

```
?LEN("HELLO")
   5
```

7．值域测试函数

【函数格式】BETWEEN(<表达式 1>,<表达式 2>,<表达式 3>)

【功能】测试表达式 1 的值是否介于表达式 2 和表达式 3 之间。

【例 6.45】 值域测试函数示例。

```
STORE 100 TO X
STORE 200 TO Y
?BETWEEN(150,X,Y)
  .T.
?BETWEEN(90,X,Y)
  .F.
```

8．空值（.NULL.）测试函数

【函数格式】ISNULL(<表达式>)

【功能】判断一个表达式是为空值.NULL.。

【说明】这里空值.NULL.的含义是不确定的意思。

【例 6.46】 空值测试函数示例。

```
STORE .NULL. TO X
?ISNULL(X)
  .T.
```

9．"空"值测试函数

【函数格式】EMPTY(<表达式>)

【功能】判断一个表达式是否为"空"值。

【说明】此处的空值是指：字符型表达式为空格或空串，数值型表达式为 0，逻辑型表达式为.F.。

【例 6.47】 "空"值测试函数示例。

```
X=0
?EMPTY(X)
  .T.
```

10．表首测试函数

【函数格式】BOF(［N 型表达式］)

【功能】测试指定工作区中记录指针是否移到表首。

【例 6.48】 表首测试函数示例。

```
USE TEACHER
?BOF()
  .F.
SKIP -1
?BOF()
  .T.
```

11. 表尾测试函数

【函数格式】EOF([N 型表达式])

【功能】测试指定工作区中记录指针是否移到表尾。

【例 6.49】 表尾测试函数示例。

```
USE TEACHER
GO BOTTOM
?EOF()
  .F.
SKIP 1
?EOF()
  .T.
```

12. 检索测试函数

【函数格式】FOUND([N 型表达式])

【功能】测试指定工作区中用 LOCATE、CONTINUE、FIND、SEEK 命令是否检索成功。

【例 6.50】 检索测试函数示例。

```
USE TEACHER
LOCATE FOR 姓名="马识途"
?FOUND()
  .T.
DISP
CONTINUE
?FOUND()
  .F.
```

13. 记录删除测试函数

【函数格式】DELETED([N 型表达式])

【功能】测试指定工作区中当前记录是否有删除标记。

【例 6.51】 记录删除测试函数示例。

```
USE TEACHER
DELETE FOR 婚否
  3
?DELETED()
  .T.
```

14. 记录号测试函数

【函数格式】RECNO([N 型表达式])

【功能】返回指定工作区中当前的记录号。

【例 6.52】 记录号测试函数示例。

```
USE TEACHER
?RECNO()
  1
GO BOTTOM
?RECNO()
  7
```

15. 记录数测试函数

【函数格式】RECCOUNT([N 型表达式])

【功能】返回指定工作区中记录个数。

【例 6.53】 测试 TEACHER.DBF 记录的个数。

```
USE TEACHER
?RECCOUNT()
  7
```

16. 记录大小测试函数

【函数格式】RECSIZE([N 型表达式])

【功能】返回指定工作区中记录的长度。

【说明】记录的长度是各字段宽度之和加1。

【例 6.54】 测试 TEACHER.DBF 记录的长度。

```
USE TEACHER
?RECSIZE()
  45
```

17. 字段数测试函数

【函数格式】FCOUNT([N 型表达式])

【功能】返回指定工作区中字段的个数。

【例 6.55】 测试 TEACHER.DBF 的字段数。

```
USE TEACHER
?FCOUNT()
  9
```

18. 工作区测试函数

【函数格式】SELECT()

【功能】返回当前工作区号。

【例 6.56】 工作区测试函数示例。

```
USE TEACHER
```

```
?SELECT()
  1
SELECT 2
USE STUDENT
LIST
?SELECT()
  2
```

19. 条件测试函数

【函数格式】IIF(<L 型表达式>,<表达式 1>,<表达式 2>)

【功能】L 型表达式的值若为真，返回表达式 1 的值，否则返回表达式 2 的值。

【例 6.57】 条件测试函数示例。

```
X=100
Y=150
?IIF(X>100,X-50,X+50), IIF(Y>100,Y-50,Y+50)
  150      100
```

思考与练习

一、选择题

1. 表达式的值是字符型的是（   ）。

    A．DATE()+15   B．DATE()-CTOD("06/23/98")

    C．DTOC(CTOD"06/23/98")   D．YEAR(DATE())

2. 在下面的表达式中，运算结果为逻辑真的是（   ）。

    A．EMPTY(.NULL.)   B．LIKE("edit", "edi? ")

    C．AT("a", "123abc")   D．EMPTY(SPACE(10))

3. 运算结果是字符串"book"的表达式是（   ）。

    A．LEFT("mybook",4)   B．RIGHT("bookgood",4)

    C．SUBSTR("mybookgood",4,4)   D．SUBSTR("mybookgood",3,4)

4. 设 D=5>6，则命令?VARTYPE(D)的输出值是（   ）。

    A．L   B．C   C．N   D．D

5. 在下列函数中，函数值为数值的是（   ）。

    A．BOF()   B．CTOD("01/01/98")

    C．AT("人民", "中华人民共和国") D．SUBSTR(DTOC(DATE()),7)

6. 设 N=886，M=345，K= "M+N"，表达式 1+&K 的值是（   ）。

    A．1232   B．数据类型不匹配

    C．1+M+N   D．346

7. 表达式 VAL(SUBSTR("奔腾 586",5, 1))*LEN("Visual FoxPro")的结果是（   ）。

    A．63.00   B．64.00   C．65.00   D．66.00

二、填空题

1. 表达式 STUFF("GOODBOY"5,3, " "GIRL")的运算结果是_____。

2．BETWEEN(40,34,5)的运算结果是_____。

3．AT("IS", "THIS IS A BOOK")的运算结果是_____。

4．TEACHER 表中有 7 条记录，执行下列操作以后屏幕最后显示的结果是_____。

USE TEACHER

GO BOTTOM

SKIP

?RECNO()

5．IIF(100<60,.F.,.T.) AND ISNULL(.NULL.)的运算结果是_____。

6．命令?ROUND(337.2007,3)的执行结果是_____。

7．TIME()返回值的数据类型是_____。

8．执行下列操作后，屏幕最后显示的结果是_____和_____。

Y=DATE()

H=DTOC(Y)

?VARTYPE(Y),VARTYPE(H)

9．函数 VAL("12.3")的变量参数的数据类型是_____，结果的数据类型是_____。

三、操作题

1．设 A="abed", B="215.43", C=368.75, D="abcdef"，试写出下列各表达式的值。

（1）INT(C)

（2）A$D

（3）AT(A,D)

（4）ROUND(C,0)

（5）STR(C,5,1)

（6）VAL(A)+VAL(B)

（7）LEFT(A,2)+RIGHT(D,2)

（8）SUBSTR(D,2,4)-A

（9）C+&B

（10）A=D

（11）MOD(20,5)=MOD(20,4)

（12）"张三"$"张"

2．计算下列函数的值，并指出各运算结果的类型。

（1）LEN("1203.4")

（2）LEN(TRIM("ABCD   "))

（3）REPLICATE("ABCDE",10)

（4）MOD(21,4)

（5）DTOC(CTOD("01/01/99"))

（6）VARTYPE("YEAR(DATE())")

3．计算下列各表达式的值，并指出各运算结果的类型。

（1）CTOD("05/10/07")+30

（2）STR(345.678,6,1)+ "ABC"

（3）"ABC"$REPLICATE("ABC",3) OR "ABC"==REPLICATE("ABC",3)

（4）12.67>INT(12.67) AND "张">"李"

（5）MOD(13,3)=0

（6）"李"="LI"

上机实训

【实训目的】

熟悉函数的功能及用法。

【实训内容】

1．练习本章中的例题。

2．练习下列各题（见【实训步骤】）。

【实训步骤】

上机执行下述命令：

1．

```
B=DTOC(DATE(),1)
?"今天是；"+LEFT（B,4）+ "年"+IIF(SUBSTR(B,5,1)= "0",SUBSTR(B,6,1),
SUBSTR(B,5,2))+"月"+RIGHT(B,2)+"日"
```

2．

```
X=STR(12.4,4,1)
Y=RIGHT(X,3)
Z="&Y+&X"
?Z,&Z
```

3．

```
X="奔腾 586"
Y="个人计算机"
?LEN(X),RIGHT(X,3)+Y
? "&X.&Y",X+Y
```

4．

```
?AT("人民"， "中华人民共和国")
?VAL(SUBSTR("668899",5,2))+1
?SUBSTR("668899",3)- "1"
```

5．

```
DD=DATE()
?STR(YEAR(DD),4)+ "年"+STR(MONTH(DD),2)+"月"+STR(DAY(DD),2)+"日"
```

第 7 章　VFP 程序设计

VFP 既支持面向过程的程序设计，又支持面向对象的程序设计，而面向对象的程序设计是其主要特色。一般来说，对于制作简单、较小的应用程序，使用过程编程方式比较容易，同时这也是面向对象编程方式的基础。本章主要介绍面向过程的编程方法，主要内容包括程序设计的基本概念、基本思想和方法。要求学生掌握程序文件的创建、编辑修改和运行方法，掌握基本的输入语句，掌握分支语句和循环语句的功能和用法，熟悉模块化程序设计方法。

7.1　程序文件的建立、修改与运行

程序是能够完成一定任务的若干命令的有序集合，是根据执行步骤把命令、函数、变量、常量、表达式等以逻辑的方式组合成程序文件或系统。确定算法和编写程序是程序设计的两个重要步骤。

算法是指为解决一个问题而采取的方法和步骤，或者说解决步骤的精确描述。算法分为数值运算算法和非数值运算算法。数值运算算法的目的是计算数值解，如求方程的根、求函数的定积分等。非数值运算算法包括的范围很广，常见的如办公室自动化系统、管理领域、商业领域及医学应用的系统等，主要是描述其解决应用问题的逻辑步骤。

描述实现算法的逻辑步骤，一般采用流程图方式，流程图是用一些图框、流程线以及文字说明来描述的操作过程，这样表示的算法直观、形象、容易理解。流程图中的符号如图 7.1 所示。

起止框　　　输入 / 输出框　　　流程线　　　判断框　　　处理框　　　连接点

图 7.1　流程图符号

在编写程序时，首先要根据对象的性质和任务进行系统分析，拟订并写出算法，画出结构流程图，然后再根据算法书写程序，这是一个良好的习惯。这样做不仅可以提高所写程序的正确性，也容易修改程序，提高整个程序设计的效率。

VFP 源程序文件的扩展名为.PRG。当运行程序时，系统会按照一定的次序自动执行包含在程序文件中的命令，并自动产生一个扩展名为.FXP 的程序编译文件，其文件主名与以.PRG 为扩展名的文件主名相同。在 VFP 下若修改了.PRG 源程序文件，系统也会自动重新编译。

创建 VFP 源程序文件时，可使用任何文本编辑器建立，系统中使用自身编辑器创建、编辑源程序文件。VFP 提供了三种程序文件的建立方法：一是利用文件菜单创建，二是利

用项目管理器创建，三是利用命令创建。

1．用文件菜单创建程序文件

在 VFP 主窗口的"文件"菜单中选择"新建"命令，或单击工具栏中的"新建"按钮。在"新建"对话框中选择"程序"，单击"新建"按钮，如图 7.2 所示。这时系统将打开一个编辑窗口，可以在编辑窗口输入程序语句。

2．用项目管理器创建程序文件

在"项目管理器"中选择"代码"选项卡中的程序选项，单击"新建"按钮。系统将打开编辑窗口，便可以编写程序，如图 7.3 所示。

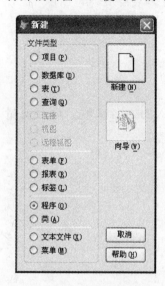

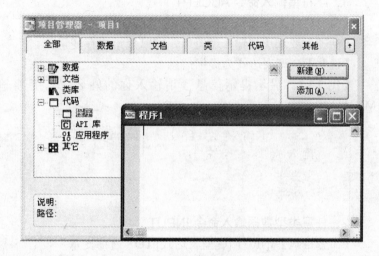

图 7.2 "新建"对话框　　　　　　图 7.3 在"项目管理器"中建立程序文件

3．用命令方式创建程序文件

【命令格式】MODIFY COMMAND <程序文件名>

【功能】建立或修改程序文件。

【说明】如果该命令指定的文件名不存在，则建立一个新的程序文件；如果已存在，则可将其打开并可对其进行修改。程序建立或修改完成后按 Ctrl+W 组合键保存。

【例 7.1】 设计一个名为 CX1.PRG 的程序，已知圆的半径为 30cm，求其面积。

在命令窗口输入：MODIFY COMMAND CX1，屏幕出现编辑窗口，输入以下程序语句。

```
R=30
S=R^2*PI()
?S,"平方厘米"
```

4．程序文件的运行

程序文件建成后可以用程序菜单中的运行命令来运行程序，或单击工具栏上的"运行"按钮⊡运行程序，也可以用 DO 命令运行程序。

【命令格式】DO <程序文件名>

【功能】运行指定的程序文件。

```
DO CX1
2827.4334 平方厘米
```

7.2 数据输入命令

在程序运行中，有时需要用户输入数据。以下命令可以暂停程序运行，等待用户输入数据。

1. 字符串输入命令 ACCEPT

【命令格式】ACCEPT [C 型表达式] TO <内存变量>

【功能】要求用户输入字符串，并赋值给内存变量。

【说明】C 型表达式为提示信息。

【例 7.3】 显示提示信息"请输入你的姓名："，并将输入的姓名赋值给内存变量 MYNAME。

```
ACCEPT "请输入你的姓名：" TO MYNAME
请输入你的姓名：张三
?MYNAME
    张三
```

2. 任意类型数据输入命令 INPUT

【命令格式】INPUT [C 型表达式] TO <内存变量>

【功能】允许用户输入字符型、数字型、日期型、逻辑型数据，并将输入结果存入内存变量。

【说明】在输入字符型数据时需加定界符。

【例 7.4】 用 INPUT 命令给内存变量 A 赋值 50，B 赋值 HELLO。

```
INPUT "请输入数据:" TO A
请输入数据:50
?A
50
INPUT "请输入字符串:" TO B
请输入字符串: "HELLO"    &&输入 HELLO 时需加定界符。
?B
HELLO
```

3. 单个字符输入命令 WAIT

【命令格式】WAIT [<C 型表达式> TO <内存变量>]

【功能】停止程序运行，直到用户输入任意一个字符再继续运行。

【说明】若为缺省提示信息，则系统自动显示提示信息"按任意键继续…"。

【例 7.5】 WAIT 的用法示例。

```
WAIT
按任意键继续…
WAIT  "请选择(Y/N)"TO CHOICE
请选择(Y/N)Y
?CHOICE
    Y
```

4．三种输入命令的区别

三种输入命令的区别如表 7.1 所示。

表 7.1　三种输入命令的区别

输　入　命　令	可输入的数据类型	字符型数据输入是否需加定界符	是否需要回车确认
ACCEPT	C 型	不需要	需要
INPUT	C 型、N 型、D 型、L 型	需要	需要
WAIT	C 型	不需要	不需要

7.3　常用辅助命令

1．注释命令

注释语句用来给程序添加注释，以提高程序的可读性。VFP 有以下两种注释语句。

【命令格式 1】NOTE/* <注释内容>

【命令格式 2】&&<注释内容>

【功能】注释语句用于对程序或程序语句进行解释。

【说明】

（1）NOTE/* <注释内容>：主要解释程序或程序段，一般放在程序的首行，用于对程序名称或功能进行解释。

（2）&&<注释内容>：主要解释某条语句，一般放在命令语句的右边，以解释&&左边的程序执行语句。

2．环境设置命令

为了保证程序的正常运行，需要设置一定的运行环境，VFP 系统提供了 SET 命令用来设置程序的运行环境。环境设置命令如表 7.2 所示。

表 7.2　环境设置命令

设　置　命　令	功　　能
SET TALK ON/off	是否显示所有命令执行结果
SET CONSOLE ON/off	是否显示输入信息
SET PRINTER on/OFF	是否打印输出信息
SET SAFETY ON/off	在改写文件时，是否显示确认对话框
SET HEADING ON/off	在执行 LIST/DISPLAY 等命令时是否显示字段名
SET STATUS ON/off	是否显示状态行
SET DEFAULT TO <盘符>	指定默认的驱动器
SET DEVICE TO SCREEN/PRINTER	将输出信息发送到屏幕（默认）或打印机

说明：此表命令中大写的 ON/OFF 为默认值。

3．清除命令

【命令格式】CLEAR [ALL]

【功能】用 CLEAR 清除屏幕，但不清除内存变量。用 CLEAR ALL 则关闭所有文件，释放所有内存变量，置第 1 工作区为当前工件区。

4．关闭文件命令

【命令格式】CLOSE ALL/<文件类型>

【功能】关闭所有工作区打开的文件，置第 1 工作区为当前工作区。

5．运行中断和结束命令

【命令格式 1】QUIT

【功能】关闭所有文件，退出 VFP 系统，返回到操作系统。

【命令格式 2】CANCEL

【功能】中断程序运行，关闭所有文件，释放所有局部变量，返回到命令窗口。

【命令格式 3】RETURN [TO MASTER]

【功能】返回到上一级程序或主程序。

6．文本显示命令

【命令格式】TEXT

               <文本内容>

               ENDTEXT

【功能】将文本内容按原样输出。

7.4　程序的三种结构

面向过程的程序设计有三种基本结构：顺序结构、分支（选择）结构、循环结构。实践证明，任何复杂的系统都可以用这三种基本结构或其组合来实现。

7.4.1　顺序结构

顺序结构是指按照程序语句的先后顺序逐条执行，是程序结构设计中最常用、最简单、最基础的结构。该结构的特点表明语句排列的顺序就是命令执行的顺序，其间既没有分支跳转，也没有重复执行。其结构图如图 7.4 所示。

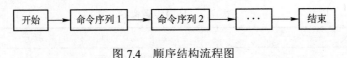

图 7.4　顺序结构流程图

【例 7.6】　编写程序，分别列出给定表中男职工和女职工的记录，并计算男女职工人数（CX2.PRG）。

```
SET TALK OFF
ACCEPT"请输入表名" TO FILENAME
USE &FILENAME
LIST FOR 性别="男"
WAIT
```

```
LIST FOR 性别="女"
WAIT
COUNT FOR 性别="男" TO MEN
COUNT FOR 性别="女" TO WOMEN
?"男职工有:"+STR(MEN)+"人"
?"女职工有:"+STR(WOMEN)+"人"
?"男女职工共有:"+STR(MEN+WOMEN)+"人"
```

7.4.2 分支结构

分支结构是根据条件选择程序执行的序列。VFP 中的分支结构有简单分支结构和多分支结构。

1. 简单分支结构

如果程序只有一个条件判断，根据条件判断选择相应的分支，则属简单分支结构。

【格式】IF <L 型表达式>
   <命令序列 1>
   [ELSE
   <命令序列 2>]
   ENDIF

【功能】根据 L 型表达式的值选择命令执行的序列。

其流程图如图 7.5 所示。

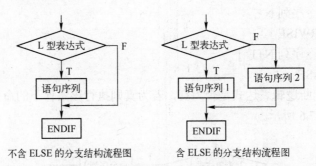

不含 ELSE 的分支结构流程图　　含 ELSE 的分支结构流程图

图 7.5　简单分支结构流程图

【例 7.7】 从键盘上输入两个数分别赋值给内存变量 X、Y，当 X≥Y 时，求 X-Y 的值；当 Y>X 时，求 Y-X 的值（CX3.PRG）。

```
SET TALK OFF
INPUT "X=" TO X
INPUT "Y=" TO Y
IF X>=Y
Z=X-Y
ELSE
Z=Y-X
ENDIF
?"两数之差为:",Z
```

【例 7.8】 在 STUDENT.DBF 表中查找学号为 200016 的记录，若找到则将学号改为 200018，并显示该记录；若找不到，则显示"找不到"（CX4.PRG）。

```
SET TALK OFF
USE STUDENT
LOCATE FOR 学号="200016"
IF FOUND()
   REPLACE 学号 WITH "200018"
   DISPLAY
ELSE
   ?"找不到"
ENDIF
```

2．多分支结构

如果程序有多个条件判断，根据条件判断选择相应的分支，则属多分支结构。

【格式】DO CASE

    CASE <L 型表达式 1>

      <命令序列 1>

    CASE <L 型表达式 2>

      <命令序列 2>

         ⋮

    CASE <L 型表达式 N>

      <命令序列 N>

    [OTHERWISE

      <命令序列 N+1>]

    ENDCASE

【功能】依次判断逻辑表达式是否为真，若为真则执行该条件下的命令序列。

其流程图如图 7.6 所示。

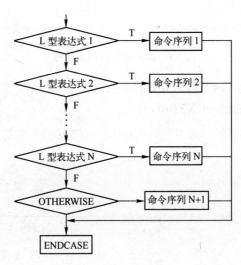

图 7.6 多分支结构流程图

【例 7.9】 某种服装每套 200 元，若购买量在 100 套以上折扣为 5%，200 套以上折扣为 8%，300 套以上折扣为 10%，试计算在给定的购买量时应收取的金额（CX5.PRG）。

```
SET TALK OFF
P=200
INPUT "请输入购买量:" TO Q
DO CASE
CASE Q<100
   JE=P*Q
   CASE Q<200
   JE=P*Q*0.95
   CASE Q<300
   JE=P*Q*0.92
   OTHERWISE
   JE=P*Q*0.9
ENDCASE
?"金额=",JE
```

【例 7.10】 编写程序，使其对给定的表具有追加、修改、插入和删除的功能（CX6.PRG）。

```
SET TALK OFF
ACCEPT "请输入表名:" TO FILENAME
USE &FILENAME
?"1---追加记录"
?"2---修改记录"
?"3---插入记录"
?"4---删除记录"
INPUT "请输入你的选择(1-4)" TO MYSL
DO CASE
   CASE MYSL=1
   APPEND
   CASE MYSL=2
   BROWSE
   CASE MYSL=3
   INPUT "输入要插入的记录号:" TO NREC
   GOTO NREC
   INSERT BEFO
   CASE MYSL=4
   INPUT "输入要删除的记录号:" TO NREC
   GOTO NREC
   DELETE
   PACK
OTHERWISE
?"输入错误!"
ENDCASE
```

7.4.3 循环结构

当某程序段需要反复执行时，就需要编制循环结构程序。VFP 中的循环结构有条件循环、步长循环和扫描循环。

1．条件循环

【格式】DO WHILE <L 型表达式>

           <语句序列 1>

           [[LOOP]

           <语句序列 2>

            [EXIT]

           <语句序列 3>]

        ENDDO

【功能】当 L 型表达式为真时，反复执行循环体，直到 L 型表达式为假时退出循环。

【说明】

（1）如果程序中包含 LOOP 命令，当遇到 LOOP 命令时，程序将不再执行其后面的语句，而是返回到 DO WHILE 处重新判断条件。

（2）如果程序中包含 EXIT 命令，当遇到 EXIT 命令时，程序将结束循环，转去执行 ENDDO 后面的语句。

（3）通常 LOOP 或 EXIT 出现在循环体内嵌套的选择语句中，根据条件判断决定是 LOOP 返回循环，还是 EXIT 退出循环。

条件循环的流程图如图 7.7 所示。

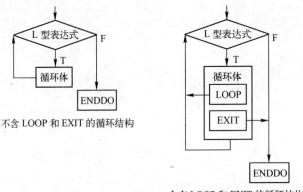

图 7.7　循环结构流程图

【例 7.11】　计算 1+2+3+…+100 的值（CX7.PRG）。

```
SET TALK OFF
S=0
I=1
DO WHILE I<=100
S=S+I
I=I+1
ENDDO
?"1+2+3+...+100=",S
```

【例 7.12】 逐个显示给定表的记录（CX8.PRG）。

```
SET TALK OFF
ACCEPT "请输入表名:" TO FILENAME
USE &FILENAME
DO WHILE NOT EOF()
  DISPLAY
  WAIT
  SKIP
ENDDO
```

【例 7.13】 编写只有输入 Y 或 N 才能退出循环的程序（CX9.PRG）。

```
SET TALK OFF
DO WHILE .T.
  WAIT "请输入 Y/N" TO XZ
  IF UPPER(XZ)<>"Y" AND UPPER(XZ)<>"N"  &&Y 和 N 需大写
    ?"输入错误，请重新输入"
    LOOP
  ELSE
  ?"输入正确，退出循环"
    EXIT
  ENDIF
ENDDO
```

2．步长循环

【格式】FOR <内存变量>=<N 型表达式 1> TO <N 型表达式 2> [STEP <N 型表达式 3>]
　　　　<命令序列>
　　　　ENDFOR/NEXT

【功能】以 N 型表达式 1 作为初值，按照 N 型表达式 3 的步长循环，直到内存变量的值超出 N 型表达式 2 时为止。步长的默认值为 1。

【例 7.14】 求 1+3+5+…+99 的值（CX10.PRG）。

```
SET TALK OFF
S=0
FOR I=1 TO 99 STEP 2
    S=S+I
NEXT
?"1+3+5+…+99=",S
```

3．扫描循环

【格式】SCAN [<范围>][FOR/WHILE <条件>]
　　　　<命令序列>
　　　　ENDSCAN

【功能】逐个扫描当前打开的表中满足条件的记录。

【例7.15】 显示 TEACHER 表中副教授的姓名和月收入（CX11.PRG）。

```
USE TEACHER
SCAN FOR 职称="副教授"
  ?姓名+STR(月收入,7,2)
ENDSCAN
USE
```

4. 循环的嵌套

如果一个循环体中包含另一个循环体，则称此循环为循环嵌套。循环嵌套示意图如图7.8所示，循环结构与分支结构允许混合嵌套使用，但不允许交叉嵌套。

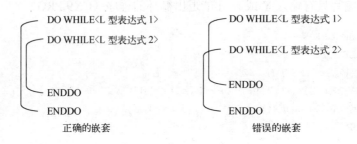

图7.8　循环嵌套示意图

【例7.16】 用循环嵌套格式编写乘法表程序（CX12.PRG）。

```
CLEAR
X=1
DO WHILE X<=9
Y=1
DO WHILE Y<=X
S=Y*X
??" "+STR(Y,1)+"*"+STR(X,1)+"="+STR(S,2)+" "
Y=Y+1
ENDDO
?
X=X+1
ENDDO
```

7.5　格式化输入/输出命令

当用户用 STORE/ACCEPT/INPUT/WAIT 输入数据或用?/??/LIST/DISPLAY 输出数据时，其数据的显示位置是系统默认的屏幕位置。用户要在屏幕的指定位置显示输入/输出的信息，需要用格式化输入/输出命令。

【命令格式】@<行,列> [SAY <表达式1>][GET<变量名>][DEFAULT <表达式2>]

【功能】在指定的行和列输入/输出表达式的值。

【说明】

（1）@<行,列>：清除屏幕指定行指定列到最后列的字符。

（2）@<行,列> CLEAR：清除屏幕指定行指定列到屏幕右下角的字符。

（3）@<行,列> CLEAR TO <行,列>：清除屏幕指定区域的字符。

（4）@<行,列> TO <行,列>：在屏幕的指定位置画一矩形方框。

（5）@<行,列> SAY <表达式>：按屏幕指定行指定列输出数据。

（6）@<行,列> GET <变量名>：按屏幕指定行指定列输入及编辑数据。GET 子句中的变量必须具有初值，或用 DEFAULT<表达式>指定初值。

（7）GET 子句的变量必须用 READ 命令激活后才能修改。

【例 7.17】 清除屏幕第 3 行第 5 列到最后列的字符。

```
@3,5
```

【例 7.18】 在屏幕的第 5 行第 10 列到第 10 行第 30 列画一矩形方框。

```
@5,10 TO 10,30
```

【例 7.19】 在第 3 行第 5 列显示"姓名张三"，并将张三修改为李四。

```
XM="张三"
@3,5 SAY "姓名" GET XM
READ
李四
```

【例 7.20】 显示下列图形（CX13.PRG）：
```
      *
     ***
    *****
   *******
```

```
SET TALK OFF
I=1
J=10
DO WHILE I<=4
@I,J SAY REPLICATE("*",I*2-1)
I=I+1
J=J-1
ENDDO
```

【例 7.21】 在屏幕的第 4 行第 10 列显示 TEACHER 表中第 3 条记录的姓名和月收入（CX14.PRG）。

```
USE TEACHER
GOTO 3
@4,10 SAY "姓名"+姓名+SPACE(10)+"月收入"+STR(月收入,7,2)
```

7.6 子程序和过程

程序设计的基本思路是"自顶向下，逐步细化"，即将一个大型程序分解为若干功能模块，将每一功能模块编制成小程序。这些小程序可以是子程序或过程，在主程序中可随时调用各功能模块。这种程序设计方式称为模块化程序设计。

7.6.1 子程序

在设计程序时，一个应用程序可以由若干模块组成，各模块之间存在调用关系。一般将调用模块称为主程序，将被调用模块称为子程序。子程序的建立和调用方法与程序文件的建立和运行方法相同。子程序返回的示意图如图 7.9 所示。

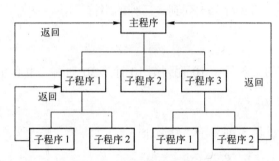

图 7.9　子程序返回示意图

【建立子程序命令格式】MODIFY COMMAND <子程序名>

【子程序返回命令格式】[RETURN [TO MASTER]]

【调用子程序命令格式】DO <子程序名>

【说明】

（1）RETURN 命令一般放在子程序的末尾，用于返回上级程序或主程序。

（2）RETURN 用于返回上级程序，这是默认值。

（3）RETURN TO MASTER 用于返回最高一级程序。

【例 7.22】　现有主程序 CX15.PRG 和子程序 CX16.PRG，运行主程序以调用子程序。

```
CX15.PRG:
X1=5
X2=6
X3=7
DO CX16
X4=X1+X2+X3
?X4

CX16.PRG:
X1=2
X2=X1*5^2
```

运行主程序：DO CX15

```
59
```

【例 7.23】　设计一个程序，使其具有追加、删除、查询、修改记录的功能（CX17.PRG）。

```
SET TALK OFF
CLEAR
```

```
@2,13 TO 7,45
@3,15 SAY "表操作菜单"
@4,15 SAY "1--追加记录  2--删除记录"
@5,15 SAY "3--查询记录  4--修改记录"
@6,15 SAY "0--退出"
DO WHILE .T.
INPUT "请选择(0--4)" TO SEL
DO CASE
CASE SEL=1
DO ZJ
CASE SEL=2
DO SC
CASE SEL=3
DO CX
CASE SEL=4
DO XG
CASE SEL=0
EXIT
OTHERWISE
?"选择错误,请重选"
ENDCASE
ENDDO
```

查询记录子程序 **CX.PRG** 如下:

```
ACCEPT "请输入表名:" TO FN
USE &FN
ACCEPT "请输入要查找的姓名:" TO XM
LOCATE FOR 姓名=XM
DO WHILE NOT EOF()
DISPLAY
WAIT
CONTINUE
ENDDO
```

注：追加、删除、修改子程序可比照查询子程序设计。

7.6.2 过程

过程是主程序中的一个程序模块，将多个过程（程序模块）放在一个文件中，这个文件就称为过程文件，见图 7.10。只要过程文件一打开，主程序可随时调用其中的各个过程，而不必像调用子程序那样多次去访问磁盘。另外，设计过程的目的是在不同的模块或程序中多次调用某个过程，这样可以节省编程工作量。

1. 过程文件的建立方法与程序文件相同

【命令格式】MODIFY COMMAND <过程文件名>

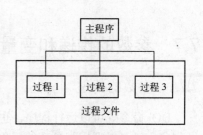

图 7.10　过程及过程文件示意图

2. 过程文件中每个过程必须以 PROCEDURE 语句开头

【命令格式】PROCEDURE <过程名>

       <命令序列>

      [RETURN [TO MASTER]]

3. 过程文件的打开

【命令格式】SET PROCEDURE TO <过程文件名>

4. 过程调用

【命令格式】DO <过程名>

5. 过程文件的关闭

【命令格式 1】SET PROCEDURE TO

【命令格式 2】CLOSE PROCEDURE

【例 7.24】 有一过程文件 CX18.PRG，要求编写一主程序 CX19.PRG，在主程序中调用过程文件中的过程，输出以下图形：

****

\#   \#

\#   \#

$$$$$$$$$

过程文件 CX18.PRG：

```
PROCEDURE SUB1
?"**********"
RETURN
PROCEDURE SUB2
?"$$$$$$$$$"
RETURN
```

主程序 CX19.PRG：

```
CLEAR
SET PROCEDURE TO CX18
DO SUB1
?"#       #"
?"#"+SPACE(7)+"#"
DO SUB2
```

运行主程序：DO CX19

7.7　参数的传递和变量的作用域

7.7.1　参数的传递

DO 命令既可以运行程序，也可以调用子程序。在调用子程序时，既可以调用无参数的子程序，又可以调用带参数的子程序。这时，DO 命令必须带有功能子句 WITH <实参表>，而子程序中则必须包含参数定义命令 PARAMETERS。

1．参数定义命令

【命令格式】PARAMETERS <形参表>

【功能】定义程序中的形参。

2．参数传递命令

【命令格式】DO <程序名> WITH <实参表>

【功能】运行程序，并传递参数值。

【说明】形参是在程序中尚未赋值的内存变量名，实参是在程序运行时传送给形参的内存变量值。形参的数目不能少于实参的数目，否则系统运行时将出错；如果形参的数目多于实参的数目，则多余的形参取初值逻辑假.F.。

【例7.25】 求给定的四个数中的最大值（CX20.PRG）。

```
PARAMETERS A,B,C,D
S=MAX(A,B)
S=MAX(S,C)
S=MAX(S,D)
?S
```

运行程序并分别给 A、B、C、D 四个形参传递实参 23、45、34、33：

```
DO CX20 WITH 23,45,34,33
45
```

试分别用形参多于实参和实参多于形参的情况运行程序并查看结果。

【例7.26】 设计一个计算圆面积的子程序（CX21.PRG），并要求在主程序（CX22.PRG）中带参数调用它。

子程序 CX21.PRG:

```
PARAMETERS R,S
S=PI()*R^2
```

主程序 CX22.PRG:

```
YMJ=0
@5,10 SAY"请输入半径： " GET BJ DEFAULT 0
READ
DO CX21 WITH BJ,YMJ
?"圆面积=",YMJ
```

运行主程序：DO CX22

7.7.2 变量的作用域

在多模块程序中，每个内存变量都有自己作用的有效范围，通常称为变量的作用域。变量按其作用域来分，可分为公共变量、私有变量和本地变量三类。

1．公共变量

公共变量也称全局变量，是指在任何模块中都可使用的内存变量。在命令窗口中定义的内存变量为公共变量，在程序中用 PUBLIC 命令定义的内存变量也是公共变量。

【命令格式】PUBLIC <内存变量表>

【功能】将内存变量设置为公共变量，系统将这些变量的初值自动赋值为.F.。

2．私有变量

私有变量仅在定义它的模块及其下层模块中有效，而在定义它的模块运行结束时自动释放。VFP 默认程序中定义的变量为私有变量。

【命令格式】PRIVATE [<内存变量表>][ALL[LIKE/EXCEPT <通配符>]]

【功能】声明私有变量并隐藏上级模块的同名变量。

3．本地（局部）变量

本地变量只在建立它的模块中有效，而在高层或低层模块中无效，在定义它的模块运行结束时自行释放。

【命令格式】LOCAL <内存变量表>

【功能】将内存变量设置为本地变量，并将这些变量的初值赋值为.F.。

【说明】由于 LOCAL 与条件定位命令 LOCATE 前四个字母相同，故不可缩写。

【例 7.27】 变量的作用域示例（主程序 CX23.PRG 和子程序 CX24.PRG）。

主程序 CX23.PRG：

```
    RELEASE ALL                    &&清除所有用户定义的内存变量
    PUBLIC X1                      &&建立公共变量X1，初值为.F.
    X1="HELLO"
    LOCAL X2                       &&建立本地变量X2，初值为.F.
    X2="WELCOME"
    STORE "GOODBYE" TO X3          &&建立私有变量x3，赋值为字符"GOODBYE"
    DO CX24                        &&调用子程序CX24
    ?"主程序中："                    &&三个变量在主程序都可以使用
    ?"X1=",X1
    ?"X2=",X2
    ?"X3=",X3
```

子程序 CX24.PRG：

```
    ?"子程序中："         &&主程序中的公共变量X1和私有变量X3在子程序中可以使用
    ?"X1=",X1
    *?"X2=",X2           &&主程序中的本地变量X2在子程序中不可用
    ?"X3=",X3
```

运行主程序：DO CX23，显示结果如下：

子程序中：

X1=HELLO

X3=GOODBYE

主程序中：

X1=HELLO

X2=WELCOME

X3=GOODBYE

思考与练习

一、选择题

1. 在 Visual FoxPro 中，用于建立或修改过程文件的命令是（　　）。
   A. MODIFY <文件名>
   B. MODIFY COMMAND <文件名>
   C. MODIFY PROCEDURE <文件名>
   D. CREATE <文件名>

2. 如果一个子程序或过程缺省 RETURN 语句，那么该子程序或过程（　　）。
   A. 返回主程序
   B. 返回上级程序
   C. 没有返回
   D. 返回一级子程序

3. 在一个子程序中定义的内存变量，如果不希望影响上一级程序中的内存变量，只希望在本程序和下一级调用的子程序中使用，则该定义变量的命令是（　　）。
   A. PRIVATE   B. INT   C. PUBLIC   D. LOCAL

4. 在 DO WHILE…ENDDO 循环结构中，EXIT 命令的作用是（　　）。
   A. 退出过程，返回上级调用程序
   B. 终止程序执行
   C. 终止循环，将控制转移到本循环结构 ENDDO 后面的第一条语句继续执行
   D. 退出 Visual FoxPro

5. 在参数传递时，（　　）。
   A. 当实参的数量少于形参的数量时，多余的形参取逻辑假
   B. 当实参的数量多于形参的数量时，多余的实参被忽略
   C. 实参与形参的数量必须相等
   D. 实参可以多于形参

6. 在 DO WHILE…ENDDO 循环结构中，LOOP 命令的作用是（　　）。
   A. 退出循环，返回程序开始处
   B. 转移到 DO WHILE 语句行，开始下一个判断和循环
   C. 终止循环，将控制转移到本循环结构 ENDDO 后面的语句继续执行
   D. 终止程序执行

7. 在编写过程时，第一条语句是必须是（　　）。
   A. PROCEDURE
   B. PRIVATE
   C. PARAMETERS
   D. PUBLIC

二、填空题

1. VFP 支持_____和_____的程序设计。

2. VFP 程序文件的建立与修改命令为_____，程序的执行命令为_____，程序文件存盘用_____组合键。

3. 字符串输入命令为_____，任意类型数据的输入命令为_____，单个字符的输入命令为_____。

4. 程序的三种基本结构是_____、_____和_____。

5. 简单分支的结构控制语句为_____，多分支结构控制语句为_____，条件循环的控制语句为_____，步长循环的控制语句为_____，扫描循环的控制语句为_____。

6. 循环结构中不允许_____嵌套。

7. 过程文件中的每个过程必须以_____命令开头，过程文件的打开命令为_____。

8. VFP 中的内存变量按作用域分为_____、_____、_____，分别用_____、_____、_____命令来定义。

三、简答题

1. 试述 ACCEPT、INPUT 和 WAIT 命令的区别，并举例说明。

2. 简述 VFP 程序设计的几种基本程序结构。

3. 在循环结构中，LOOP 和 EXIT 有什么作用？

4. 什么是模块化程序设计，它有什么好处？

四、程序设计

1. 根据给定的条件，用简单分支和多分支结构编写程序计算 y 的值。

$$y = \begin{cases} x^2 + 1 & \text{当} x < 0 \text{时} \\ 0 & \text{当} x = 0 \text{时} \\ x^2 - 1 & \text{当} x > 0 \text{时} \end{cases}$$

2. 铁路拖运行李，按规定每张客票拖运行李不超过 50 公斤时，每公斤 0.25 元；如超过 50 公斤，超过部分按每公斤 0.45 元计算。试计算给定的行李重量时应付的运费。

3. 求 1! +2! +3! +⋯+N! 的值。

4. 某单位举行歌手竞赛，竞赛评分专家由 10 人组成，专家各自按百分制评分。要求对每位歌手的得分去掉最高分和最低分，然后求其分数的平均值，并按每位参赛歌手平均得分的高低排序。

5. 编写程序，输入某人的收入额，计算其个人所得税。个人所得税的计算方法为：1500 元以下免缴所得税，1500～2000 元部分的税率为 5%，2000～4000 元部分的税率为 10%，超过 4000 元部分的税率为 15%。

6. 编写程序，计算 $S = 1/2 + (1/2)^2 + (1/2)^3 + \cdots + (1/2)^N$，其中 N 由用户输入（保留小数点后 5 位）。

7. 在 ZGGZ.DBF 中，分别用条件循环和扫描循环查找和显示所有 1970 年以前出生的职工记录。

8. 编写口令程序，允许输入口令三次，如果输入正确，则显示"欢迎使用本系统"；不正确则显示"你是非法用户，无权使用本系统！"。

9. 找出 100～999 之间的所有"水仙花数"。"水仙花数"是指一个三位数，其各位数字的立方和等于该数本身（如 $153 = 1^3 + 5^3 + 3^3$）。

上机实训

实训 1：简单分支结构程序设计

【实训目的】

1. 掌握程序文件的建立、修改和运行方法。

2. 掌握分支结构的编程方法。

【实训内容】

编程求 $ax^2+bx+c=0$ 方程的解。求解公式为：

$$x_{1,2}=\frac{-b\pm\sqrt{b^2-4ac}}{2a}$$

【实训步骤】

1．在命令窗口输入 MODIFY COMMAND <程序文件名>，弹出编辑窗口。

注：程序文件名由用户命名。

2．在编辑窗口输入下列程序语句。

```
INPUT "A=" TO A
IF A=0
?"A 不能为 0"
ENDIF
INPUT "B=" TO B
INPUT "C=" TO C
DT=B*B-4*A*C
IF DT>=0
X1=(-B+SQRT(DT))/(2*A)
X2=(-B-SQRT(DT))/(2*A)
?X1
?X2
ELSE
?"没有实数解"
ENDIF
```

3．程序语句输完后，按 Ctrl+W 组合键保存。

4．运行程序，执行 DO <程序文件名>命令。

实训 2：多分支结构程序设计

【实训目的】

掌握多分支结构的编程方法。

【实训内容】

已知 CJ.DBF 含有姓名、学号、平时成绩、考试成绩、等级字段，平时成绩和考试成绩均填入了百分制数值。请以平时成绩 20%、考试成绩 80%的比例确定等级。等级的评定标准为：90 分以上为优，75～89 分为良，60～74 分为及格，60 分以下为不及格。

【实训步骤】

程序语句如下：

```
USE CJ
DO WHILE NOT EOF()
   ZHCJ=平时*0.2+考试*0.8
   DO CASE
     CASE ZHCJ>=90
      DJ="优"
     CASE ZHCJ<90 AND ZHCJ>=75
      DJ="良"
```

```
      CASE ZHCJ<75 AND ZHCJ>=60
        DJ="及格"
        OTHERWISE
        DJ="不及格"
      ENDCASE
    REPLACE 等级 WITH DJ
    SKIP
ENDDO
LIST
```

实训 3：条件循环结构程序设计

【实训目的】

掌握条件循环结构的编程方法。

【实训内容】

通过键盘输入 5 个数，求其中最大的数。

【实训步骤】

程序语句如下：

```
I=1
INPUT "请输入第一个数:" TO X
DO WHILE I<5
  INPUT "请输入下一个数: " TO Y
  IF X<Y
  X=Y
  ENDIF
  I=I+1
  ENDDO
  ?"最大数= ",X
```

实训 4：步长循环结构程序设计

【实训目的】

掌握步长循环结构的编程方法。

【实训内容】

求 N 以内的所有素数。

【实训步骤】

程序语句如下：

```
INPUT "请输入一个数:" TO N
FOR X=2 TO N
FLAG=.T.
FOR I=2 TO X-1
IF MOD(X,I)=0
FLAG=.F.
ENDIF
ENDFOR
IF FLAG
```

```
??X
ENDIF
ENDFOR
```

实训 5：格式化输入/输出命令

【实训目的】

掌握格式化输入/输出命令的使用方法。

【实训内容】

编程显示下列图形：

```
* * * * * * *
 * * * * *
  * * *
   *
```

【实训步骤】

程序语句如下：

```
SET TALK OFF
I=1
J=5
DO WHILE I<=4
@I,J SAY REPLICATE("*",9-I*2)
I=I+1
J=J+1
ENDDO
```

第 8 章　面向对象的程序设计基础

Visual FoxPro 的主要特色是面向对象的程序设计（Object Oriented Programming，OOP）。本章主要介绍面向对象程序设计的有关概念、对象的引用、类的定义及创建类库等内容，为用户进行复杂的程序设计打下基础。

8.1　面向过程和面向对象的程序设计

8.1.1　面向过程的程序设计

在面向过程的传统应用程序中，应用程序自身控制了执行哪一部分代码和按何种顺序执行代码，一般从第一行代码执行程序并按应用程序中预定的路径执行，必要时调用过程。例如，有一个教师情况表文件 TEACHER.DBF，利用传统的面向过程的程序设计方法，编制一个主控程序，使它能提供退出菜单、添加、修改、查询功能。

传统的程序设计如下：

```
SET TALK OFF
CLEAR ALL
USE TEACHER
DO WHILE .T.
   GO TOP
   CLEAR
   ?SPACE (10)+ "* * * * 教师信息处理主菜单 * * * *"
   ?SPACE (10)+ "*            0-退出菜单          *"
   ?SPACE (10)+ "*            1-添    加          *"
   ?SPACE (10)+ "*            2-修    改          *"
   ?SPACE (10)+ "*            3-查    询          *"
   ?SPACE (10)+ "* * * * * * * * * * * * * * * *"
   WAIT " 请选择 0～3 号菜单: " TO A1
   DO CASE
      CASE A1="0"
           EXIT
      CASE A1="1"
           DO TJ
      CASE A1="2"
           DO XG
      CASE A1="3"
           DO CX
   ENDCASE
ENDDO
RETURN
```

这是传统的程序设计方法，退出菜单、添加、修改、查询 4 个功能分别由 EXIT 命令和 TJ、XG、CX 3 个子程序实现，然后再被主控程序调用。程序执行中所需要的所有数据、主菜单出现的位置、装饰符号"*"等必须全部在程序中加以说明和控制。

用户在编制这种程序时，必须考虑代码的全部流程，并通过算法控制程序的执行，并且用户在编写程序时，看不到程序运行的结果。如果用户"编译→运行"后不满意，需要有所修改，必须找到相应的程序（或子程序）修改相应的代码，再"编译→运行→修改→编译→运行"。这种编程方法就是前面已经讲过的称为面向过程的程序设计方法，有时也称为结构化程序设计方法。

在面向过程的程序设计中，整个系统以功能分类，它被划分成各类功能模块，各个功能模块如果需要，还必须划分为更为具体的小功能模块，直至该功能模块能以一个函数或一个过程来实现为止。这种程序设计方法具有思路清晰、功能单一等特点，但其缺点也是很明显的，主要表现在：

（1）程序代码被分为模块和函数，程序越大，在代码中出现错误的可能性也就越大，因此不便维护和修改。

（2）程序设计人员需要用大量的时间去设计输入、输出界面，而且设计出来的界面又不能像用户普遍使用的如 Windows 视窗操作系统那样被接受。

（3）程序在执行过程中受过程的控制，会一直独占计算机的资源，难以实现多任务的操作。

由于以上这些问题，使得 VFP 程序设计逐渐演变发展到了 OOP 阶段。现在的 VFP 等 Windows 应用软件，既提供了传统的面向过程的程序设计方法，也提供了面向对象的程序设计方法。

8.1.2　面向对象的程序设计

用户可使用以下方法，实现上例中的功能。先设计一个表单，放置一个文本框和一个命令按钮组，文本框用来提示信息"教师信息处理主菜单"，命令按钮组中各个按钮分别执行退出、添加、修改、查询 4 个功能，如图 8.1 所示。实现这 4 种功能的子程序分别写在各个命令按钮的"单击"事件中，即当程序运行时，用户通过"单击"某个按钮，实现其中的代码功能，运行后哪个按钮的功能不满意，只需修改该按钮的程序。

图 8.1　教师信息处理主菜单

各个命令按钮有高度、宽度、背景色、按钮标题、按钮相对表单的位置、按钮标题颜色等属性，这些属性值就是描述命令按钮的一系列数据，它们可以在按钮设计时进行设置，并可立即看到设置效果，不需要经过"编译→运行→修改→再编译→再运行"的过程，所以是可视化的。属性值（数据）也可以在程序运行时进行设置，即和按钮的操作程序写在一起。所以对程序员来说一个命令按钮的属性值（数据）和操作程序是一个整体，程序员把它们看成是一个实体，可以一起被删除、复制等，在 VFP 中称为一个对象，即对象是程序和数据的封装体，这种编程方法称为面向对象的程序设计方法。

在面向对象的程序设计中，程序代码不是按照预定的路径执行的，而是在响应不同的事件时执行不同的代码片段，即受"事件驱动"。事件可以由用户操作触发，也可以由来自操作系统或其他应用程序的消息触发，甚至由应用程序本身的消息触发。这些事件的顺序决定了代码执行的顺序，因此应用程序每次运行时所经过的路径都是不同的。

面向对象程序设计的两个基本特点是：

（1）采用可视化的编程方式；

（2）程序运行没有一定的顺序，由事件驱动。

对象是程序和数据的结合体，是 VFP 的一个操作单位。对象和对象又可组成新的对象。所以，在进行面向对象的程序设计中，设计人员应该把精力放在"对象"的设计上，如何构造对象是程序设计的重点。而且对象以数据为中心，所有的操作是围绕对数据所做的处理而进行的。每个对象都是相对封闭、独立的，便于修改和维护。程序执行没有固定的执行路线，它的执行不局限于某个固定的流程，而取决用户当前的操作（事件），如果需要，每个事件的发生均有相应的设计处理程序去处理。

所以在面向对象的程序设计方法中，用户需要考虑的是如何创建对象，及针对对象应实施哪些操作，每个操作应完成什么功能，从而完成用户提出的所有要求。

8.2 面向对象的基本概念

在面向对象的程序设计中，最重要的概念是对象和类，它们是关系密切但又完全不同的两个概念。

1. 对象（object）

对象是数据和数据操作代码的组合体，既具有静态的属性又可具有动态的行为。

在面向对象的程序设计中，对象是构成程序的基本单位，是程序的运行实体。对象可以是任何具体事物。在 VFP 中，标签、表格、表单以及所有控件都可看成是应用程序中的对象。对象是应用程序中的一个处理单位。

2. 类（class）

类含有某个对象的数据和操作功能，是对一组具有相同属性和方法的对象的抽象，是对象的原型。在类定义代码中可含有对象的属性、事件和方法。

类和对象是抽象和具体的关系。类包含有关对象的特征和行为信息，是对象定义的模板；对象是类的具体化和实例化，所以对象又称为类的实例（Instance）。一个类可以实例化为多个对象，各个对象都有所属类的属性、事件和方法程序，但每个对象的属性值可以不同。类是一个静态的概念，只有实例化的对象才是可运行的实体。

类具有封装性、继承性和多态性。

（1）封装性（Encapsulation）。封装是指将对象的特性（属性）和行为（方法）包装在一起。封装的概念可以与集成电路（IC）芯片做类比。一块 IC 芯片由陶瓷封装起来，其内部电路不可见，也不为使用者所关心，使用者只关心芯片的引脚数、引脚的输入/输出信号及其所提供的功能。了解了这些，硬件工程师就可以采用若干芯片组装出具有一定功能的部件乃至产品了。对于软件工程而言，也力图达到这样的目标。利用类的封装性是手段之一，数据封装特性实现了信息的隐蔽作用，它使我们通过类的方法来操作该类的对象，而不必关心其内部实现。在进行维护时，也无须关心被隐蔽的数据，只要检查各种方法就可以了。

（2）继承性（Inheritance）。类都可以从已有的类中派生而来，派生出的子类继承父类的全部属性和方法，同时可以添加新的方法，也可放弃若干原有的方法。继承和放弃使用户在需要相似的功能时避免重写相同的代码，同时提供了为特定用途定制对象的灵活性。对父类的修改将反映到其所有的子类当中，这样的自动更新为代码的维护提供了安全、便捷的手段。

（3）多态性（Polymorphism）。多态性是指相同的操作可以作用于多种类型的对象上，并获得不同的结果。Visual FoxPro 允许用户利用多态性。当特定的函数需要在不同的环境中做出不同的行为时，多态性便是有用的。例如，一个任意 Draw 方法，可以是多态的，这取决于激活 Draw 方法的对象类型（例如，正方形或圆形）。这种函数的动态链接允许用户创建类的结构层，对象的基本框架定义于基类中，而特性的代码定义于派生的子类中。

8.3　VFP 中的类和对象

VFP 中系统定义的类称为基类，用户不能对其修改，但可以根据基类直接创建对象进而实现类的实例化，比如我们常用的"表单控件工具栏"上的类都是系统基类。VFP 的基类分容器类（Container）和控件类（Control）两种。简单地说，容器类就是可以包含其他对象的类，比如表单、容器等；而控件类就是不能再容纳其他对象的类，比如文本框、命令按钮等。

VFP 的对象所具有的属性是由派生该对象的类决定的，而且这些属性既可以在设计时指定，也可以在运行时指定。

当用户打开表单或控件的属性窗口，并选择"其他"选项卡时，可能会看到涉及类定义的以下几个属性。

（1）BaseClass（基类）：VFP 中内部定义的类，用户可使用它们创建自定义类，如表单和所有控件都是基类，用户可在此基础上创建新类，增添需要的功能。

（2）Class（类）：派生该对象的类名。

（3）ParentClass（父类）：派生该对象的父类名。仅对自定义类有效，如果类是直接从 VFP 基类上派生的，则本项为空。

1．容器类

容器类可以包含其他对象，并允许访问这些对象。这些对象无论是在运行时还是在设计时都可以单独操作。常用的容器类有：表单（Form）、表单集（FormSet）、列（Column）、命令按钮组（CommandButton Group）、容器（Container）、表格（Grid）、选项按钮组（OptionButton Group）、页（Page）、页框（PageFrame）、工具栏（ToolBar），其中，表单集和页框是不可见类。

2．控件类

控件类中不能包含其他对象，只能加入到其他对象中。控件类的封装比容器类更为严密。当引用容器中的控件对象时必须经过容器，其格式是：容器对象.控件对象.属性。

例如，在 Form1 表单中设置标签 abc1 的 Caption 属性：

Form1.abc1.Caption="姓名"

VFP 中常用的控件类有：复选框（CheckBox）、组合框（ComboBox）、命令按钮（CommandButton）、编辑框（EditBox）、图像（Image）、标签（Lable）、线条（Line）、列表

框（ListBox）、选项按钮（OptionButton）、形状（Shape）、微调（Spinner）、文本框（TextBox）、计数器（Timer）、控件（Control）、列标题（Header）、OLE 绑定型控件（OLE Bound Control）、OLE 容器控件（OLE Container Control）、自定义类（Custom），其中计数器和自定义类是不可见类。

3. 容器对象和控件对象

VFP 的类有容器类和控件类之分，所以 VFP 中的对象也分为容器对象和控件对象（有时也称为非容器对象）。

（1）容器对象。容器对象是由容器类创建的对象，它们可以包含其他对象，并且允许用户在设计和运行时访问这些对象。图 8.1 中创建的"教师信息处理主菜单"是一个容器对象，在表单对象中添加了一个文本框对象（用来提示主菜单信息）和 4 个命令按钮对象（用来实现 4 个具体功能）。用户既可在表单设计时改变文本框的大小、颜色、位置、标题信息和各个命令按钮的标题等数据，也可以将这些数据信息放在事件代码中，在表单运行时完成这些设置。"教师信息处理主菜单"中的表单是文本框和 4 个命令按钮的父对象。

表 8.1 所示为各种容器类大小所能包含的对象。

表 8.1 各种容器类及其所能包含的对象

容 器 对 象	所能包含的对象
命令按钮组（Command Group）	命令按钮
选项按钮组（Option Group）	选项按钮
表格（Grid）	表格列
页框（PageFrame）	页面
页面（Page）	任意控件、容器和自定义对象
表单集（FormSet）	表单、工具栏
表单（Form）	页框、任意控件、容器或自定义对象
表格列（Header）	表头对象以及除表单、表单集、工具栏、计时器和其他列对象以外的任意对象
工具栏（ToolBar）	任意控件、页框和容器
容器（OleControl）	任意控件

（2）控件对象。控件对象也称为非容器对象，即控件对象可以包含在容器对象中，但控件类对象没有"AddObject"（添加对象）的方法程序，因此在控件对象中不能添加其他对象，即控件对象不能作为其他对象的父对象。如图 8.1 所示表单中的文本框和 4 个命令按钮中都不能再包含其他控件。

控件对象一般作为一个独立的部件出现，提供移动、拖放和单击等操作，用户可执行封装在控件内的方法程序。

8.4 事件和方法程序

VFP 中的每个对象都是用类定义的。在 VFP 的"表单控件工具栏"上，控件代表类并不实际存在，直到在表单上放置了控件的对象时类才存在。创建控件也就是在复制控件类，或者说是建立控件类的实例。这个实例就是程序中将引用的对象。

例如，如果在表单上放置了 3 个命令按钮，则每个命令按钮对象都是命令按钮类的实例。每个对象都具有一组由类定义的公共特征和功能（属性、方法和事件），但是，每个对象都有自己的名字，都能分别设置成有效或无效，都能放在窗体的不同位置等。

8.4.1 VFP 常用事件

事件确定控件对外部条件的响应，事件由各个控件识别，再由应用程序处理。例如，命令按钮可以识别鼠标单击事件，但无法响应这个事件，除非提供了所需要的代码，即必须告诉 VFP 在用户单击特定命令按钮时所进行的操作。

每个对象都能够识别和响应系统预先定义好的特定事件，用户不能自定义新的事件。在面向对象的程序设计中，程序的执行取决于当前发生的事件，并由事件来驱动，什么事件发生了，便由相应的事件处理程序去处理。

事件可由用户或系统激活，多数情况下，事件是通过用户的交互操作产生的。用户可以编写具有一定功能的程序代码，以响应特定的事件。

例如，当用户在控件上做出单击动作时，将触发控件的 Click 事件，系统将自动执行 Click 事件中的程序代码。事件代码也可以被系统事件触发，例如，计时器中的 Timer 事件，就是当系统间隔到计时器的指定时间时系统自动触发的。

所有 VFP 基类都有如表 8.2 所示的最小事件集。

表 8.2　最小事件集

事　件	说　　明
Init	当对象创建时激活
Destroy	当对象从内存中释放时激活
Error	当类中的事件或方法程序过程中发生错误时激活

在 VFP 中，不同的对象具有不同的触发事件，但有些事件是不同对象所共有的，这些事件称为 VFP 的核心事件。如表 8.3 所示是 VFP 核心事件的使用介绍。

表 8.3　核心事件表

事　　件	事件的激发
Init	当对象创建时激活
Destroy	当对象从内存中释放时激活
Click	用户单击
Error	当类中的事件或方法程序过程中发生错误时激活
DblClick	用户使用主鼠标按钮双击对象激活
RightClick	用户使用辅鼠标按钮单击对象激活
GotFocus	对象接收焦点由用户动作激活
LostFocus	对象失去焦点由用户动作激活
KeyPress	用户按下或释放按钮
MouseDown	用户在对象上按下鼠标按钮
MouseMove	用户在对象上移动鼠标按钮
MouseUp	鼠标指针停在对象上，用户释放鼠标按钮
其他事件	其他

8.4.2　VFP 常用方法程序介绍

　　方法程序是对象能够执行的一些操作，不同的对象具有不同的操作行为。为了更好、更准确地触发并执行方法程序，VFP 配备了控件和事件，同时设置了数据环境以满足用户对信息数据范围的选取，并构成了与其他几个方面的完整配合体系。可以把属性看做是一个对象的性质参数，把事件看做是触发对象响应的指令，把方法程序看做是对象的响应动作，把数据环境看做是对象的生存与运行条件。

　　方法程序是一段能完成特定操作的程序代码。方法程序既可以与相应的事件相关联，例如，为 Click 事件编写的方法程序代码将在 Click 事件出现时被执行，也可以独立于事件而单独存在，此类方法程序必须在代码中被显式地调用。例如，命令按钮对象具有 SetFocus 方法程序，该方法程序的作用是将焦点放置到该按钮上。如表 8.4 所示为 VFP 中的常用方法程序。

表 8.4　常用方法程序

常用方法程序	用　途　说　明
AddColumn	在表格控件中添加一个列对象
AddObject	在表单对象中添加一个对象
Box	在表单对象中画一个矩形
Circle	在表单对象中画一个圆或椭圆
Clear	清除控件中的内容
Cls	清除表单上的图形和文本
Draw	重画表单对象
Hide	隐藏表单、表单组或工具
Line	在表单对象上画一条线
Move	移动对象
Point	返回表单上指定点的红、蓝、绿 3 种颜色
Print	在表单上打印一个字符串
PrintForm	打印当前表单的屏幕内容
ReadExpression	返回保存在一个属性单中的表达式字符串
ReadMethod	返回一个方法中的文本
Refresh	重画表单或控件，并刷新所有数据
Release	从内存中释放表单或表单组
RemoveObject	在运行时从容器对象中删除指定的对象
ResetToDefault	将 Time 控件复位，使它从零开始计数
Saveas	把对象保存为.scx 文件
SaveasClass	把对象的实例作为类定义保存到类库中
SetAll	为容器对象中的所有控件或某一类控件指定属性设置
SetFocus	使指定控件获得焦点
Show	显示表单并且决定表单是模态还是非模态
TextHeight	按照当前字体中的显示，返回文本串的高度
TextWidth	按照当前字体中的显示，返回文本串的宽度
WriteExpression	把一个表达式写入属性
WriteMethod	把指定的文本写入指定的方法中
Zorder	设定当前表单相对于其他表单的显示位置

思考与练习

一、选择题

1. 面向对象程序设计中程序运行的最基本实体是（　　）。
  A．对象　　　　　　B．类　　　　　　　C．方法　　　　　D．函数

2. 在面向对象方法中，对象可以看成是属性以及这些属性上的专用操作的封装体，封装是一种（　　）技术。
  A．组装　　　　　　B．产品化　　　　　C．固化　　　　　D．信息隐蔽

3. 面向对象的程序设计是近年来程序设计方法的主流方式，简称 OOP。下面这些对于 OOP 的描述错误的是（　　）。
  A．OOP 以对象及数据结构为中心
  B．OOP 用"对象"表现事物，用"类"表示对象的抽象
  C．OOP 用"方法"表现处理事物的过程
  D．OOP 工作的中心是程序代码的编写

4. 下列关于对象的叙述中，（　　）是错误的。
  A．每个对象都具有描述其特征的属性及附属于它的行为
  B．命令按钮是对象，文本框不是对象
  C．对象把事物的属性和行为封装在一起，是一个动态的概念
  D．对象大多数是可见的，也有一些特殊的对象是不可见的

5. 下列关于类的叙述中，（　　）是错误的。
  A．由控件类创建的对象，不能单独使用和修改
  B．控件类不能容纳其他对象
  C．容器类可以容纳其他对象
  D．不同的容器所能包含的对象类型必须是相同的

6. 控件对象不可能引用表单的（　　）。
  A．新属性　　　　　　　　　　　　B．新事件
  C．事件响应代码　　　　　　　　　D．新方法

7. 下列关于属性、方法和事件的叙述中，（　　）是错误的。
  A．属性用于描述对象的状态，方法用于表示对象的行为
  B．基于同一个类产生的两个对象可以分别设置自己的属性值
  C．事件代码也可以像方法一样被显示调用
  D．在新建一个表单时，可以添加新的属性、方法和事件

8. 下列关于事件的叙述中，错误的是（　　）。
  A．VFP 中基类的事件可以由用户创建
  B．VFP 中基类的事件是由系统预先定义的，不能由用户创建
  C．事件是一种事先定义的特定的动作，由用户或系统激活
  D．鼠标的单击、双击、移动和键盘上按键均可激活某个事件

9. 不可以作为文本框控件数据来源的是（　　）。
  A．数值型字段　　　　　　　　　　B．内存变量
  C．字符型字段　　　　　　　　　　D．备注型字段

二、填空题

1．对象的属性特征标识了对象的＿＿＿＿＿＿＿和对象的行为特征描述了对象可执行的＿＿＿＿＿＿＿。

2．构成应用程序的任何可操作的实体都称为＿＿＿＿＿＿＿。

3．事件代码既能在＿＿＿＿＿＿时执行，也可以像方法一样被＿＿＿＿＿调用。

4．类是具有共同＿＿＿＿＿、共同＿＿＿＿＿的对象的集合。

5．类是对象的＿＿＿＿＿，对象是类的＿＿＿＿＿。

6．在 OOP 中，类具有＿＿＿＿＿、＿＿＿＿＿、＿＿＿＿＿的特征，这就大大加强了代码的重用性。

7．无论是否对事件编程，发生某个操作时，相应的事件都会被＿＿＿＿＿。

8．VFP 提供了一系列基类来支持用户派生出新类，从而简化了新类的创建过程，VFP 的基类有两种：＿＿＿＿＿和＿＿＿＿＿。

9．现实世界中的每一个事物都是一个对象，对象所具有的固有特征称为＿＿＿＿＿。

10．在 VFP 中可以有两种不同的方式来引用一个对象，分别是＿＿＿＿＿和＿＿＿＿＿。

三、简答题

1．简述类的基本组成。

2．简述对象与类的异同。

3．如何进行对象的绝对引用和相对引用？相对引用有几个关键字？各代表什么含义？

4．如何设置对象和类的属性？

第9章 表单设计

表单（Form）也称为屏幕（Screen）或工作窗口，是 VFP 提供的最常见的数据交互式操作界面工具，各种对话框和窗口是表单的不同表现形式。表单还是面向对象程序设计在 VFP 中应用的重要类别，其中拥有丰富的对象集，以响应用户或系统事件，使用户尽可能方便、直观地完成信息管理工作。本章介绍表单的创建、定制、运行、常用控件及属性，以及表单的存储等内容。

9.1 VFP 表单概述

一个好的应用程序最重要的部分之一是设计屏幕，这是用户和系统接触最多的地方。如果屏幕设计不好，就不会有一个好的交互环境，这样，即使应用程序设计得再完美，运行速度再快，也不会给用户留下好的印象，因为用户对系统的使用评价是通过这种交互操作来进行的。VFP 为用户提供了这种可以交互式操作的数据信息、可以设计的 Windows 窗口界面——表单，表单也可以称为窗体，表单的文件扩展名为.SCX。

为了更好地满足 VFP 程序设计的需要，VFP 为用户提供了设计交互式操作界面的工具——表单设计器，它是可视化的面向对象程序设计的工具。

因为 VFP 主要是处理数据的，所以在 VFP 的每一个表单或表单集中都有一个数据环境，在表单的设计、运行中可以使用数据环境（与表单相配合的表或字段）。通过把与表单相关的表或视图放进表单的数据环境中，就可以很容易地把表单、新控件与表或视图中的字段关联在一起，形成一个完整的构造体系。数据环境的设置在每一个表单设计中几乎都是必不可少的。

表单中使用的控件是提供给用户的基于标准化图形界面的多功能、多任务操作工具，可以创建、完成信息的输入、输出。在表单中可以使用的 Windows 交互式操作界面常用的 15 种标准控件分别是：复选框、组合框、编辑框、文本框、列表框、命令按钮、线条、形状控件、图像、微调控件、计时器、标签、ActiveX 绑定控件、ActiveX 控件、超级链接，此外还有表格、命令按钮组、选项按钮组、页面框 4 种包容器，这些将在 9.3 节中详细介绍。

"属性"窗口显示了添加到表单中的控件所具有的全部属性，可以为每一个控件和表单设置属性，选择与需求、操作相适应的事件，并配备好方法程序。

进行 VFP 表单设计时经常使用的设计工具主要有：表单设计器、表单向导、属性窗口、生成器、数据环境设计器、对话框、控件工具栏、布局工具栏、调色板工具栏、代码设计窗口、浏览器等，如图 9.1 所示。

在 VFP 中，可以用以下任意一种方法生成表单。

（1）使用表单向导。

（2）通过选择"表单"菜单上的"快速表单"选项，可以创建一个通过添加自己的控件来定制的简单表单。

（3）使用"表单设计器"创建或修改已有的表单。

（4）使用 CREATE FORM 命令创建表单。

【命令格式】CREATE FORM <表单文件名>

【功能】新建表单文件。

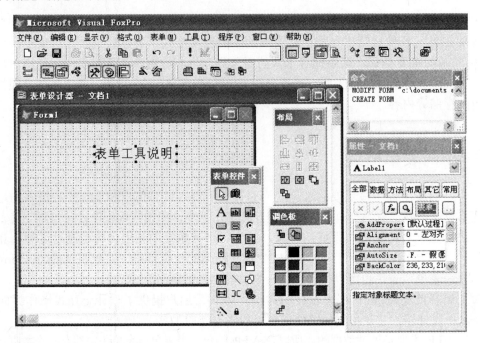

图 9.1 "表单设计器"主要工具

9.2 表单向导

前面已经介绍了一些表的操作，但这些操作都是孤立的，其显示方式也多是浏览窗口的形式，无法做更多的控制。在第 8 章又学习了面向对象的程序设计基础知识，如类、对象、事件、方法程序等一些抽象的知识，其实表单的设计可以把这两部分进行融合，建立用户希望的交互式的表单操作。VFP 提供了一种最简单的表单设计模式——表单向导。表单向导主要是针对基于数据表的输入、输出处理的表单设计。

VFP 提供了如下两个不同的表单向导来创建表单。

● 如果要创建基于一个表的基本表单，请选择"表单向导"。

● 如果要创建包含两个表中按一对多关系链接的数据的表单，请选择"一对多表单向导"。下面分别举例说明。

9.2.1 表单向导

【例 9.1】 创建一个基于"学生基本情况表"的表单。操作步骤如下。

（1）从"文件"菜单中选择"新建"选项，在"新建"对话框中选择表单文件类型，然后在"新建"对话框中选择"向导"按钮；也可以单击"工具"菜单中的"向导"菜单项引导子菜单中的"表单"项，选中"表单向导"；或在"项目管理器"窗口中选择"文档"选项卡的"表单"项，单击"新建"按钮，在出现的"新建表单"窗口中单击"表单向导"按钮。弹出的"向导选择"对话框如图 9.2 所示。

图 9.2 "向导选择"对话框

（2）选择"Form Wizard"（"表单向导"），单击"确定"按钮进入"Form Wizard"Step 1，如图 9.3 所示。

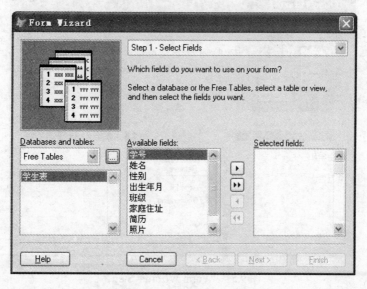

图 9.3 "Form Wizard" Step1

（3）在"数据库和表"的下拉列表中选择表，一般单击其右边的"浏览"按钮 选择表，确定表单的数据源为"学生表"。选定表的字段显示在"可用字段"列表框中，可以双击选中所需要的字段或按"选取"按钮选定字段。字段选定的前后顺序决定了向导在表达方式中安排字段的顺序以及表单的默认标签顺序，其顺序可以通过"选定字段"列表框前的按钮进行调整。字段选好后单击"下一步"按钮，进入"Form Wizard"Step 2，如图 9.4 所示。

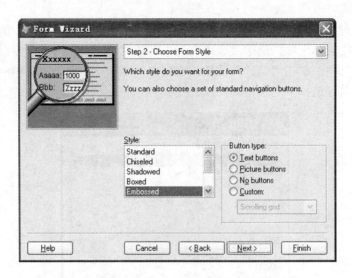

图 9.4 "Form Wizard" Step 2

（4）在 Step 2 的选择表单样式中，如果打算制作一般表单，可以选择"浮雕式"（Embossed）。为方便起见在"按钮类型"中选中"文本按钮"单选项。当然为了表单的美观也可以选择"浮雕式"、"阴影式"（Shadowed）等，单击"Next"按钮，进入下一步骤，如图 9.5 所示。

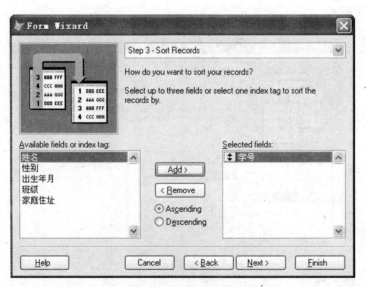

图 9.5 "Form Wizard" Step 3

（5）在 Step 3 的排序次序中，允许按照每组记录的排列顺序选择字段，也可以选择索引标识，还可以定义一个所选列表的顺序视图，将排列顺序定义为升序或降序。请注意排序和索引的关系。在本例中，选定"学号"字段进行升序排列。

（6）在 Step 4 的"完成"（Finish）窗口中，如图 9.6 所示，可以输入表单的标题，并选择建立好表单之后的动作。表单运行结果如图 9.7 所示。

从图 9.7 的预览结果可以看出，使用向导生成的表单操作非常简单，但生成的表单格式却有不足的地方。如，字段的排列是按顺序纵向列表式显示，如果要增加学生情况也只能全部输入而没有任何参照内容。当然，也可以对生成的表单进行进一步修饰、更改，使得表单的外观设计更美观、合理。

图 9.6 "Form Wizard" Step 4

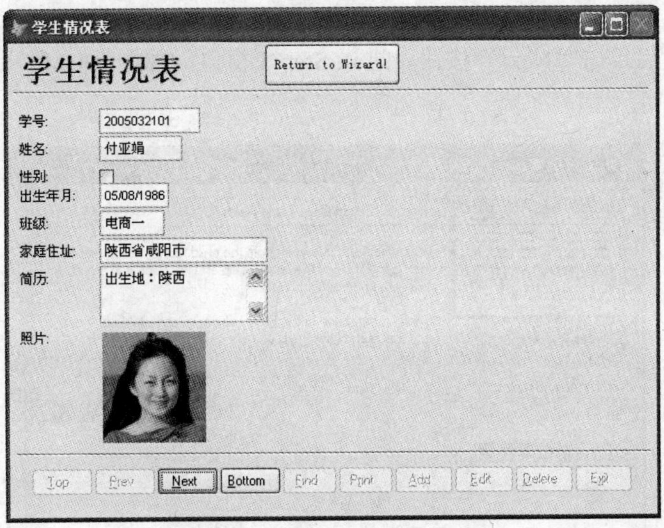

图 9.7 【例 9.1】表单结果预览

9.2.2 一对多表单向导

一对多表单的设计和基于一个表的表单设计的区别就在于在创建前者时所使用的表至少有两个或两个以上。因此在使用该向导时，字段既要从主（父）表中选取，也要从子表中选取，还要建立两表之间的有效关系。一般情况下，一对多表单使用文本框来表达父表，使用表格来表达子表。

【例 9.2】 使用 "Form Wizard"（"表单向导"）创建一个一对多的分数表单，使用的表包括"课程表"和"分数表"。操作步骤如下：

（1）在"One-To-Many Form Wizard"（"一对多表单向导"）Step 1 中，如图 9.8 所示，选择主表为"课程表"，并使"课程编码"、"课程名称"两个字段出现在"Selected fields"（"选定字段"）列表框中，然后单击"Next"按钮。

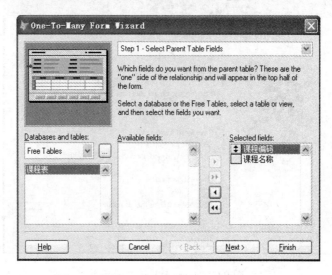

图 9.8 "One-To-Many Form Wizard" Step 1

（2）在 Step 2 窗口中，如图 9.9 所示，选择分数表中的"学号"、"课程号"、"成绩"3 个字段，然后单击"Next"按钮，进入 Step 3 窗口，如图 9.10 所示。建立两表之间的关系。

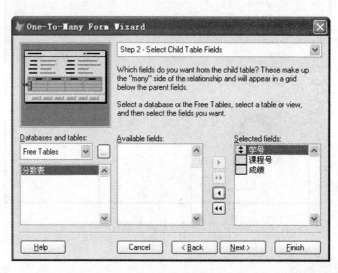

图 9.9 "One-To-Many Form Wizard" Step 2

（3）在 Step 3 窗口中，如图 9.10 所示，在每个表中选定一个匹配字段，即"课程表"中的"课程编码"和"分数表"中的"课程号"，建立好两表之间的关系，以便在建成的表单中可以显示一对多的匹配数据信息。

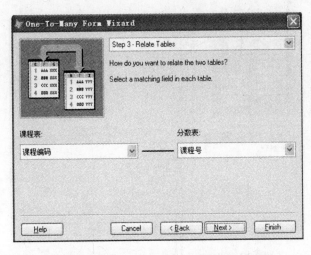

图 9.10 "One-To-Many Form Wizard" Step 3

（4）在 Step 4 窗口中，如图 9.11 所示，选择表单的样式以产生不同的视频效果。本例中仍然选择默认的浮雕式和文本按钮。

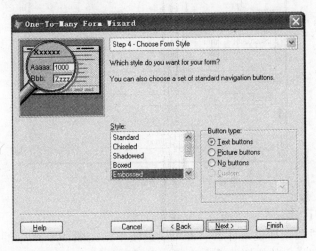

图 9.11 "One-To-Many Form Wizard" Step 4

（5）在 Step 5 窗口中，如图 9.12 所示，排序次序的选取与输出的结构密切相关。本例中选择按照父表中的"课程编码"的升序来排列。

（6）在 Step 6 窗口中输入表单标题，保存并运行表单项，也可以单击"预览"按钮进行效果预览，如图 9.13 所示。

9.2.3 表单的数据环境

从"Form Wizard"可以看出，每一个表单或者表单集都包括一个数据环境。数据环境是一个对象，也是一个容器，用于设置表单中使用的表和视图以及表单所要求的表之间的关系。这些表和视图，以及表之间的关系都是数据环境容器中的对象，可以分别设置它们的属性。在执行表单时，数据环境中的表和视图被自动打开，表之间的关系被自动建立。当表单被释放时，数据环境中设置的表和视图被自动关闭。

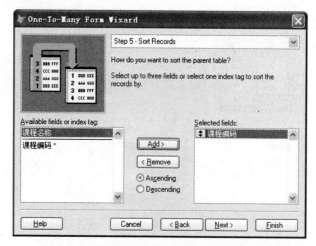

图 9.12　"One-To-Many Form Wizard" Step 5

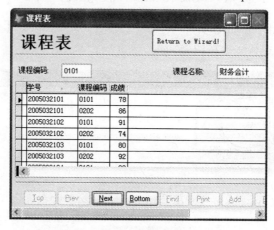

图 9.13　一对多表单运行效果图

1．数据环境的打开

如果需要打开"数据环境设计器"，可以直接单击如图 9.1 所示的快捷按钮 或右键单击表单空白处，在弹出的快捷菜单中选择"数据环境"命令，如图 9.14 所示。在弹出的对话框中选择需要添加的表，这里选中"teacher.dbf"，单击"确定"按钮后即可把该表添加到表单的数据环境中。如果想继续添加，则选择"其他"按钮继续添加，否则单击"关闭"按钮完成添加过程，即可看到被打开的"数据环境设计器"，如图 9.15 所示。

图 9.14　"数据环境"快捷菜单　　图 9.15　"数据环境设计器"对话框

2. 数据环境的操作

（1）设置数据环境。数据环境可以由用户选择打开，打开的方法可以是菜单下方的快捷按钮，也可以从 VFP 菜单"显示"项中选择"数据环境"，还可以在表单的空白处单击鼠标右键，在弹出的快捷菜单中选择"数据环境"，则会显示数据环境的编辑窗口。这样数据环境就会随表单的打开而自动打开。

（2）添加表或视图。向"数据环境设计器"中添加表或视图时，可以看到属于表或视图的字段或索引。如果需要添加表或视图，可以从"数据环境"菜单中选择"添加"，或从列表中选择表或视图。也可以将表或视图从打开的项目管理器中拖放到"数据环境设计器"。向数据环境中添加表或视图时，也创建了一个临时表对象。打开"数据环境设计器"后，可在对应的"属性"窗口中设计临时表的属性。

（3）拖动表和字段。用户可以直接将表、视图或字段从数据环境设计器中拖动到表单或报表，拖动成功时会创建相应的控件，如表 9.1 所示列出了这些控件。

表 9.1　拖动表或字段时创建的控件

拖动到表单的项	创建的对象
表	表格
逻辑型字段	复选框
备注型字段	编辑框
通用型字段	OLE 绑定型控件
其他类型字段	文本框

（4）从数据环境中移去表。对不再适用的表或视图，可在"数据环境设计器"中选定后，从"数据环境"菜单中选择"移去"选项，该表或视图及与其有关的所有关系都随之移去。

（5）在数据环境中设置关系。如果添加进"数据环境设计器"中的表已经在数据库中设置有永久关系，则这些关系将自动加到数据环境中。如果表中没有永久关系，则可以在"数据环境设计器"中设置这些关系，并可以在"数据环境设计器"中直观地设置数据环境，与表单一起保存。

若需要在"数据环境设计器"中设置关系，用户可以将字段从主表拖动到相关表中与之相匹配的索引标识上。如果没有索引标识，系统将提示用户是否创建索引标识。

【注意】

在数据环境中，一个表可以包含在多个关系中，但只能有一个 ChildOrder 设置。ChildOrder 属性用于为表格控件或关系对象的记录源指定索引标识。

（6）在数据环境中编辑关系。在"数据环境设计器"中设置一个关系后，在表之间将有一条连线指出这个关系。若要编辑关系的属性，可在"属性"窗口中从"对象"框选择要编辑的关系。

关系的属性对应于 SET RELATION 和 SET SKIP 命令中的子句和关键字。RelationExpt 属性的默认设置为主关键字段的名称。如果相关表是以表达式作为索引的，则必须将 RelationExpt 属性设置为这个表达式。

如果关系不是一对多关系，必须将 OneToMany 属性设置为"假"（.F.），这相当于使用 SET RELATION 命令时不发出 SET SKIP 命令；如果将 OneToMany 属性设置为"真"

（.T.），相当于发出 SET SKIP 命令。当用户浏览父表时，在记录指针浏览完子表中所有相关记录之前，记录指针会一直停留在同一父记录上。

在表单运行时数据环境可自动打开或关闭表和视图，而且通过设置"属性"窗口中 ControlSource 属性设置数据源，在这个属性框中列出数据环境的所有字段，数据环境将帮助设置控件的 ControlSource 属性。可以为整个表单设置数据源，也可以为每个列单独设置数据源。

与数据源有关的属性如下：

ControlSource	指定捆绑到对象的数据源；
CursorSource	指定与 Cursor 对象相关的表或视图的名称；
RecordSource	指定表格控件捆绑到的数据源；
RecordSourceType	指定以何种方式打开与表格控件关联的数据源；
RowSource	指定组合框或列表框的数据源；
RowSourceType	指定 Combo、Grid、List 等控件的数据源类型。

9.3 表单设计器

9.3.1 表单设计器的特点

在 9.2 节中介绍了利用表单向导创建表单的操作，但 VFP 表单设计的真正妙处却是根据表单设计器提供的工具及用户的需求进行自定义设计，以达到理想的窗口效果。在表单设计的过程中，可以方便地用表单设计器进行创建和修改表单，特别是对表单控件的添加、复制、删除、排列、确定执行次序等都非常方便。在介绍表单设计器的基本操作之前，我们先来了解一下与表单有关的几项内容。

1. 表单设计器环境

（1）表单设计器窗口。在"项目管理器"窗口中选择"文档"选项卡，选择的"表单"→"新建"→"新建表单"命令便会显示"表单设计器"窗口，如图 9.1 所示。在表单设计器窗口内有一表单（默认表单文件名为 Form1）窗口，用户可在表单窗口上可视化地添加和修改各种控件。表单设计器工具栏包括如图 9.16 所示的 9 个按钮。

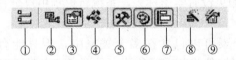

图 9.16　表单设计器工具栏

表单设计器工具栏说明如下：
① 表对象的 Tab 键顺序；
② VFP 的数据环境；
③ 属性窗口；
④ 代码窗口；
⑤ 表单控件工具栏；

⑥ 调色板工具栏；

⑦ 布局工具栏；

⑧ 表单生成器；

⑨ 自动格式（启动"自动格式生成器"，为所选表单控件提供显示风格）。

（2）属性窗口。属性窗口可以通过单击"表单设计器"工具栏中"属性窗口"按钮或选择"显示"菜单中的属性命令来打开或关闭，在默认情况下"属性"窗口是打开的。如图 9.17 所示，对象框显示当前被选定的对象。单击对象框右侧的下拉按钮将显示表单中所有对象的名称列表，用户可从中选择一个需要编辑修改的对象或表单。"属性"窗口中的列表框显示当前被选定对象的所有属性、方法和事件，用户可以从中选择一个。如果选择是属性项，窗口内将出现属性设置框及属性默认值，用户可以对此属性值进行修改。绝大多数的属性的数据类型通常是固定的，如 Left、Top、Width 等属性只能接收数值型数据，Caption 属性只能接收字符型数据；但有些属性的数据类型并不是固定的，如文本框的 Value 属性可以是任意数值型。

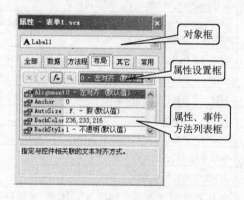

图 9.17 "表单的属性"窗口

在设置框中输入属性的值时，如果是字符型数值，则不需要加定界符，否则系统会把定界符也作为字符串的一部分；但对那些既可接收数值型又可接收字符型数据的属性来说，如果直接输入数字型字符，如 123，系统会认为是数值型，因此只能采用表达式的方式（先输入等号再输入表达式），如="123"，或单击设置框左侧的函数按钮打开表达式生成器，用它来给属性指定一个表达式。有些属性值也可通过单击设置框右端的下拉按钮来选择，或在属性列表框中双击属性，在各属性值之间进行切换。

要把一个属性设置为默认值，可以在属性列表框中右键单击该属性，然后从弹出的快捷菜单中选择"重置为默认值"。要把一个属性设置为空串，可以在选定该属性后，依次按 BackSpace 键和 Enter 键，此时在属性列表框中该属性的属性值显示为"无"。

有些属性在设计时是只读的，用户不能修改，默认值以斜体显示。

用户也可以同时选择多个对象，这时"属性"窗口则只显示这些对象共有的属性，用户对属性的设置也将针对所有被选定的对象。

（3）表单控件工具栏。表单控件工具栏可以通过单击"表单设计器"工具栏中"表单控件工具栏"按钮或选择"显示"菜单中的"工具栏"命令来打开和关闭。使用表单控件工具栏可以在表单上创建各种控件。单击所需的控件按钮，将鼠标指针移动到表单上，然后单击表单放置控件或把控件拖至所需的大小。当打开"表单设计器"时，此工具栏会自动显示。但是，除非用户在表单上工作，否则工具栏上的按钮不可用。表单控件工具栏的按钮及其功能如表 9.2 所示。

表 9.2　表单控件工具栏按钮及其功能说明

按　钮	按 钮 名 称	功 能 说 明
	选定对象	用于移动和改变控件的大小。在创建一个控件后该按钮被自动选定
	查看类	可以选择显示一个已注册的类
A	标签	创建一个标签控件，用于保存不希望用户改动的文本信息
abl	文本框	创建一个文本框控件，一般用于保存单行文本
al=	编辑框	创建一个编辑框控件，一般用于保存多行文本
	命令按钮	创建一个命令按钮控件，用于执行命令
	命令按钮组	创建一个命令按钮组控件，用于把相关的命令编成组
	单选按钮组	创建一个选项按钮组控件，用户从多个选项中选择一项
	复选框	创建一个复选框控件，用户可以进行多项选择
	组合框	创建一个组合框控件，用于创建一个下拉式组合框或下拉式列表框，用户可以从列表中选择一项或输入一个值
	列表框	创建一个列表框控件，用于显示供用户选择的列表项
	微调控件	创建一个微调控件，用于接收给定范围之内的数值输入
	表格	创建一个表格控件，用于在电子表格样式的表格中显示数据
	图像	在表单上显示图像
	计时器	创建计时器控件，可以在指定时间或按照设定间隔运行进程
	页框	创建并显示控件的多个页面
OLE	ActiveX 控件	向应用程序中添加 OLE 对象
OLE	ActiveX 绑定控件	与 OLE 容器控件相同，可用于向应用程序中添加 OLE 对象；与 OLE 容器控件不同的是，ActiveX 绑定控件绑定在一个通用字段上
	线条	设计时用于在表单上画各种类型的线条
	形状	设计时用于在表单上画矩形、圆、正方形等各种类型的形状图
	分隔符	在工具栏的控件间加上空格
	容器	将容器控件置于当前的表单上
	超级链接	创建一个超级链接对象
	生成器锁定	为任何添加到表单上的控件打开一个生成器
	按钮锁定	可以添加同种类型的多个控件，而不需要多次按此控件的按钮

（4）表单菜单。打开"表单设计器"后会在系统菜单中增加一项表单菜单项，如图 9.1 所示，主要用于创建、编辑表单或表单集，如为表单增加新的属性和方法等。当然，这些操作也可以通过工具栏来完成。

2. 控件的操作

所谓控件，是指可以用于交互式操作界面的图形对象。表单中的控件是放在一个表单上用以显示数据、执行操作或使表单更易阅读的图形对象。它的主要用途是显示并输入、输出数据，完成某种具有特定功能的操作，构造用户和计算机相互沟通的屏幕界面。控件的操作包括以下内容。

（1）选择表单控件。单击各表单控件可以选择该控件，按住 Shift 键再单击其他表单控件，可同时选择多个表单控件。如果在"表单设计器"中拖动鼠标，在表单上画一个区域，则该区域内的所有控件都被选中。

（2）向表单中添加控件。单击表单控件工具栏中的控件，将光标移至表单中该控件的位置，单击或拖动鼠标画出该控件大小后松开。

（3）移动表单中控件的位置。单击要移动位置的表单控件，拖动其到指定位置，或者单击选中该控件后，用方向键移动。

（4）改变控件的大小。单击控件，控件四周会出现 8 个黑色的小方块，这就是控件的控点，将指针指向小方块，待指针变成双箭头时拖动即可。

（5）删除控件。单击选中控件，按 Delete 键或从"编辑"菜单中选择"剪切"命令即可删除该控件。

（6）复制控件。单击选中控件，按 Ctrl＋C 组合键复制，然后在复制的目的地单击，按 Ctrl＋V 组合键粘贴。

【说明】

复制控件时，控件内的代码被一起复制。这是一个很有用的操作，例如，一个表单里面需要多个文本框控件，我们可以先做出来一个控件，其余的控件复制即可。

3．控件的布局

（1）对齐控件。利用布局工具栏上的按钮，很容易精确排列表单上的控件。布局工具栏上的按钮有左边对齐、右边对齐、顶边对齐、底边对齐、垂直居中对齐、水平居中对齐、相同宽度、相同高度、相同大小、水平居中、垂直居中、置前、置后等按钮。例如，要使一组控件水平对齐或垂直对齐，或使一组相关控件具有相同的宽度或高度，则只要先选定这组控件，然后在"布局"工具栏上单击对应的布局按钮即可，也可在"格式"菜单中选择相应的对齐选项。

（2）调整控件的位置。如果想在屏幕上精确地定位控件，可以使用"显示"菜单中的"显示位置"命令。选中该命令后，在"表单设计器"窗口底部的状态栏上就会显示选定控件的坐标和度量单位。

（3）控件网格显示。网格显示可以帮助用户在表单上对齐控件。用"格式"菜单中的"设置网格刻度"命令可以调整表格的尺寸；使用"选项"对话框内"表单"选项卡中的"表格线"复选框可以打开或关闭表格显示；还可以用"格式"菜单上的"对齐格线"命令，调整控件相对于表格的大小或位置。当选定"格式"菜单中的"对齐格线"命令时，放置在表单上的控件将自动与表格线对齐。用以下方法可以取消表格的作用。

① 清除"格式"菜单中"对齐格线"旁边的选中标记。默认情况下，该命令被选中。

② 用箭头键来对齐控件。

③ 在单击控件之前按下 Ctrl 键，并在将对象拖到另一个位置的过程中按住 Ctrl 键不放。

4．保存和运行表单

在"表单设计器"中，选择"文件"菜单中的"保存"命令来保存表单。表单被成功保存后会产生两个文件，一个是扩展名为.scx 的表单文件，另一个是扩展名为.sct 的表单备注文件。

9.3.2　表单设计器的基本操作

1．定制表单

定制表单就是用户可以根据设计需要从一个空表单开始交互式地逐步添加控件，调整控件布局，定义控件属性和方法程序，通过预览效果进行判断和修改，最后保存表单设计，完成一个新表单的制作过程。要修改已经保存的表单，可以在项目管理器中，选择 FORM 组件中的该表单名，然后单击"项目管理器"的"修改"按钮，即可打开"表单设计器"。为了使表单看起来更合理和易于操作，可以通过改变表单的属性、事件与方法来优化表单。

表单的属性大约有 100 个之多，但真正在设计表单时用到的不是太多，绝大多数都使用默认值，如表 9.3 所示为常用表单的一些属性，这些属性规定了表单的外观和行为。

表9.3　常用表单属性

属　性	默　认　值	功　　能
alwaysontop	.F.—否	控制表单是否总是处在其他打开的窗口之上，即防止所引用的表单被其他表单所覆盖
autocenter	.F.—否	控制表单运行时是否自动在 VFP 主窗口居中
backcolor	255,255,255	指定表单窗口的颜色
borderstyle	3	决定表单边框：0—无边框，1—单线边框，2—固定对话框，3—可调边框
caption	Form1	指定表单标题栏显示的文本
closable	.T.—是	指定表单运行时，用户是否能够通过单击"关闭"按钮来退出表单
moveable	.T.—是	控制表单运行时，是否可将表单移动到屏幕的新位置上
maxbutton	.T.—有	控制表单是否有最大化按钮
minbutton	.T.—有	控制表单是否有最小化按钮
name	form1	指定表单对象名，在程序设计中可以通过引用表单名来引用表单
scrollbars	0—无	控制表单所具有的滚动条类型
showwindow	0—在屏幕中	控制表单是否在屏幕中、悬浮在顶层表单中或作为顶层表单出现
titlebar	1—打开	控制标题栏是否显示在表单的顶部
visible	.T.—可见	指定表单在运行时是可见的还是隐藏的
windowstate	0—普通	控制表单是普通（0），最小化（1），最大化（2）。如果 windowstate 为 2，则 maxbutton 和 minbutton 将不起作用
windowtype	0—无模式	控制表单是无模式还是模式表单 0—无模式，用户不必关闭表单就可访问其他界面 1—模式，用户必须关闭当前表单方可访问其他界面

如表 9.4 所示为常用表单事件。

表9.4　常用表单事件

事　件	触　发　时　间
Activate	当一个表单变成活动表单时触发
Click	在鼠标单击表单时触发
DblClick	在鼠标双击表单时触发
Deactivate	表单从活动变成不活动时触发
Destroy	对象从内存中释放时触发
Error	当方法中有一个运行错误时触发
GetFocus	按 Tab 键或单击对象，或在程序中调用 SetFocus 方法使对象接受输入焦点
Init	当表单第一次创建时触发，一般将表单的初始化代码放在其中
InteractiveChange	以交互方式改变对象的值

事 件	触 发 时 间
Load	创建表单前触发，事件发生在 Init 事件之前。因为此时表单中的控件尚未建立，所以该事件的代码不能用于处理表单中的控件，但可用来打开数据库和表等
LostFocus	对象失去输入焦点触发
MouseDown	按下鼠标按钮时触发
RightClick	鼠标右键单击表单时触发
Unload	释放表单时触发，该事件发生在 Destroy 事件之后

如表 9.5 所示为常用表单方法。

表 9.5　常用表单方法

方 法	功 能
release	从内存中释放表单或表单集
refresh	重新绘制表单或控件，并更新所有的值
hide	设置 visible 属性为.F.来隐藏表单（集），使表单（集）不可见，但未从内存中清除
show	设置 visible 属性为.T.来显示表单（集），使表单（集）为活动对象。参数：1—模式，2—无模式（默认）
setFocus	让控件获得焦点
move	移动一个对象
draw	重新绘制表单对象
addobject	在运行时给容器对象增加一个对象
saveas	将对象存入.scx 文件中
cls	清除一个表单中的图形和文本
pset	给表单上的一个点绘制指定的颜色
line（起点 X，起点 Y，终点 X，终点 Y）	在指定位置绘制直线
box（［起点 X，起点 Y，］终点 X，终点 Y）	在指定位置画方框，其他参数由下列属性指定：度量单位—scalemode，线宽—drawwidth，方式—drawmode 风格—drawstyle，填充颜色—fillcolor，填充风格—fillstyle 省略起点时，则以 currentX，currentY 作为起点
circle（半径，圆心，［纵横比］）	在表单上绘制一个圆或一段圆弧，其他参数同 box
print	在表单对象上显示一个字符串

【例 9.3】　设计一个如图 9.18 所示的名为"成绩管理系统"的表单，该表单应包含一个标签控件"欢迎使用成绩管理系统"，文件名为"成绩管理系统.scx"，然后按照表 9.6 设置表单的事件代码，最后运行表单并观察结果。

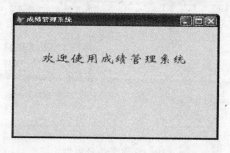

图 9.18　"成绩管理系统"表单运行结果

表 9.6　【例 9.3】要求设置的事件代码

事 件	代 码
Load	WAIT "引发 Load 事件！" WINDOWS
Init	WAIT "引发 Init 事件！" WINDOWS
Destroy	WAIT "引发 Destroy 事件！" WINDOWS
Unload	WAIT "引发 Unload 事件！" WINDOWS

操作步骤如下（如图 9.19 和图 9.20 所示）：

① 在 VFP 系统的主菜单下，打开"文件"菜单，选择"新建"命令；

② 在"新建"对话框中，选择"表单"；

③ 单击"新建"按钮，进入"表单设计器"窗口；

④ 在表单"属性"窗口，为表单和标签定义题目要求的以下属性。

表单属性定义：

　　AutoCenter：.T.；

　　AlwaysOnTop：.T.；

　　Caption：成绩管理系统。

标签属性定义：

　　Backstyle：0—透明；

　　Caption：欢迎使用成绩管理系统；

　　FontName：华文新魏；

　　FontSize：20；

　　ForeColor：255,0,0；

　　Height：36；

　　Left：48；

　　Top：60；

　　Width：276。

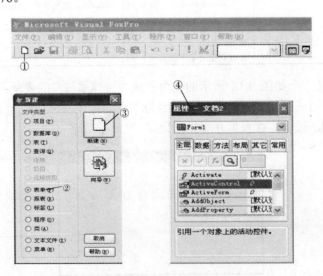

图 9.19　新建表单及属性定义

⑤ 如图 9.20 所示，单击"代码窗口"快捷按钮，依次从"过程"中选择 Load、Init、Destroy 和 Unload，并在编辑区输入表 9.6 中相应的代码内容。

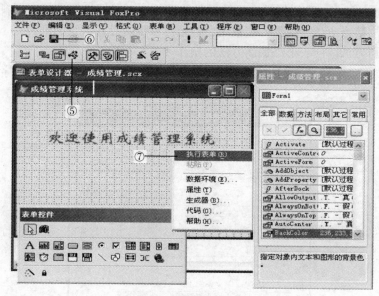

图 9.20　保存表单并运行

⑥ 保存表单，文件名为"成绩管理系统.scx"。

⑦ 执行表单，在表单的空白处单击鼠标右键，在弹出的表单快捷菜单中选择"执行表单"选项，该表单被执行（或在命令窗口中输入：DO FORM 成绩管理系统）。

2．创建表单的新属性和新方法

（1）创建表单新属性。向表单中添加新属性的方法如下。

① 选择"表单"菜单中的"新建属性"命令，打开"新建属性"对话框，如图 9.21 所示。

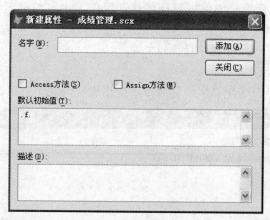

图 9.21　"新建属性"对话框

② 在"名字"框中输入属性名称。新建的属性同样会在"属性"窗口的列表框中显示出来。

③ 在"默认初始值"框内输入其初始值，在"描述"框中输入新建属性的说明信息，这些信息将显示在"属性"窗口的底部，然后单击"添加"按钮完成。

用类似的方法可以向表单添加数组属性，区别是：在"名字"框中不仅要指明数组名，还要指定数组的维数。如，要新建一个 5 行 3 列的二维数组 myarray，应该在"名字"框中输入 myarray[5,3]。数组属性在设计时是只读的，在"属性"窗口中以斜体显示。在运行时，可以利用数组命令和函数处理数组，甚至可以重新设置数组的维数。

（2）创建新方法。向表单添加新方法的操作如下。

① 选择"表单"菜单中的"新建方法程序"命令，打开"新建方法程序"对话框，如图 9.22 所示。

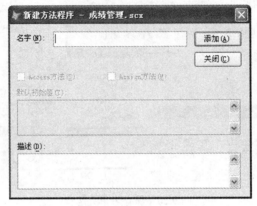

图 9.22 "新建方法程序"对话框

② 在"名字"框中输入方法名称。新建的方法同样会在"属性"窗口的列表框中显示出来。

③ 有选择地在"描述"框中输入新建方法的说明信息，这些信息将显示在"属性"窗口的底部。

要删除用户添加的属性或方法，可以选择"表单"菜单中的"编辑属性/方法程序"命令，然后在弹出的对话框中的列表框里选择属性或方法并单击"移动"按钮。

事件可以是用户的行为，如单击鼠标或移动鼠标；也可以是系统的行为，如系统时钟的进程。方法程序是和对象相联系的过程，只能通过程序以特定的方式激活。当触发事件或激活方法程序时，可以指定要执行的代码。

（3）编辑事件或方法程序代码。

① 在"显示"菜单中选择"代码"命令，会出现代码编辑窗口，如图 9.23 所示。

图 9.23 代码编辑窗口

② 在代码编辑窗口中的"对象"框中选择事件或方法程序所属的对象。

③ 在"过程"框中选择事件或方法程序。

④ 在编辑窗口中输入或修改代码，在触发事件或激活方法程序时将执行这些代码。

打开代码编辑窗口的方法还有很多，如可双击表单或表单中的某个控件，这时"对象"框中会自动选中被双击的表单或控件；还可以在"属性"窗口的列表框中双击某个方法或事件项打开代码编辑窗口。

如在表单上已有一个标题为"退出"的命令按钮，在这个按钮的 Click 事件中可以包括这样一行代码：

THISFORM.Release

当用户单击这个命令按钮时，表单会从屏幕和内存中被删除掉。如果不想从内存中释放表单，可以在 Click 事件中以这样一行代码代替：

THISFORM.Hide

3．修改及运行表单

经过以上的表单操作，用户可以建立自己满意的表单外观格式。当然，表单一旦完成并保存，其格式及表单中对象的属性、方法和事件也就确定了。如果用户在执行表单时发现部分属性、方法或事件不正确或不满意需要进行修改，则可以像开始设计表单一样进行修改和运行，直到满意为止。

修改表单的方法既可以直接通过 VFP 菜单中的"文件"命令打开，也可以通过命令窗口使用修改表单的命令（MODIFY FORM<表单名>.scx）实现，当然还可以在程序中使用该命令对表单进行修改。

所谓运行表单，就是根据表单文件及表单备注文件的内容产生新的表单对象。可以在"表单设计器"中运行表单，或以命令方式运行表单，其方法分别为：

（1）在"项目管理器"窗口中，从"文档"选项卡内选择表单名，然后单击窗口里的"运行"按钮。

（2）在表单设计器环境下，选择"表单"菜单中的"执行表单"命令，或单击标准工具栏上的"运行"按钮。

（3）选择"程序"菜单中的"运行"命令，打开"运行"对话框，然后在对话框中指定要运行的表单文件并单击"运行"按钮。

（4）在命令窗口中直接输入命令：

DO FORM<表单文件名>[NAME<变量名>]WITH<实参 1>[,<实参 2,…>][LINKED][NOSHOW]

若包含子句 NAME，系统将建立指定名称的变量，并使它指向表单对象；否则建立与表单文件名同名的变量指向表单对象。

若包含子句 WITH，那么在表单运行引发 Init 事件时，系统会将各实参的值传递给该事件代码中 PARAMETERS 或 LPARAMETERS 子句中对应的形参。

若包含 LINKED 关键字，表单对象将随指向它的变量的清除而关闭（释放）；否则，即使变量已经清除（如超出作用域、用 RELEASE 命令清除），表单对象依然存在。但指向表单的变量不会随表单的关闭而清除，表单关闭后此时该变量的取值为.NULL.。

运行表单时，一般情况下将自动调用表单对象的 SHOW 方法显示表单。如果包含 NOSHOW 关键字，表单运行时将不显示。

【提示】

运行表单时，可快速切换到设计模式，方法是单击"常用"工具栏上的"修改表单"按钮。

9.4 表单常用控件及属性

1. 标签（label）控件

标签控件用于显示一定格式的文本信息，一般用于显示提示信息。显示文本的格式由标签的属性设置。标签没有数据源，可把要显示的字符串直接赋值给标签的"Caption（标题）"属性即可。当表单运行时，用户不能编辑标签控件的内容，也不能用 Tab 键选择。但在程序中，通过修改标签控件的 Caption 属性值，可以动态地改变标签上的标题。

标签控件常用属性如表 9.7 所示。

表 9.7　标签控件属性说明

属　　性	功　　能
caption	显示文本内容，最多允许 256 个字符
autosize	指定标签是否可随其中的文本的大小而改变
backstyle	指定标签的背景是否透明：0—透明，可看到标签后面的内容；1—不透明，背景由标签设置
alignment	指定文本在标签中的对齐方式　0—左，1—右，2—居中
forecolor	指定标签中文本的颜色
fontsize	标签中文本的字号大小
fontname	标签中文本的字体
fontbold	标签中文本是否加粗
left	标签左边界与表单左边界的距离
width	设定对象的宽度
visible	指定标签是否可见

2. 文本框（textbox）控件

文本框是表单中最常用的控件之一，它主要用于数据表中某些字段（非备注型字段和通用型字段）的输入、输出，以及从窗口给内存变量赋值等操作。所有标准的 VFP 编辑功能如剪切、复制、粘贴等都能在文本框内使用。文本框控件和标签控件的主要区别就是它们所使用的数据源不同，文本框控件主要处理的是数据表中的字段或内存变量，而标签控件主要处理的是提示和说明信息。

文本框控件常用属性如表 9.8 所示。

表 9.8　文本框控件常用属性

属　　性	功　　能
passwordchar	口令字符。此属性赋值后，文本框中的内容均用此内容显示，但实际内容并没有变化
readonly	是否只读。设置为只读后，文本框只能显示 value 属性中的内容，不能修改
value	存放值。设计时可用此属性赋初值，初值类型决定文本框的数据类型
inputmask	控制输入数据的格式和显示方式。参数及意义如下： 控制输入的：×—任意字符，9—数字和＋－号，#—数字、＋－号和空格； 控制显示的：\$—货币符号，\$\$—浮点货币符号，*—数值左边显示"*"； ．—指示小数点位置；，—小数点左边的数字用"，"分隔

属　　性	功　　能
controlsource	指定与文本框绑定的数据源
selstart	文本框中被选择的文本的起始位置
sellength	文本框中被选择的文本的字符数
seltext	文本框中被选择的文本
selectonentry	当文本框得到焦点时是否自动选中文本框中的内容

如果表单中一个文本框用于显示和输入日期型数据，则应该将其 value 属性设为"{}"；如果一个文本框用于输入 5 个任意字符，应该将其 inputmask 属性设为"×××××"；如果一个文本框用于输入 6 位的数字，则应该将其 inputmask 属性设为"999999"。

文本框常用事件如表 9.9 所示。

表 9.9　文本框常用事件

事　　件	发　生　时　间
when	在得到焦点之前发生
gotfocus	在得到焦点时发生
valid	在失去焦点前发生
lostfocus	在失去焦点时发生

如果需要在 when 事件的代码中保存文本框中原来的内容，可在 valid 事件代码中验证文本框中输入内容的正确性。valid 事件中的 return 返回.F.，则文本框不会失去焦点，表单释放时，忽略 return 值的影响。

例如，有一文本框用来输入日期，可在它的 Valid 事件中编写如下代码进行检查。

```
IF CTOD(This.Valid)> DATE( )
    =MessageBox("输入日期不应大于当天日期",1)
    Return .F.
ELSE
    Return .T.
ENDIF
```

在应用程序中，经常需要获得某些安全信息（如密码），可以用文本框来接收这一信息，但在屏幕上不显示。屏幕的显示由文本框的 passwordchar 属性决定，文本框的 Value 属性将记录用户的实际输入值。

【例 9.4】　设置如图 9.24 所示的密码校验表单，要求输入密码用星号（*）表示。"确定"按钮用来检查用户输入的密码是否为"111"。如果是，则显示欢迎信息，并释放表单；若显示错误信息，用户可重新输入密码。"退出"按钮用来释放表单。

实现密码校验表单的步骤为：

① 创建新表单（Form1）："文件"→"新建"→"表单"→"新建文件"，进入表单设计器。

② 在表单上添加一个标签控件，Caption 属性设为"请输入密码"。

③ 在表单上添加一个文本框，设置它的 Name 属性值为 Text1；PasswordChar 属性值为*。

④ 添加两个命令按钮，设置它们的 Name 属性值分别为 CmdOK、CmdExit；Caption 属性值分别为"确定"、"退出"。

⑤ 调整表单、标签、文本框的位置，如图 9.24 所示。

⑥ 添加代码，如表 9.10 所示。

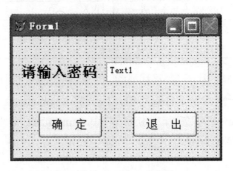

图 9.24　密码校验表单设计

表 9.10　添加代码表

对象和事件	代　　码
Form1.Init	Thisform.text1.setfocus　　　&&　调入表单时使文本框得到焦点

CmdOK.Click	If Thisform.text1.value='111'
	=MessageBox("欢迎进入本系统！"，0+64+0，"密码正确")
	Release Thisform
	Else
	=MessageBox("密码错误，请重新输入！"，0+16+0，"密码错误")
	Thisform.text1.value=' '　　　&&　清除文本框内容
	Thisform.text1.setfocus
	Endif

CmdExit.Click	Release Thisform

3．编辑框（editbox）控件

编辑框与文本框的功能类似，都是用于显示、输入和修改数据。它们之间的区别在于文本框是在一行中显示数据，如果输入的内容放不下，会自动向左移动；而编辑框为一个若干行的一个区域。当编辑框的 scrollbars 属性设为.T.时，还可包含滚动条，适合编辑较多内容的文本。此外，编辑框的 integralheight 属性可控制编辑框的高度是否可自动调整，以便其最后一项的内容能被完全显示。编辑框的属性和事件大多与文本框类似。

4．命令按钮（CommandButton）和命令按钮组（CommandGroup）控件

命令按钮（CommandButton）。通常用来完成某些功能，例如确认、撤销、执行、完成等操作。

命令按钮组（CommandGroup）。当一个表单需要多个命令按钮时，可以使用命令按钮组，这样可使事件代码更简洁，界面更加整洁和美观。命令按钮组中各命令按钮的排列方向和位置可根据用户的需要进行调整。

命令按钮（组）的常用属性如表 9.11 所示。

表 9.11 命令按钮（组）的常用属性

属　性	功　能
caption	标题文本。含 "\<" 字符，输入该字符可选择该命令按钮
picture	标题图像
default	为.t.时，按 Enter 键可选择此命令按钮
cancel	为.t.时，按 Esc 键可选择此命令按钮
value	命令按钮组中被选中的命令按钮的序号
buttoncount	命令按钮组中命令按钮的个数

【例 9.5】 新建一个表单，表单中添加三个命令按钮 command1～command3，一个标签控件 label1，分别设置三个命令按钮的 caption 属性值为"显示 1"、"显示 2"和"隐藏"，如图 9.25 所示。其操作步骤如下。

图 9.25 命令按钮演示表单设计及效果

（1）新建一个如图 9.25 左图所示的包含一个标签和三个按钮的表单。

（2）添加以下事件代码。

表单的 Form1 的 init 事件。

```
Thisform.autocenter=.t.
Thisform.caption="标签控件演示"
Thisform.label1.autosize=.t.
Thisform.label1.visible=.f.
```

"显示 1"命令按钮的 click 事件。

```
Thisform.label1.forecolor=rgb(0,255,0)
Thisform.label1.visible=.t.
Thisform.label1.caption="你好"
Thisform.label1.fontsize=18
```

"显示 2"命令按钮的 click 事件。

```
Thisform.label1.forecolor=rgb(255,0,0)
Thisform.label1.visible=.t.
Thisform.label1.caption="hello"
Thisform.label1.fontsize=18
```

"隐藏"命令按钮的 click 事件：

```
Thisform.label1.visible=.f.
```

（3）保存并运行该表单，分别单击三个命令按钮，可以看到如图 9.25 右图所示的执行效果。当用户单击"显示 1"按钮时标签会显示绿色 18 号字 "你好"；单击"显示 2"按钮时标签会显示红色 18 号英文"hello"；单击"隐藏"按钮时则什么都不显示。

5. 列表框（listbox）控件

列表框（listbox）主要用于选择一组指定的数据，用户从列表中选取选项，执行所需的操作。列表框常用属性如表 9.12 所示。

表 9.12　列表框常用属性

属　　　性	作　　　用
rowsource	列表项内容从何处来（来源）
rowsourcetype	列表项内容来源的类型，详见表注
displayvalue	选择值
boundcolumn	在列表框包含多项时指定哪一列作为 value 属性的值
columncount	行源列数
list(i)	第 i 行的值
selected(i)	第 i 行是否被选中
multiselect	是否可以同时选取多项
moverbars	项目是否可以移动
sorted	当 rowsourcetype 为 0 和 1 时，列表项是否按字母大小排序
listindex	列表框中当前被选定项的索引值
integralheight	列表框的高度是否可自动调整
listcount	列表框中数据项的数目
incrementalsearch	确定在键盘操作时是否支持增量搜索。值为.T.时，应使用键盘选择列表项，用户敲一个键，系统将自动定位到与输入字母相应的项前

注：rowsourcetype 属性可指定以下值。

0—无，运行时使用列表框的 additem 和 addlistitem 方法加入；

1—值，在设计时将列表框的内容直接写在该属性中；

2—表别名：由 columncount 确定表中选择的字段，当用户选择列表框时，记录指针将自动移到该记录上；

3—SQL 语句：见 SQL 部分，由执行的结果产生；

4—查询文件名：见查询部分，由查询结果产生；

5—数组名；

6—字段名表：可用表别名作为字段前缀，当用户选择列表项时，记录指针将自动移到该记录上；

7—文件名描述框架，可包含 "*" 和 "?" 来描述在列表框中显示的文件名；

8—结构；

9—弹出式菜单，提供向后兼容。

列表框常用的方法如表 9.13 所示。

表 9.13　列表框常用方法

方　　法	作　　用
additem	增加列表项
removeitem	移去列表项
clear	移去所有列表项
requery	当 rowsourcetype 为 3 和 4 时，根据 rowsource 中的最新数据重新刷新列表项

列表框的常用事件为 click（单击）事件和 dblclick（双击）事件。

【例 9.6】　新建"列表框练习"表单，添加一个标签"请输入添加的姓名："，添加一个文本框 text1，三个命令按钮 command1～command3，三个命令按钮的 caption 属性依次设为"加入"、"移出"和"全部移出"，一个列表框 list1，如图 9.26 所示。

图 9.26　"列表框练习表单"设计及效果

操作步骤如下。

（1）新建一个表单，将表单的 caption 属性设为"列表框练习"，autocenter 属性设为.T.；将列表框 list1 的 moverbars 属性设为.T.，multiselect 属性设为.T.。

（2）编写代码。

① "加入"命令按钮 command1 的 click 事件的代码如下：

```
qm=thisform.text1.value
IF !empty(qm)
   no=.t.
   FOR i=1 to thisform.list1.listcount
       IF thisform.list1.list(i)=qm  &&如果文本框中输入的内容和列表框中已存在
                                     &&的内容相同，则不添加
          no=.f.
       ENDIF
   NEXT i
   IF no
      Thisform.list1.additem(qm)
      Thisform.refresh
   ENDIF
ENDIF
```

② "移出"命令按钮 command2 的 click 事件代码如下：

```
IF thisform.list1.listindex>0
    Thisform.list1.removeitem(thisform.list1.listindex)
ENDIF
```

③ "全部移出"按钮 command3 的 click 事件代码如下：

```
Thisform.list1.clear
```

④ 列表框 list1 的 init 事件代码如下：

```
Thisform.list1.additem("张三")
Thisform.list1.additem("李四")
Thisform.list1.additem("王五")
```

⑤ 列表框 list1 的 dblclick 事件代码如下：

```
Thisform.command2.click() &&调用 command2("移出"按钮)的 click 事件代码
```

【说明】

运行后，列表框中自动添加了 3 条记录，如图 9.26 所示，这是在表单的 init 代码中添加的。在文本框中输入任意文本，如果和列表框中的内容不同，单击"加入"按钮，该内容会加入到列表框，否则不会添加。在列表框中选中一条数据，单击"移出"按钮，该数据被删除。在列表框中直接双击某条数据，则在列表框的 dblclick 事件中调用"移出"按钮的 click 事件代码，将双击的数据删除。

6. 组合框（combobox）控件

组合框（combobox）和列表框的功能类似，但使用时更为灵活，更为常用。实际上，组合框是由一个文本框和一个列表框组成的，又称为弹出式菜单，单击文本框右侧的下拉箭头即可展开下拉列表。

组合框常用属性如表 9.14 所示。

表 9.14　组合框常用属性

属　性	作　用
rowsource	组合框内容从何处来（来源）
rowsourcetype	组合框内容来源的类型，详见表 9.12 注
displayvalue	选择值
boundcolumn	在组合框包含多项时指定哪一列作为 value 属性的值
columncount	行源列数
list(i)	第 i 行的值
selected(i)	第 i 行是否被选中
multiselect	是否可以同时选取多项
moverbars	项目是否可以移动
sorted	当 rowsourcetype 为 0 和 1 时，组合框内容是否按字母大小排序
listindex	组合框中当前被选定项的索引值

属 性	作 用
integralheight	组合框的高度是否可自动调整
listcount	组合框中数据项的数目
style	指定组合框的类型。参数如下：0—下拉组合框，也可在文本框中直接输入；2—下拉列表框，只能在展开的下拉列表中选择
incrementalsearch	确定在键盘操作时是否支持增量搜索。值为.T.时，应使用键盘选择列表项，用户敲一个键，系统将自动定位到与输入字母相应的项前

组合框常用方法如表 9.15 所示。

表 9.15 组合框常用方法

方 法	作 用
additem	增加列表项
removeitem	移去列表项
clear	移去所有列表项
requery	当 rowsourcetype 为 3 和 4 时，根据 rowsource 中的最新数据重新刷新列表项

组合框的常用事件有 click（单击）事件、dblclick（双击）事件和 interactivechange 事件（当用户使用键盘或鼠标更改组合框的值时发生的事件，如单击组合框右侧的下拉箭头展开下拉列表时，即会发生此事件）。

【例 9.7】 创建如图 9.27 所示的表单，包含一个形状控件，一个标签"请选择商品"，一个文本框，一个组合框，一个"退出"按钮。要求用户通过选择右边组合框内的值并在左边的文本框内同步显示，单击"退出"按钮则释放表单。

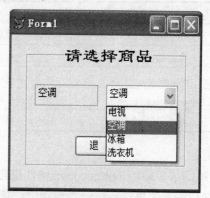

图 9.27 组合框示例表单设计及效果

操作步骤如下。

（1）建立界面，如图 9.27 左图所示。

（2）添加控件并设置以下属性。

修改形状控件 Shape1 的属性，SpecialEffect：0—3 维；

修改文本框 Text1 的属性，Readonly：.T.—真；

修改组合框 Combo1 的属性；

RowSource（数据来源）：电视，空调，冰箱，洗衣机；

RowSourceType（数据来源类型）：1—值。

（3）编写代码。

表单 Form1 的 Activate 事件代码如下：

```
This.Combo1.SetFocus
This.Combo1.Value=1
```

组合框 Combo1 的 GotFocus 事件代码如下：

```
This.Value=1
Thisform.Text1.Value=This.DisplayValue
```

组合框 Combo1 的 InteractiveChange 事件代码如下：

```
Thisform.Text1.Value=This.List(This.ListIndex)
```

命令按钮"退出"的 Click 的事件代码如下：

```
Thisform.Release
```

保存该表单并运行后显示如图 9.27 右图所示的效果。

7．选项按钮组（OptionGroup）控件

选项按钮组是包含单选按钮的控件。一个单选按钮组可以包含多个单选按钮，但在同一时刻，只能有一个单选按钮处于被选中的状态，被选中的单选按钮前显示一个黑点。

单选按钮组的常用属性如表 9.16 所示。

表 9.16　单选按钮组常用属性

属　　性	说　　明
buttoncount	设置单选按钮组内单选按钮的个数
caption	设置单选按钮组的标题
controlsource	确定单选按钮组的数据来源
disableforecolor	确定单选按钮失效时的前景色
disablebackcolor	确定单选按钮失效时的背景色

【说明】

（1）单选按钮组的 buttoncount 属性指定单选按钮的个数，默认值为 2；单选按钮组的 value 属性指定一个单选按钮是否被选中。如 buttoncount 属性设置为 6，而 value 属性设置为 2，则表示单选按钮组共有 6 个单选按钮，当前选中第 2 个按钮。

（2）单选按钮组中各单选按钮的 caption 属性为各单选按钮的提示信息。value 属性为该单选按钮是否被选中，value 为 1 表示当前的单选按钮被选中，否则为 0。

（3）单选按钮组的 controlsource 属性与表的字段绑定后，运行时被选中的单选按钮的 caption 属性值被送入字段中。

8．复选框（CheckBox）控件

复选框通常代表一个逻辑值，由一个方框和一个标题组成。一般情况下，用空框表示该复选项未被选中；而当用户选中某一个复选项时，该复选框前面会显示一个对号。

复选框的常用属性如表 9.17 所示。

表 9.17　复选框常用属性

属　　性	说　　明
controlsource	确定复选框的数据源，一般为表的逻辑型字段。字段值为.T.，则复选框被选中；字段值为.F.，则复选项未被选中；字段值为.NULL.，则复选框以灰色显示
value	表示当前复选框的状态：0—未选中，1—选中，2—禁用；也可设置.T.为选中，.F.为未选中，.NULL.或 NULL 为禁用
caption	指定复选框的标题
picture	设定一个图像作为复选框的标题
style	确定显示风格：0—标准状态，1—图形状态
disableforecolor	确定复选框失效时的前景色
disablebackcolor	确定复选框失效时的背景色

【例 9.8】　要求创建如图 9.28 所示的表单，包含 3 个标签控件。其中 labl1 为"显示效果"标签，受单选按钮和复选按钮操作的影响而变化。还有一个命令按钮"退出"，执行后释放表单。

图 9.28　单选按钮组和复选框的表单设计及效果

操作步骤如下。

（1）建立界面，如图 9.28 左图所示；

（2）添加控件并设置属性；

（3）使用选项组生成器修改选项按钮组；

（4）编写代码。

选项按钮组 OptionGroup1 的 Click 事件代码如下：

```
do case
    case this.value=1
        thisform.label1.fontname="黑体"
    case this.value=2
        thisform.label1.fontname="宋体"
    case this.value=3
```

```
            thisform.label1.fontname="隶书"
       case this.value=4
            thisform.label1.fontname="幼圆"
    endcase
```

复选框 Check1 的 InteractiveChange 事件代码如下：

```
if this.value=1
    thisform.label1.fontbold=.t.
else
    thisform.label1.fontbold=.f.
endif
```

复选框 Check2 的 InteractiveChange 事件代码如下：

```
if this.value=1
    thisform.label1.fontitalic=.t.
else
    thisform.label1.fontitalic=.f.
endif
```

复选框 Check3 的 InteractiveChange 事件代码如下：

```
if this.value=1
    thisform.label1.fontunderline=.t.
else
    thisform.label1.fontunderline=.f.
endif
```

复选框 Check4 的 InteractiveChange 事件代码如下：

```
if this.value=1
    thisform.label1.fontstrikethru=.t.
else
    thisform.label1.fontstrikethru=.f.
endif
```

命令按钮"退出"的 Click 的代码如下：

```
Thisform.Release
```

保存该表单并运行，显示如图 9.28 右图所示的效果。

9．页框（PageFrame）和页（Page）控件

页框是页的容器，一个页框可以包含多个页。页框和页的关系类似于 Windows 操作系统中对话框和选项卡之间的关系。页本身也是一种容器，一个页内也可包含若干个对象。通过页框和页，大大拓宽了表单的大小，并方便分类组织对象。在页框中通过页面标题来选择页面，当前被选中的页面就是活动页面。

页框常用属性如表 9.18 所示。

表 9.18　页框常用属性

属　　性	作　　用
pagecount	页数
activepage	指定活动页面
tabs	指定是否显示页面标题
tabstyle	指定页面标题排列方式，0—两端排列，1—非两端排列
tabstrech	页面标题内容较长时指定所有页的标题排列方式，0—单行排列，1—多行排列

页面通过 caption 属性设置标题的文本。在每个页面上可加入不同的对象，在页面上加入和选择对象的步骤如下：

（1）右击页框，在快捷菜单中选"编辑"，此时页框四周出现绿色阴影，进入编辑状态。

（2）单击页框中各页面的标签，即选中此页面，此时可向该页面添加对象，或在"属性"窗口中设置该页面的各种属性。

页面中各对象的引用有两种方式，即绝对引用和相对引用。其中绝对引用方式的格式为：thisform.页框名.页名.页面对象名。

相对引用方式分为两种。

● 同一页面不同对象的引用：this.parent.引用对象名；

● 不同页面间的对象的引用：this.parent.parent.引用对象名。

【例 9.9】　新建一个如图 9.29 所示的表单，向表单中添加一个页框 pageframe1，并将其 pagecount 属性值设为 2（实际上，新建一个页框，如果不设置其 pagecount 属性，则默认为 2）。页面名分别为"第一页"和"第二页"，在两个页面上分别设置一个文本框和一个按钮，分别为"输入"和"显示"。要求通过第一个页面的文本框输入并单击"输入"按钮后，在第二个页面单击"显示"按钮可以看到输入的内容。

图 9.29　页框控件设计及效果

操作步骤如下。

（1）新建一个如图 9.29 左图所示的表单。

（2）在页框中，先来设置 page1。右击页框，在弹出的快捷菜单中选"编辑"，此时页框四周出现绿色阴影，进入编辑状态，单击选中 page1 标签，在"属性"窗口中将其 caption 属性设为"第一页"，然后向 page1 中添加一个文本框 text1，一个命令按钮 command1，并将该命令按钮的 caption 属性设为"输入"。

（3）利用同样方法，在页框的编辑状态下，单击选中 page2 标签，在"属性"窗口中将 page2 的 caption 属性改为"第二页"，向 page2 中添加一个文本框 text1 及一个命令按钮 command1，并将命令按钮的 caption 属性改为"显示"。

在页框的编辑状态下，单击其中两个页面的标签可以发现，页框里有两个 command1。实际上，页框中的每个页面都仍然是一个容器，而第一个 comman1 包含于 page1，第二个 comman1 包含于 page2，所以可以重名。

（4）编写各控件的代码。

表单的 load 事件代码如下：

```
public xy          &&定义一个全局变量 xy，用于在两个页面间传递值
```

页面 page1，即"第一页"中的"输入"命令按钮的 click 事件代码如下：

```
xy=thisform.pageframe1.page1.text1.value    &&将输入到文本框中的内容传递给
                                            &&全局变量 xy
thisform.pageframe1.page1.text1.value=""
thisform.refresh
```

【注意】上述代码是绝对引用方式的代码，也可以用相对引用方式编写代码，功能是一样的，代码如下：

```
xy=this.parent.text1.value
this.parent.text1.value=""
thisform.refresh
```

页面 page2，即"第二页"中的"显示"命令按钮的 click 事件代码如下：

```
Thisform.pageframe1.page2.text1.value=xy
Thisform.refresh
```

【注意】上述代码是绝对引用形式，采用相对引用方式编写的代码如下：

```
This.parent.text1.value=xy
Thisform.refresh
```

（5）保存并运行表单。在"第一页"的文本框中输入一些文本，单击"输入"按钮，该文本即被赋给全局变量 xy，同时文本框被清空；然后，切换到"第二页"，单击"显示"按钮，即从全局变量 xy 中取出文本，并显示在"第二页"的文本框中。其效果如图 9.29 右图所示。

10. 表格（Grid）控件

表格类似于一个浏览器，是按行和列操作和显示的容器，类似于使用 browse 命令弹出的浏览窗口。在实际应用中，可用表格来浏览或编辑表文件记录内容。要浏览或编辑表中的记录，必须在主程序中打开表文件。用表格显示记录时，表格的每一行显示一条记录，每列显示一个字段。运行时，在表格中通常使用鼠标的单击定位，然后可对选择的内容进行编辑或修改，修改后的内容自动保存到表文件中。如果表格的宽度不足以显示全部字段，可用鼠标拖动表格下面的滚动条或单击表格下面的左、右箭头进行调整。

一个表格对象包含一个表头（header）对象和一个或多个列数据操作对象。表头对象用于列标题的显示内容和格式，列数据操作对象是对列数据进行操作时所选用的控件。在设计阶段，系统自动加入一个文本框对象作为列数据操作对象，用户也可加入其他控件对象。例如，某列对象与表中的逻辑型字段绑定，如在该列中以检查框的形式编辑和显示，则应在该列中加入一个检查框（check）控件。一个列中若有一个以上的数据操作对象，则应设置列对象的 currentcontrol 属性确定当前使用哪一个。

（1）表格的常用属性如表 9.19 所示。

表 9.19　表格的常用属性

属　　性	作　　用
columncount	列数。如 columncount 为-1，运行时表格将具有和记录源中字段一样多的列
deletemark	是否具有删除标记
recordsourcetype	表格中显示记录的类型（记录源类型）。参数如下：0—表，1—别名，2—查询（.qpr），3—提示，4—SQL 说明
recordsource	对应 recordsourcetype 的名称（记录源）
childorder	与父表主关键字相连的子表中的外部关键字
linkmaster	表格中显示子表的父表

表格的常用方法如表 9.20 所示。

表 9.20　表格的常用方法

方　　法	作　　用
activecell（行，列）	激活指定单元格
addcolumn（列号）	在指定位置添加一列，但 columncount 属性值不变
addobject	在列中添加对象

表格中列对象的常用方法如表 9.21 所示。

表 9.21　表格中列对象的常用方法

属　　性	作　　用
controlsource	列控制源
currentcontrol	列接收和显示数据使用的控件
sparse	currentcontrol 指定的控件是否影响整个列： .T.——只有在列中的活动单元格才以 currentcontrol 指定的控件接收和显示数据，其他单元格用文本框显示； .F.——列中所有单元格均以 currentcontrol 指定的控件显示数据，活动单元格接收数据

【说明】
列还可用 inputmask、format 和 alignment 等属性控制数据的输入内容、显示格式和对齐方式。如果要进行有条件的格式编排，可使用一组动态格式设置属性，例如，Dynamicfontname、Dynamicfontsize、Dynamicforecolor 设置动态字体、字号和颜色。

表头对象常用属性如表 9.22 所示。

表 9.22　表头对象常用属性

属　　性	作　　用
caption	列标题文本
alignment	列标题文本的对齐方式

在表格中不仅能显示字段数据，还可以在表格的列中嵌入文本框、复选框、下拉列表框、微调按钮及其他控件。比如，表中有一个逻辑型字段，当运行表单时，使用复选框显示其记录值"真"或"假"（.T.或.F.），比使用文本框更加直观，修改这些字段的值时只需要设置或清除复选框即可。

用户可在"表单设计器"中交互地在表格中增/删列或在列中交互地添加控件和删除已加入列中的控件。

（2）表格中列的操作包括列的选择、列的增/删/移动及列中增/删控件等。

① 列的选择。在表格编辑状态下，单击列的表头区即选择列的表头对象，若单击列的非表头区则选择该列。可设置列的 controlsource 属性为表中的相应字段名。

② 表格中列的增、删及移动。在表格的"属性"窗口中增加表格的 columncount 属性值即可增加列。在表格的编辑状态下，选择列后按 Delete 键即可删除该列。列删除后，表格的 columncount 属性值会自动减 1。

③ 在表格的列中增、删控件。在表格编辑状态下，选择某一列，选择"表单控件工具"栏中的某一个控件，然后单击该列对象，即将该控件加入到该列中。在"属性"窗口的"对象"列表框选择要移动的控件，按 Delete 键即可将该控件删除。除了交互式向表格中添加控件外，也可以通过编写代码在运行时添加控件。使用 addcolumn 方法向表格中添加列，使用 addobject 方法向表格列中添加对象，使用 removeobject 方法删除表格中的对象。设置 allowheadersizing 和 allowrowsizing 属性为.T.，使运行时可改变表头和行的高度。

（3）设置表格的记录源。如果需要在表格中显示或修改表文件的内容，必须在设计时为表格指定数据源，方法是先选择表格，然后在"属性"窗口中选择 recordsourcetype 属性。如果将表格的 recordsourcetype 属性设为"1—别名"，然后选择 recordsource 属性，输入一个表文件名作为属性值，则当包含该表格的程序运行时，该表文件会自动打开，其中的记录显示在表格中。

（4）设置列数据源。如果在列中显示一个指定的字段，则可为该列单独设置数据源。首先，右击表格选择"编辑"命令，然后选中要设置数据源的列，在"属性"窗口中将其 controlsource 属性设置为相应的字段名。

（5）创建一对多表单。表格常见的用途之一是当表单中的文本框显示父表记录时，表单显示子表记录；当用户在父表中浏览记录时，表格中显示的子表的记录也随之变化。

① 创建具有数据环境的一对多表单。从"数据环境"的父表中将需要的字段拖动到表单中（拖字段），再从"数据环境"中将相关的子表拖到表单中。拖动"数据环境"中表的标题到表单中，会自动生成一个表格，该表格的数据源等属性均不用另行设置。

② 创建没有数据环境的一对多表单。先在表单中加入若干个文本框，分别设置文本框的 controlsource 属性为主表的相应字段。再在表单中添加一个表格，将表格的 recordsource 属性设置为相关表（子表）的名称，同时设置表格的 linkmaster 属性为主表的名称，设置表

格的 childorder 属性为相关表中索引标识的名称，索引标识名和主表中的关系表达式相对应，最后将表格的 relationalexpr 属性设为联接相关表和主表的表达式。

11．计时器（timer）控件

计时器主要利用系统时钟来控制某些具有规律性的周期任务的定时操作。它是后台任务，与用户的操作彼此独立，当指定时间一到，后台计时器就会启动去执行相应的任务。计时器在表单中以图标的方式存在，不会受其大小和位置的影响，在运行时该图标不可见，而且该控件不能单独使用，必须与表单、容器类或者控件类一起使用。

计时器的两个主要属性是 enabled 和 interval。其中 enabled 属性用于控制计时器的打开与关闭，如果计时器在表单打开时开启则该值为.T.；如果定义其值为.F.，则需要通过命令按钮控件中的 click 事件来启动。interval 属性用于定义两次计时器事件触发的时间间隔（毫秒级）。

计时器的计时间隔一般不能太小，否则频繁产生 timer 事件会降低系统的效率。计时器不能直接实现自动定时中断，比如希望 8：00 产生定时事件，应将 8：00 的时间与当前时间 datetime() 进行相减，换算成秒数后作为 interval 属性的值。

计时器常用的事件是 timer 事件，常用的方法是 reset。在设计阶段，设置 interval 大于 0，enabled 为.T.，则当表单启动时计时器便开始计时。若 enabled 为.F.，则计时器不启动，调用 reset 方法可使计时器重新从 0 开始计时。

12．微调按钮（spinner）控件

微调按钮可在一定范围内控制数据的变化，同时又可以像文本框一样输入数据。微调按钮的常用属性如表 9.23 所示。

表 9.23　微调按钮的常用属性

属　　性	作　　用
increment	设置微调按钮向上和向下的微调量，默认值为 1.00
inputmask	设置微调值，与 increment 属性配合使用可设置带小数的值
spinnerlowvalue	通过鼠标控制数值的下限值
spinnerhighvalue	通过鼠标控制数值的上限值
keyboardlowvalue	通过键盘输入数值的下限值
keyboardhighvalue	通过键盘输入数值的上限值

微调按钮的常用事件有：
- downclick 事件：在单击向下箭头时产生；
- upclick 事件：在单击向上箭头时产生；
- interactivechange 事件：微调按钮数值改变时发生。

13．图像框（image）控件

图像框就是为了增加表单的感染力而吸引读者，把一幅图像或者图形放置在表单上，有的图像还可以作为表单的背景。在图像框中使用的图片文件的格式通常为.BMP 格式或.JPG 格式。

图像框常用属性如表 9.24 所示。

表 9.24　图像框常用属性

属　性	作　用
top	距父对象上方的距离
left	距父对象左方的距离
height	对象的高度
width	对象的宽度
enabled	设置对象是否可用
visible	设置对象是否可见
picture	指定对象中显示的图片
stretch	指定对象调整以放入一个控件：0—裁剪，1—等比填充，2—变比填充

【例 9.10】　表单设计综合实例：创建一个用户登录系统的表单（DL.scx），要求以 zgbh 表中姓名字段作为用户名，以职工号字段为口令进行登录。表单的功能是：输入用户名和口令，单击"确认"按钮，系统检测用户名和口令是否正确，如果正确，则允许登录系统，否则提示重新输入，如果三次输入错误，则关闭系统。见图 9.30。

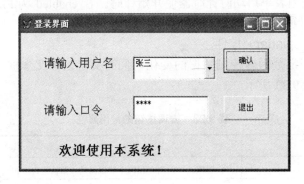

图 9.30　用户登录界面

操作步骤如下：

1. 创建 ZGBH.dbf，

字段包括职工号（C，4）、姓名（C，6）。

记录号	职工号	姓名
1	0001	张三
2	0002	李四
3	0003	王五
4	0004	赵六

2. 登录界面设计

单击"新建"按钮，弹出新建对话框，选择"表单"单选按钮，单击"新建文件"按钮，打开"表单设计器"窗口。

在表单上创建三个标签（Label1、Label2、Label3），一个组合框（Combo1），一个文本框（Text1），两个命令按钮（Command1、Command2），见图 9.31。

3．添加对象属性 NUM，用于记载登录次数

选择"表单"菜单中的"新建属性"，弹出"新建属性"对话框，在名称文本框中输入新属性"num"，单击"添加"按钮。见图 9.32。

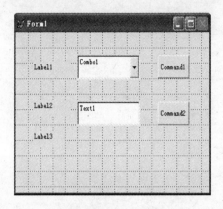 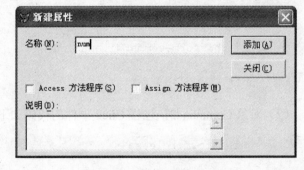

图 9.31　用户登录界面设计　　　　　图 9.32　"新建属性"对话框

4．设置对象属性

在属性窗口设置对象的属性值，见表 9.25。

表 9.25　对象属性值的设置

对象	属性名	属性值	对象	属性名	属性值
Form1	Caption	登录界面	Combo1	RowSourceType	6-字段
	Num	0		RowSource	Zgbh.姓名
Label1	Caption	请输入用户名		ControlSource	Zgbh.姓名
	FontSize	14	Text1	PasswordChar	*
Label2	Caption	请输入口令	Command1	Caption	确认
	FontSize	14	Command2	Caption	退出
Label3	Caption	（空）			
	FontSize	16			
	AutoSize	.T.			

5．编写事件代码

（1）对象 Command1，过程 Click 事件的代码如下：

```
use zgbh
n=alltrim(thisform.combo1.value)
p=alltrim(thisform.text1.value)
locate for 职工号=p
if 姓名=n and 职工号=p
  thisform.label3.caption="欢迎使用本系统！"
  thisform.refresh
else
  thisform.text1.value=""
  thisform.num=thisform.num+1
```

```
      c="第"+str(thisform.num,1)+"次"
      thisform.label3.caption=c+"口令错误! 重新输入"
      thisform.text1.setfocus  &&设置焦点
      thisform.refresh
      if thisform.num=3
         thisform.label3.caption=c+"错误, "+"你无权使用本系统! "
         thisform.combo1.enabled=.f.
         thisform.text1.enabled=.f.
         thisform.command1.enabled=.f.
      endif
   endif
endif
```

（2）对象 Command2，过程 Click 事件的代码如下：

```
   thisform.release
```

（3）对象 Combo1，过程 InteractiveChange（使用键盘或鼠标改变控件值时引发的事件）代码如下：

```
   if !empty(this.value)
      thisform.text1.setfocus
   endif
```

6．保存表单

单击工具栏中的"保存"按钮（或单击表单设计器关闭按钮），弹出"另存为"对话框，选择表单保存的位置，输入表单文件名（DL.SCX），单击"保存"按钮，如图 9.33 所示。

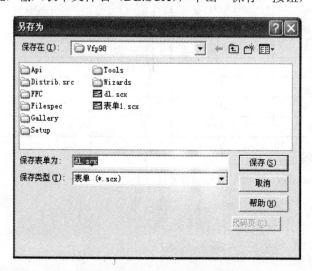

图 9.33 "另存为"对话框

7．运行表单

单击工具栏上的运行按钮或在命令窗口输入 DO FORM <表单文件名>可运行表单，如：

DO FORM DL

9.5 类的设计

在 VFP 中除了上述系统提供的容器类和控件类外，用户还可以自定义类，VFP 类既可以通过使用类设计器或表单设计器以交互方式创建，也可以用编程方式创建，这里介绍比较常用的、使用类设计器交互方式创建类。

在 VFP 中利用类设计器可创建可视类和非可视类，其中可视类指基于可视容器和控件的类，非可视类指基于 Custom 类的类。可视类一般在应用程序中用于控制程序的输入、输出等，而非可视类则用于定义一种特殊的对象或数据单元。新生成的类存储在类库文件（.VCX）中。

VFP 中启动类设计器有以下三种方法：

（1）在"项目管理器"中选择"类"选项卡，然后单击"新建"按钮。

（2）单击 VFP 系统菜单栏中"文件"下的"新建"命令，选择"类"，然后单击"新建文件"按钮。

（3）在命令窗口中执行 Create Class 命令。

下面分别介绍三种自定义类的方法。

1．将表单或控件保存为类

操作步骤如下：

（1）创建表单或打开已有表单。例如，打开 DL 表单，如图 9.34 所示。

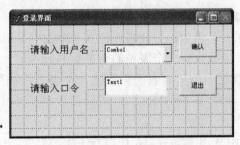

图 9.34 打开已有表单 DL

（2）选定表单或表单控件，本例选择表单。

（3）选择"文件"→"另存为类"命令，出现"另存为类"对话框，在"保存"选项中选择"当前表单"，在类名框中输入"newformclass"，在类库文件名框中输入"myclass"，单击"确定"按钮，如图 9.35 所示。

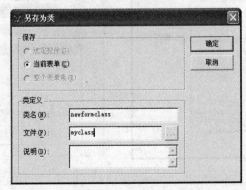

图 9.35 另存为类

2．用类设计器创建类

例如，创建一个含 3 个命令按钮和 1 个组合框的工具栏子类。步骤如下：

（1）启动类设计器。

选择"文件"→"新建"→"类"，出现"新建类"对话框，在类名框中输入"mytool"，在派生于框中输入基类"Toolbar"，在存储于框中输入自定义类库"myclass"，单击"确定"按钮。

（2）将 3 个命令按钮和 1 个组合框添加到类设计器窗口中，并在控件之间插入分隔符。

（3）根据需要设置工具栏及控件属性和编写事件代码。

（4）按 Ctrl+W 组合键保存子类，如图 9.36 所示。

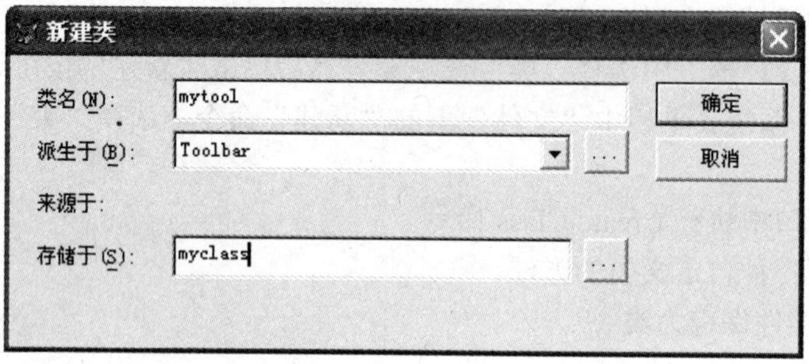

图 9.36　用类设计器创建类

3．在表单集中添加自定义工具栏

工具栏对象必须存放在表单集中，为此需先建立一个表单 Form1，并在"表单"菜单中执行"创建表单集"命令，生成只有一个表单的表单集 FormSet1。

单击"表单控件"工具栏中的"查看类"按钮，单击"添加"按钮，在"打开"对话框中选择"myclass"类库，单击"mytool"，然后在表单中单击，可将其添加到表单集 FormSet1 中。

表单设计完成后，按 Ctrl+W 组合键存盘，在"另存为"对话框中，输入表单名"表单 1"，单击"保存"按钮，如图 9.37 所示。

运行表单：DO FORM 表单 1.SCX，如图 9.38 所示。

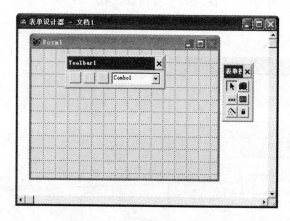

图 9.37　在表单工具栏中添加类

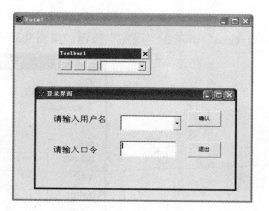

图 9.38　运行表单

思考与练习

一、选择题

1. 建立表单的命令是（　　）。
   A. CREATE FORM　　　　　　　　B. START FORM
   C. NEW FORM　　　　　　　　　　D. BEGIN FORM

2. 当用户用鼠标单击命令按钮时将触发事件（　　）。
   A. Click　　　　　B. Load　　　　　C. Init　　　　　D. Error

3. 关闭表单的最常用方法是（　　）。
   A. Release　　　　B. Close　　　　C. End　　　　D. Destroy

4. 表单的 Caption 属性用于（　　）。
   A. 指定表单执行的程序　　　　　B. 指定表单的标题
   C. 指定表单是否可用　　　　　　D. 指定表单是否可见

5. 在 Visual FoxPro 中表单（Form）是（　　）。
   A. 数据库中表的清单　　　　　　B. 一个表中记录的清单
   C. 数据库中可以查询的对象清单　D. 窗口界面

6. 按照某种对应关系，下面的描述正确的是（　　）。
   A. ThisForm→ThisFormSet→Buttons(i)
   B. ThisFormSet→ThisForm→Buttons(i)
   C. ThisForm→Buttons(i)→ThisFormSet
   D. Buttons(i)→ThisFormSet→ThisForm

7. 要创建一个顶层表单，应将表单的 ShowWindow 属性设置为（　　）。
   A. 0　　　　　B. 1　　　　　C. 2　　　　　D. 3

8. 建立事件循环的命令是（　　）。
   A. Begin Events　　B. Read Events　　C. Clear Events　　D. End Events

9. This 是对（　　）的引用。
   A. 当前对象　　　B. 当前表单　　　C. 任意对象　　　D. 任意表单

10. 表单保存时会形成扩展名为（　　）的文件。
    A. .scx　　　　　B. .sct　　　　　C. .dcx　　　　　D. .dct

二、填空题

1. 在命令窗口中执行_____命令，即可打开表单设计器窗口。

2. 向表单中添加控件的方法是_____，选定表单控件工具栏中某一控件，然后_____，便可添加一个选定的控件。

3. 编辑框控件与文本框控件最大的区别是在编辑框中可以输入或编辑_____行文本，而文本框中只能输入或编辑_____文本。

4. 表单中有一个文本框和一个命令按钮，要使文本框获得焦点，应该使用的语句是_____。

5. 利用_____工具栏中的按钮可以对选定的控件进行居中、对齐等多种操作。

6. 有些属性的默认值以斜体显示，表示该属性在设计时是_____的，用户不能_____。

7．数据环境是一个对象，泛指定义表单或表单集时使用的_____，包括表、视图和关系。

8．若要为控件设置焦点，则控件的 Enabled 属性和_____和属性必须为.T.。

9．新建的表单存盘时，会产生扩展名为_____和_____的两个文件。

10．在程序中为了隐藏已显示的 Myform1 表单对象，应该使用的命令是_____。

三、简答题

1．什么是数据环境？它在表单设计中起什么作用？

2．表单常用的控件有哪些？表单控件的属性如何定义？有几种方法？

3．表单控件的事件和方法如何定义？有几种方法？

4．列表框与组合框有什么异同？

5．选项按钮组和复选框有什么异同？

四、操作题

1．设计一个简单的银行利息计算器，如图 9.39 所示。

要求用户输入存款额和年利率后，按 Enter 键或单击年利息显示框或单击"计算"按钮均可计算并显示出年利息，单击"退出"按钮则退出该表单。

2．设计一个表单，其上有两个命令按钮和一个标签，单击左侧按钮，则在标签上显示"按了左键"；单击右侧按钮，则在标签上显示"按了右键"。

3．设计一个动画，一个球在窗体上随机运动，而且球的大小也随机变化。

图 9.39　银行利息计算器

4．在表单上放置一个文本框和一个列表框，在文本框中输入数据，按 Enter 键时立即检查该数据是否出现在列表框中，如果不曾出现则把数据添加到列表框。在列表框单击，选中的项目就出现在文本框中；在列表框双击则删除该选项，删除前弹出确认框。

5．使用表单向导为 Teacher 表创建一个维护表单并运行该表单。

6．使用一对多表单向导为学生表和课程表库创建一个浏览、维护表单，并运行该表单。

7．设计表单，用文本框显示学生表中的"姓名"字段，用表格显示该表中的所有字段。添加两个按钮，可以在学生表中前翻、后翻记录，联动地在表格中显示该学生在分数表中的各门课程成绩。

8．在表单左侧添加一个列表框，显示学生表的"姓名"字段；在表单右侧添一个表格，其内容是分数表中的全部字段；当在列表框中单击任一姓名时，在表格中就显示该学生的全部成绩，并且在一个标签控件中显示其平均成绩。

上机实训

实训 1：命令按钮的 Click 事件代码设计

【实训目的】

1．掌握表单最基本的标签、文本框、命令按钮的设计方法。

2. 掌握命令按钮的 Click 事件代码的设计。

【实训内容】

假定存储客户账号与密码表（A1.DBF）的结构为：姓名 C(8)，账号 C(10)，密码 C(6)，要求设计如图 9.40 所示的表单。要求用户根据客户账号与密码表，设计一个输入并且验证其正确与否的窗口，单击"确定"按钮后，如账号、密码正确，则显示"你输入的密码正确！马上进入系统…"；如错误，则显示"账号或密码错误，请重新输入"。对同一账号有 3 次输入密码的机会，错误超过 3 次时，则显示"账号或密码错误，禁止进入系统!!!"。单击"取消"按钮则退出表单。

图 9.40　账号与密码表单

【实训步骤】

1. 打开表单设计器窗口。

2. 在表单中创建控件：2 个标签、2 个文本框和 2 个命令按钮。

3. 设置以下属性：

　　表单 Form1 的 Caption 值：=DTOC(DATE())；

　　标签 Lable1 的 Caption 值：账号；

　　标签 Lable2 的 Caption 值：密码；

　　命令按钮 Command1 的 Caption 值：确定；

　　命令按钮 Command2 的 Caption 值：取消；

　　文本框 Text1 的 Value 值：无；

　　文本框 Text2 的 PasswordChar 值：*。

4. 编写表单的 load 代码如下：

```
public x
x=0
use A1.dbf
```

5. 编写"确定"按钮的 click 代码如下：

```
x=x+1
locate for alltrim(账号)==alltrim(thisform.text1.value)
if found() and alltrim(密码)==alltrim(thisform.text2.value)
    messagebox("你输入的密码正确！马上进入系统…",48,"提示")
    thisform.release    &&释放本表单 (按操作顺序应立即显示另一表单,此处从略)
else
    if x<3    &&允许输入 3 次
    messagebox("账号或密码错误,请重新输入",48,"警告")
    thisform.text1.value=""    &&为了重新输入清空文本框
    thisform.text2.value=""
  else
      messagebox("账号或密码错误,禁止进入系统!!!",48,"警告")
      thisform.release
  endif
endif
```

6. 编写"取消"按钮的 click 事件代码如下：

```
Thisform.release
```

7. 编写表单的 unload 事件代码如下：

```
Use
```

实训 2：命令按钮组的设计

【实训目的】

掌握表单控件命令按钮组的设计方法。

【实训内容】

设计一个包含 5 个命令按钮的表单，可以对 Teacher 表中的记录进行上翻、下翻显示查看，如图 9.41 所示。

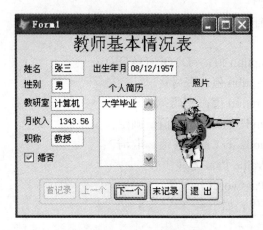

图 9.41　教师基本情况表

【实训步骤】

1．打开表单设计器窗口。

2．在表单中创建控件：1 个标题标签、1 个包含 5 个命令按钮的命令按钮组。

3．在数据环境中添加 Teacher.dbf 表，并把所有字段拖到如图 9.37 所示表单的位置上。

4．设置以下属性：

标题标签的 Caption 值为"教师基本情况表"；

命令按钮组中的 Command1~Command5 的 Caption 值分别是"首记录"、"上一个"、"下一个"、"末记录"、"退出"。

5．表单 Form1 的 Init 事件代码如下：

```
GO top
thisform.commandgroup1.command1.enabled= .F.
thisform.commandgroup1.command2.enabled= .F.
thisform.commandgroup1.command3.enabled= .t.
thisform.commandgroup1.command4.enabled= .t.
thisform.Refresh
```

6. 命令按钮组 Commandgroup1 中 Command1 的 Click 事件代码如下：

```
GO top
thisform.commandgroup1.command1.enabled= .F.
thisform.commandgroup1.command2.enabled= .F.
thisform.commandgroup1.command3.enabled= .t.
thisform.commandgroup1.command4.enabled= .t.
thisform.Refresh
```

命令按钮组 Commandgroup1 中 Command2 的 Click 事件代码如下：

```
IF .not.bof()
  SKIP-1
  thisform.commandgroup1.command1.enabled= .t.
  thisform.commandgroup1.command2.enabled= .t.
  thisform.commandgroup1.command3.enabled= .t.
  thisform.commandgroup1.command4.enabled= .t.
ELSE
  GO bott
  thisform.commandgroup1.command1.enabled= .f.
  thisform.commandgroup1.command2.enabled= .f.
  thisform.commandgroup1.command3.enabled= .t.
  thisform.commandgroup1.command4.enabled= .t.
endif
thisform.Refresh
```

命令按钮组 Commandgroup1 中 Command3 的 Click 事件代码如下：

```
IF .not.eof()
  SKIP
  thisform.commandgroup1.command1.enabled= .t.
  thisform.commandgroup1.command2.enabled= .t.
  thisform.commandgroup1.command3.enabled= .t.
  thisform.commandgroup1.command4.enabled= .t.
ELSE
  GO bott
  thisform.commandgroup1.command1.enabled= .t.
  thisform.commandgroup1.command2.enabled= .t.
  thisform.commandgroup1.command3.enabled= .f.
  thisform.commandgroup1.command4.enabled= .f.
endif
thisform.Refresh
```

命令按钮组 Commandgroup1 中 Command4 的 Click 事件代码如下：

```
GO bott
thisform.commandgroup1.command4.enabled= .F.
```

```
thisform.commandgroup1.command3.enabled= .F.
thisform.commandgroup1.command2.enabled= .t.
thisform.commandgroup1.command1.enabled= .t.
thisform.Refresh
```

命令按钮组 Commandgroup1 中 Command5 的 Click 事件代码如下：

```
thisform.release
clear events
```

第10章　菜　单　设　计

一个好的应用程序应该具有较好的界面，Visual FoxPro 中最为常见的用于显示和编辑界面的是表单，然而，对整个应用程序的设计仅仅有表单是不够的。对于大多数用户而言，首先见到的是菜单，在菜单的导航支持下才进入一个个表单，在表单中，又可以通过各种控件来实现各种功能。本章主要介绍如何设计菜单。

10.1　VFP 菜单概述

在 Windows 环境下，几乎所有的应用程序都通过菜单来实现各种操作。一个简洁、直观的菜单既是构成良好的用户界面的重要组成部分，也是更好地发挥应用程序功能的有效手段。

在 VFP 的程序设计中，应用程序一般以菜单（MENU）的形式列出其具有的功能，用户可通过菜单调用应用程序的各种功能。菜单文件的扩展名为.MNX，菜单备注文件的扩展名为.MNT，菜单程序文件的扩展名为.MPR。

10.1.1　菜单系统的规划和设计

规划和设计菜单系统主要确定需要哪些菜单，这些菜单要出现在界面的何处，以及哪几个菜单要有子菜单等。因为应用程序的实用性在一定程度上取决于菜单系统的质量，所以要对菜单系统进行统一的规划和设计。

1.　规划菜单系统

规划菜单系统时，主要应该考虑用户使用和操作应用程序的方便性，通常必须遵循以下基本原则。

（1）根据用户所要执行的任务来组织菜单系统，即根据应用程序中的程序层次来组织菜单系统，用户只要浏览菜单和菜单项，就能较清晰地了解应用系统的组织和功能情况。因此，在设计菜单和菜单项之前，设计者必须清楚地掌握用户思考问题的方式和完成任务的方法。

（2）给每个菜单和菜单项设置一个有意义的标题和简短提示，以便于用户准确地领会菜单项和菜单项所对应的操作或功能组成。

（3）预先估计各菜单项的使用频率，根据使用频率、逻辑顺序或菜单项字母顺序来组织菜单项。经验表明，当一个菜单中的菜单项数目在 8 个以上时，按字母顺序排列菜单特别有效，能提高用户查看菜单项的速度。

（4）对同一个菜单中的菜单项进行逻辑分组，并用分隔线或分隔符将各组分开。对菜单项进行分组时，按照功能相近原则、功能顺序原则进行分组。

（5）把一个菜单中的菜单项数尽可能地限制在一个屏幕能显示的范围内。若菜单项的数目超过一屏，则应为其中的一些菜单项创建子菜单。显然，当一个菜单中的菜单项在一屏中显示不了，而采用滚动条进行滚动处理时，不利于用户操作，同时也不直观。

（6）为菜单和菜单项设置访问键或键盘快捷键。用 Alt 加定义的快捷键作为菜单项"访问键"。例如，用户按 Alt+F 组合键，可以访问 VFP 系统菜单的"文件"菜单项。

（7）使用能够准确描述菜单项的文字。用文字描述菜单项时，应使用日常用语，而不要使用计算机术语。菜单项描述文字应使用简单、生动的动词，而不要将名词当做动词使用。

以上是进行菜单规划设计时应当考虑的原则的一部分，总之要以应用系统所完成的任务为基础，以用户的需要和实用为依据来进行菜单设计。

2. 设计菜单系统

要设计菜单系统，可以通过以下步骤进行。

（1）规划系统。确定需要哪些菜单，菜单要出现在界面的何处，以及哪些菜单有子菜单等。

（2）建立菜单和子菜单。使用"菜单设计器"可以定义菜单标题、菜单项和子菜单。

（3）按实际要求为菜单系统指定任务，例如显示表单或对话框等。另外，如果需要，菜单还可以包含初始化代码和清理代码。初始化代码在定义菜单系统执行，其中所包含的代码用于打开文件、声明变量或将菜单系统保存到堆栈中，以便今后可以恢复。清理代码中所包含的代码就在菜单定义代码执行，用于确定选择的菜单和菜单项是否可用。

（4）生成菜单程序。

（5）运行生成的程序，以测试菜单系统。

10.1.2　菜单的类型

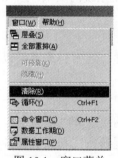

图 10.1　窗口菜单

VFP 支持两种类型的菜单：下拉式菜单和弹出式菜单。

菜单项名称后的括号中带有下画线的字母键是执行该命令的"键盘访问键"，同时按 Alt 键和括号中的字母键可执行相应的菜单命令。级联菜单中可直接按下菜单项名称后的括号中带有下画线的字母键执行该命令。如打开窗口菜单可按 Alt+W 组合键，打开其中的级联菜单"清除"可直接按 R 键，如图 10.1 所示。

有些菜单项名称后面有 Ctrl 或 Alt 键与另一个键相结合，是键盘快捷键，例如，按 Ctrl+F2 组合键可在 VFP 中显示命令窗口。

10.1.3　系统菜单及其设置

菜单系统是由一个菜单栏、多个菜单项和下拉菜单组成的。菜单栏是位于窗口标题下的水平条状区域，用于放置各个菜单项。菜单项是在菜单栏中的一个菜单的名称，也称菜单名，它标识了所代表的一个菜单。单击菜单项即可弹出下拉菜单。菜单是包含命令、过程和子菜单的选项列表，因此按等级分为父菜单和子菜单，子菜单挂在父菜单下作为父菜单的一个菜单项。VFP 系统菜单如图 10.2 所示。

（1）菜单的标题要有实际应用意义。菜单项的布置要有一定的顺序，菜单项应在一个屏幕内。

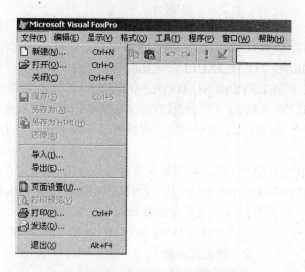

图 10.2   VFP 系统菜单

（2）在菜单的下拉菜单项中，有可启用和已废止两种状态。可启用状态的菜单项是黑色的文字，已废止的菜单项是暗灰色的文字。系统菜单中各菜单的菜单项状态取决于当时用户的操作状态。工具栏的每个按钮和菜单中的某个菜单项相对应，如果菜单项是可启用的，则它的工具栏按钮也是可启用的，是黑色的。

（3）在菜单的下拉菜单项中，用分隔线将菜单中内容相关的菜单项分隔成组，增强了菜单的可读性。如果菜单左边出现对钩的标记字符，则表示该菜单项被选择。

（4）当菜单尾部带有一个黑色小三角时，表示这个菜单项还有一级子菜单。

（5）大多数菜单项都有其键盘访问键，当按住 Alt 键同时按下这个菜单项的访问键时，即可选择这个菜单项。菜单访问键可以代替鼠标的单击操作。

（6）一般菜单项还有对应的快捷键，按快捷键可直接执行相应的操作。

1. 下拉式菜单

VFP 9.0 系统的主菜单是一个下拉式菜单，包括文件、编辑、显示、格式、工具、程序、窗口、帮助等 8 个菜单项，每个菜单项又包括若干个级联菜单项，如图 10.2 所示。

系统主菜单可通过 SET SYSMENU 命令来设置。VFP 系统允许使用该命令在程序运行期间启用或废止 VFP 主菜单栏，同时，还可以用 SET SYSMENU 命令有选择地移去 VFP 主菜单系统中的菜单标题和菜单项，并对其重新配置，也可以将其恢复。

【命令格式】   SET SYSMENU ON/OFF/AUTOMATIC/TO <菜单项表>/TO <DEFAULT> /SAVE/NOSAVE

【功能】   设置系统菜单。

【说明】

（1）SET SYSMENU ON：允许程序执行时访问系统主菜单。

（2）SET SYSMENU OFF：禁止程序执行时访问系统主菜单。

（3）SET SYSMENU AUTOMATIC：可使系统菜单显示出来，可以访问系统菜单，是 VFP 中的默认设置。

（4）SET SYSMENU TO <菜单项表>：重新配置系统菜单，列出可用菜单项。菜单项及其对应的内部文件名为：文件（_MFILE）、编辑（_MEDIT）、格式(_TEXT)、显示（_MVIEW）、工具（_MTOOLS）、程序（_MPROG）、窗口（_MWINDOW）、帮助（_MSYSTEM）。

例如，用 SET SYSM TO _MFILE、_MWINDOW 命令，可列出文件菜单和窗口菜单。

（5）SET SYSMENU TO DEFAULT：恢复系统菜单的缺省配置。如果对主菜单栏或其菜单做过修改，可发出 SET SYSMENU TO DEFAULT 命令恢复系统菜单。

（6）SET SYSMENU SAVE：将当前设置的系统菜单指定为缺省配置。如果在发出 SET SYSMENU SAVE 命令之后修改了菜单系统，可以通过 SET SYSMENU TO DEFAULT 命令来恢复前面的设置。

（7）SET SYSMENU NOSAVE：将缺省配置恢复成 VFP 系统菜单的标准配置，操作时应先执行 SET SYSMENU NOSAVE 命令，然后再执行 SET SYSMENU TO DEFAULT 命令。

只有这样，才会显示默认的 VFP 系统菜单。

（8）SET SYSMENU TO：关闭 VFP 系统主菜单栏。

2．弹出式菜单

弹出式菜单包括剪切、复制、粘贴、生成表达式、运行所选区域、清除、属性等，按下菜单项的快捷键可打开菜单命令，如选择"属性"项按 E 键，如图 10.3 所示。

图 10.3　VFP 弹出式菜单

下面将详细介绍下拉式菜单和弹出式菜单的设计方法和应用。

10.2　下拉式菜单设计

下拉式菜单是一种最常见的菜单，用 VFP 提供的菜单设计可以方便地进行下拉式菜单的设计。具体来说，菜单设计器的功能有两个：一是为顶层表单设计下拉式菜单，二是通过定制 VFP 系统菜单建立应用程序的下拉式菜单。

在利用菜单设计器设计菜单时，各菜单项及其功能可以由用户自己来定义，也可以采用 VFP 系统的标准菜单项及其功能。

菜单设计的基本过程是：调用菜单设计器设计菜单，产生菜单文件（MNX）及菜单备注文件（MNT），调用菜单生成器生成菜单程序文件（MPR），运行菜单程序，如图 10.4 所示。

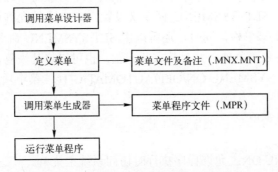

图 10.4　菜单设计的基本过程流程图

10.2.1　菜单文件的建立和打开

菜单设计器用于设计用户自己的菜单系统。使用菜单设计器可以创建并设计菜单栏、菜单项、子菜单、菜单项的快捷键及分隔相关菜单组的分隔线等。用菜单设计器还可以设计快捷菜单。下面介绍设计菜单的操作步骤。

1. 利用界面操作

（1）在 VFP 系统菜单栏中选择"文件"→"新建"→"菜单"命令，也可以在"项目管理器"窗口中，选择"其他"选项卡，再选择"菜单"，如图 10.5 所示。

（2）单击"新建"按钮，弹出"新建菜单"对话框，如图 10.6 所示。

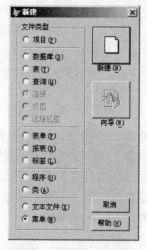

图 10.5 "新建"对话框

图 10.6 "新建菜单"对话框

（3）在"新建菜单"对话框中，单击"菜单"按钮，进入"菜单设计器"窗口，如图 10.7 所示。

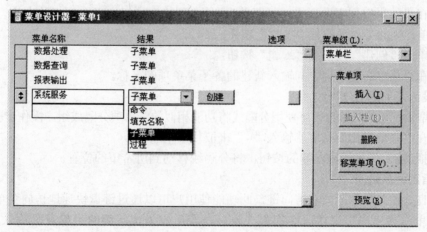

图 10.7 "菜单设计器"窗口

2. 利用命令实现

【命令格式】 MODIFY MENU <菜单文件名>

【功能】 新建或打开菜单文件，菜单文件的扩展名为.MNX。

在"菜单设计器"窗口中有 4 项内容，即"菜单名称"、"结果"、"选项"、"菜单级"，分别说明如下。

● "菜单名称"：用于指定显示在菜单系统中的菜单项的菜单标题。用鼠标拖动"菜单名称"列左边的双向箭头按钮，就可以调整各行的顺序；

- "结果"：用于指定在选择菜单项时发生的动作类型，包括子菜单、命令或过程等；
- "选项"：可进入显示"提示选项"对话框，用来定义键盘快捷键和其他菜单选择；
- "菜单级"：用于选择要处理的菜单栏或子菜单；

相关按钮说明如下：
- "插入"按钮：可在"菜单设计器"窗口中插入新行；
- "插入栏"按钮：可在"菜单设计器"窗口中插入系统菜单栏，如新建、打开、关闭、保存等；
- "删除"按钮：可在"菜单设计器"窗口中删除当前行；
- "移菜单项"按钮：可在"菜单设计器"窗口中将当前行移动到正确的位置；
- "预览"按钮：可显示正在创建的菜单。

3．创建下拉菜单

菜单项创建好后，可以在菜单上设置下拉菜单项。每个菜单项都代表用户执行的过程，菜单项也可以包含提供其他菜单项的子菜单。向菜单中添加菜单项的操作步骤如下：

（1）在"菜单设计器"窗口的"菜单名称"栏中，单击要添加下拉菜单的菜单项；

（2）在"结果"列中，选定"子菜单"命令，使右侧出现"创建"按钮；

（3）单击"创建"按钮，弹出"子菜单"设计窗口，输入菜单项；

（4）在"菜单名称"列中，输入新建的各菜单项的名称。

4．创建子菜单

对于每个菜单项，都可以创建包含其他菜单项的子菜单。创建子菜单的操作步骤如下：

（1）在"菜单名称"列中，单击要添加子菜单的菜单项；

（2）在"结果"列中，选择"子菜单"，使"创建"按钮出现在列表的右侧。如果已经有了子菜单，则此处出现的是"编辑"按钮；

（3）单击"创建"按钮或"编辑"按钮；

（4）在"菜单名称"列中，输入新建的各子菜单项的名称。

5．设计菜单组的分隔线

为了增加菜单的可读性，可使用分隔线将功能相似的菜单项分隔成组，操作步骤如下：

（1）在"菜单名称"列中，输入"\-"来取代菜单项；

（2）拖动"\-"提示符左侧的按钮，将分隔线移动到所希望的位置。

6．指定键盘访问键

设计良好的菜单都应具有访问键，此功能使用户可以通过键盘快速地访问菜单。

为菜单或菜单项指定访问键的方法为：在希望成为访问键的字母左侧输入"\<"。例如，在"菜单名称"列中，将"F"作为"文件（F）"菜单的键盘访问键，只需在"菜单名称"中加入"\<F"，键盘访问键在菜单或下拉菜单项上用带下画线的大写字母表示。然后按 Alt＋F 组合键，即可激活文件菜单项。如果没有为某个菜单栏或下拉菜单项指定访问键，将自动指定第一个字母作为键盘访问键。

7．添加快捷键

除了指定键盘访问键以外，还可以为菜单或下拉菜单项指定键盘快捷键。菜单的快捷键提供了键盘直接执行菜单命令的方法。如同键盘访问键一样，使用键盘快捷键也可以提高选择菜单项的速度。使用快捷键可以在不显示菜单的情况下，选择此菜单上的某个菜单项。

键盘快捷键一般用 Ctrl 或 Alt 键与另一个键相结合。例如，按 Ctrl+N 组合键可在 VFP

中创建新文件。为菜单或菜单项指定键盘快捷键的操作步骤如下：

（1）在"菜单名称"栏中，选择相应的菜单标题或菜单项。

（2）单击"选项"栏下的按钮，屏幕将显示"提示选项"对话框，如图 10.8 所示。

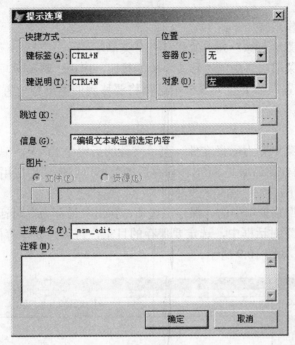

图 10.8 "提示选项"对话框

（3）在"键标签"框中，按下一个组合键，此时在"键标签"和"键说明"框中，都会显示所按下的快捷键。例如，选择"文件"菜单下的"新建"子菜单项，按下 Ctrl+N 组合键即可。

（4）选择"跳过"框并输入表达式，此表达式将用于确定是启动还是停止菜单或菜单项。如果此表达式取值为"假"（.F.），则废止菜单或菜单项；如果此表达式取值为"真"（.T.），则启用菜单或菜单项。

显示菜单系统后，可以使用 SET SKIP OFF 命令，控制启动或废止菜单及菜单项。

10.2.2 菜单的修改及保存

菜单创建完成后，难免有不妥之处，此时可以使用"菜单设计器"删除、增加、移动或保存菜单项。

1．删除菜单项

删除菜单项的操作步骤如下：

（1）在"菜单设计器"窗口的菜单列表中，选中要删除的菜单项。单击"删除"按钮，或选择"菜单"的下拉菜单的"删除菜单项"命令。

（2）在弹出的"系统提示"对话框中，单击"是"按钮，则选中的菜单项被删除。

（3）选择"文件"菜单中的"保存"选项，可以把改过的菜单项保存到菜单中。

2．增加菜单项

增加菜单项的操作步骤如下：

（1）单击选中"菜单名称"列中的任意一个菜单项。

（2）单击右侧"菜单项"中的"插入"按钮，就可以插入一个菜单项。

（3）把插入的菜单项保存到菜单中，选择"文件"菜单中的"保存"选项即可。

3．移动菜单项

移动菜单项的操作步骤如下：

（1）单击选中"菜单名称"列中的任意一个菜单项。

（2）单击右侧"菜单项"中的"移菜单项"按钮，出现"移菜单项"对话框。

（3）在"移放位置"的下拉列表框中选择将要移到的菜单项位置，最后单击"确定"按钮。

4．保存菜单

保存菜单就是将菜单存为磁盘文件。菜单文件的后缀是.MNX，编译后菜单文件的后缀是.MPX，菜单程序文件的后缀是.MPR。保存后的菜单可以像使用应用程序一样使用它，保存菜单的操作步骤如下：

（1）选择"文件"菜单项中的"保存"选项，弹出"另存为"对话框。

（2）在"另存为"对话框中，选定要保存的目录，再输入要保存的文件名，例如 D：\VFPsy2\菜单 1.mnx，如图 10.9 所示。

图 10.9 "另存为"对话框

（3）单击"保存"按钮，则菜单被保存（若是在"项目管理器"中新建的，则被加到"项目管理器"窗口的"菜单"项中，单击其前面的"+"可以看到此菜单的文件名）。

（4）在"菜单"菜单中，选择"生成"命令，弹出"生成菜单"对话框，单击"生成"按钮，就会生成扩展名为.MPR 的菜单程序文件。例如 D：\VFPsy2\菜单 1.mpr。

如果是在"项目管理器"窗口中创建的菜单，那么选择"运行"命令，就可以运行菜单程序。

10.2.3　创建及运行菜单

1. 用"快速菜单"创建菜单

创建菜单可以通过定制已有的 VFP 菜单系统，或者开发自己的菜单系统来实现。要从已有的 VFP 菜单系统开始创建菜单，必须使用"快速菜单"功能。

VFP 的"快速菜单"是"菜单"的下拉菜单中的一个选项。它以系统菜单为模板，使用它可以把 VFP 加载到空的菜单设计器中。在菜单设计器中，在系统菜单基础上进行修改设计，可以方便快速地完成菜单设计。使用"快速菜单"命令创建菜单的操作步骤如下：

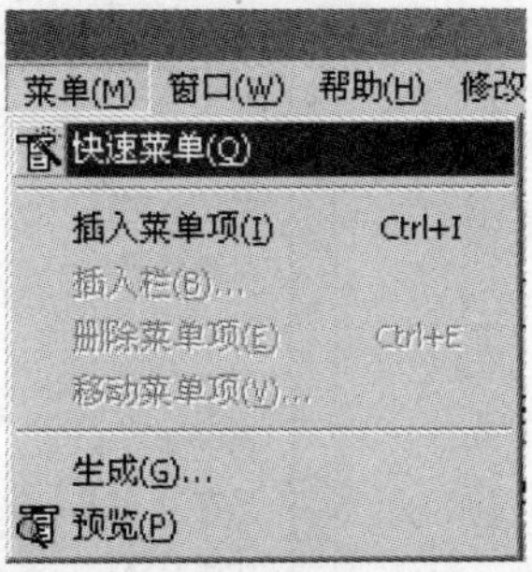

（1）在 VFP 系统菜单栏中选择"文件"→"新建"命令，也可以在"项目管理器"窗口中选择"其他"选项卡。

（2）选定"菜单"选项。

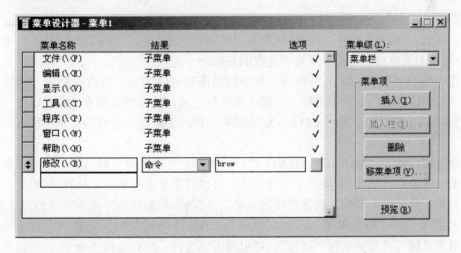

图 10.10　"快速菜单"命令

（3）单击"新建"按钮，弹出"新建菜单"对话框，单击"菜单"按钮，弹出"菜单设计器"窗口，默认的菜单名是"新菜单项"。

（4）在主菜单项中，单击"快速菜单"命令，如图 10.10 所示，即把 VFP 系统菜单加到"菜单设计器"窗口中，如图 10.11 所示。

图 10.11　"菜单设计器"窗口

"菜单名称"列是菜单栏的菜单项，菜单项中括号里放的是键盘访问键字母，其先导字符是"\<"。

"结果"列都是"子菜单"，表明这些菜单项下挂的都是子菜单。按"编辑"按钮，可编辑修改子菜单。

"菜单设计器"窗口中当前行的"结果"是一个下拉列表框，有 4 种可选项。

① 如果选择"命令"或"填充名称"，则在"结果"之后出现文本框，可在其中输入命令或填写菜单名称。

② 如果选择"子菜单"或"过程"，则在"结果"列之后出现"创建"按钮，如果已经创建，则出现"编辑"按钮。

如果要改变菜单上各菜单的位置，则拖动"↕"按钮。

（5）将"菜单设计器"窗口中的第一行设为当前行。

（6）单击"编辑"按钮，可使菜单设计器进入子菜单进行编辑。例如，"文件"子菜单中各菜单项的内容如图 10.12 所示。

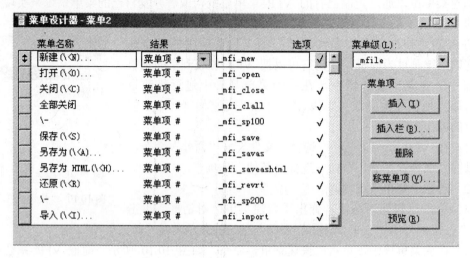

图 10.12 "文件"子菜单"菜单设计器"窗口

注意到"结果"下拉列表框中的内容和菜单栏略有不同，没有"填充名称"，而有"菜单项#"。这里，"结果"栏中"菜单项#"右边是菜单项的名称，如图 10.12 所示，表示"菜单项#"这个子菜单将利用数字来辨识选取的是哪一个选项。

快速生成的菜单和系统菜单相同，其中的功能项可以增加、修改或删除，这些操作都可以在"菜单设计器"窗口中进行。在进一步设计之前，一定要先保存此菜单。

【例 10.1】 建立一个名为 CD.MNX 的菜单文件，要求在当前系统菜单中插入一个修改菜单。

在命令窗口输入"MODIFY MENU CD"，弹出"新建菜单"对话框，单击"菜单"按钮，弹出"菜单设计器"，利用"菜单设计器"可以对菜单进行编辑。操作步骤如下：

（1）单击"菜单"菜单，选择"快速菜单"，可将当前系统菜单添加到菜单设计器中。

（2）插入一个"修改"菜单，访问键定为"B"。"结果"的下拉菜单中的选项有"命令"、"填充名称"、"子菜单"、"过程"，可根据需要选择。此处选择"命令"，在输入框中输入 BROWSE，如图 10.11 所示。

（3）生成菜单程序。单击"菜单"，选择"生成"按钮，出现"菜单保存"对话框，如图 10.13 所示。

（4）单击"是"按钮，弹出"生成菜单"对话框，单击"生成"按钮，如图 10.14 所示。

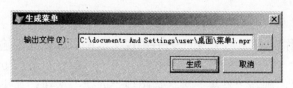

图 10.13 "菜单保存"对话框

图 10.14 "生成菜单"对话框

2．运行菜单程序

【命令格式】 DO <菜单程序名>

【功能】运行菜单程序。执行命令时需加菜单程序的扩展名.MPR。

【例 10.2】 运行 CD.MPR 程序，并用菜单对 TEACHER 表进行修改。在命令窗口输入：

```
DO CD.MPR
USE TEACHER
```

再按下 Alt＋B 组合键执行"修改"菜单，利用 BROWSE 命令浏览并修改表 TEACHER。

10.2.4 向菜单添加清理代码

当程序运行时，会发现菜单不能停留在屏幕上，这是因为菜单中没有循环代码等待用户操作。为了让菜单能停留在屏幕上等待用户选择，需要在菜单的"清理"代码中加入代码 READ EVENTS。向菜单系统添加清理代码的操作步骤如下：

（1）打开要添加事件代码的菜单文件，系统进入"菜单设计器"窗口。

（2）在"显示"菜单中，选择"常规选项"命令，弹出"常规选项"对话框，如图 10.15 所示。

（3）在"菜单代码"区域，选择"清理"复选框。

（4）在"常规选项"对话框中，单击"确定"按钮，激活 VFP 为清理代码显示的独立窗口，如图 10.16 所示。

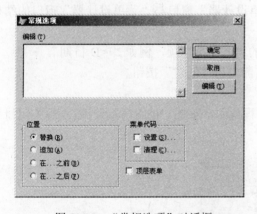

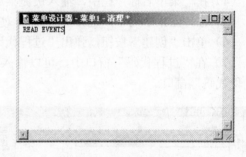

图 10.15 "常规选项"对话框　　　　图 10.16 清理代码窗口

（5）在清理代码窗口中，输入正确的清理代码，例如，输入 READ EVENTS 命令，并按 Ctrl＋W 组合键存盘退出，作为应用程序中主程序的菜单。

（6）关闭此窗口，返回到"菜单设计器"窗口。保存菜单系统时，VFP 同时保存清理代码。

【说明】

（1）为了保证菜单系统的正常退出，在清理代码窗口中，必须输入 READ EVENTS 命令，并按 Ctrl＋W 组合键存盘退出。

（2）创建和运行菜单程序时，清理代码要紧跟在初始化代码及菜单定义代码之后，而在为菜单或菜单项指定的过程代码之前。

（3）通过向菜单系统添加清理代码类，可剪裁菜单系统。典型的清理代码包含初始时启用或废止菜单及菜单项的代码。

10.3 弹出式菜单设计

在 Windows 程序中，在对象上单击鼠标右键，便会出现关于这个对象的菜单操作，这种菜单给用户带来了极大的方便。在 VFP 中同样可以建立这样的快捷菜单，快捷菜单一般在表单中使用。

一般来说，下拉式菜单作为一个应用程序的菜单系统，列出了整个应用程序所具有的功能。而快捷菜单一般从属于某个界面对象，当用鼠标右击该对象时，就会在单击对象处弹出快捷菜单。快捷菜单通常列出与处理相应对象有关的一些功能命令。

1．利用界面操作创建弹出式菜单

在"新建菜单"对话框中，单击"快捷菜单"按钮，弹出"快捷菜单设计器"。利用"快捷菜单设计器"来设计快捷菜单。

设计快捷菜单的操作步骤如下：

（1）在 VFP 系统菜单栏中选择"文件"→"新建"→"菜单"命令，也可以在"项目管理器"窗口中，选择"其他"选项卡，再选择"菜单"命令。

（2）单击"新建"按钮，弹出"新建菜单"对话框，如图 10.6 所示。

（3）在"新建菜单"对话框中，单击"快捷菜单"按钮，系统进入"快捷菜单设计器"窗口，如图 10.17 所示。实际上"快捷菜单设计器"窗口与"菜单设计器"窗口的结构相同，建立方法也相同。

（4）在"菜单名称"栏中，输入快捷菜单的第一个菜单项，例如"\<D 日期"。

（5）在"结果"列中，选择"过程"，使右侧出现"创建"按钮。

（6）单击"创建"按钮，弹出"过程代码"窗口。

（7）在"过程代码"窗口中，可以输入过程代码，如图 10.18 所示。输入后关闭日期"过程代码"窗口。

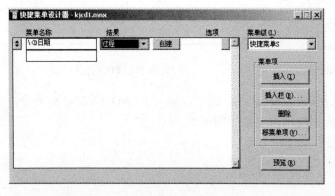

图 10.17　"快捷菜单设计器"窗口　　　　图 10.18　日期"过程代码"窗口

（8）生成菜单。在"菜单"的下拉菜单中，选择"生成"命令，打开"生成菜单"对话框，选择输出的路径和文件名，例如 D：\VFP\KJCD1.mpr。单击"生成"按钮，生成菜单。

2．利用命令实现

【命令格式】 MODIFY MENU<菜单文件名>

【功能】 弹出"新建菜单"对话框，用于建立或修改菜单文件。

【例 10.3】 建立一个具有撤销和剪贴板功能的快捷菜单，菜单文件名为 KJCD2.MNX。

操作步骤如下：

（1）在命令窗口输入"MODI MENU KJCD2"，在弹出的"新建菜单"对话框中单击"快捷菜单"按钮，弹出"快捷菜单设计器"。

（2）在设计器中选择"插入栏"按钮，弹出"插入系统菜单栏"对话框，将"撤销"、"剪切"、"复制"、"粘贴"插入到设计器中，如图 10.19 所示。

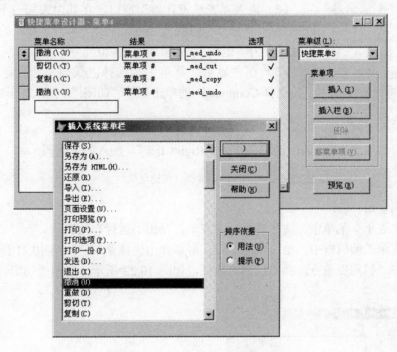

图 10.19 "快捷菜单设计器"窗口

快捷菜单的生成程序与下拉式菜单的生成程序相同，此处不再赘述。

3．编写调用程序（dycx.prg）

在命令窗口输入"MODIFY COMMAND DYCX"，弹出"编辑"窗口，输入以下程序语句。

```
CLEAR ALL
PUSH KEY CLEAR                          &&清除以前设置过的功能键
ON KEY LABEL RIGHTMOUSE DO KJCD2.MPR    &&设置右键为功能键
ACCEPT "请输入表名：" TO FILENAME
USE &FILENAME
BROWSE
USE
PUSH KEY CLEAR
```

4．运行调用程序及快捷菜单程序

【命令格式】 DO<菜单调用程序文件名>

【功能】 运行菜单调用程序。

5．创建响应表单的步骤

创建快捷菜单的响应表单，具体步骤如下：

图 10.20　创建快捷菜单
的响应表单

（1）在 VFP 系统菜单栏中选择"文件"→"新建"→"表单"命令，也可以在"项目管理器"窗口中，选择"文档"选项卡，再选择"表单"选项，单击"新建"按钮，弹出"新建表单"对话框。在对话框中，单击"新建表单"按钮。

（2）进入"表单设计器"窗口，在其中添加一个编辑框控件 Edit1 和一个命令按钮控件 Command1。将命令按钮的"Caption"属性设置为"退出"，效果如图 10.20 所示。

（3）在"显示"菜单中，选择"代码"命令。在代码窗口中，选择 Command1 的单击事件"Click"，加入如下代码。

```
ThisForm.Release
```

在代码窗口中，选择 Edit1 的右击事件"RightClick"，加入如下代码。

```
DO   D:\VFP\KJCD1.mpr           &&执行快捷菜单
```

关闭代码窗口。

（4）从"表单"菜单中，选择要执行的表单，单击"运行"按钮。

（5）在表单的编辑框中，单击鼠标右键，屏幕弹出快捷菜单，如图 10.21 所示。

（6）选择"日期"命令，弹出日期对话框，如图 10.22 所示，单击"确定"按钮关闭对话框。

图 10.21　执行具有快捷菜单的表单

图 10.22　日期对话框

思考与练习

一、选择题

1．假设已经生成了名为 mymenu 的菜单文件，执行该菜单文件的命令是（　　）。

  A．Do mymenu   B．Do mymenu.mpr

C. Do mymenu.pjx　　　　　　　　D. Do mymenu.mnx

2. 在 Visual FoxPro 中，使用"菜单设计器"定义菜单，最后生成的菜单程序的扩展名是（　　）。

    A. MNX　　　　　　B. PRG　　　　　C. MPR　　　　D. SPR

3. 在一个系统中，使多个对象协调工作，可以使用（　　）。

    A. 工具栏　　　　　B. 菜单栏　　　　C. 单选按钮组　　　D. 命令按钮组

4. 为一个表单建立了快捷菜单，要打开这个菜单应当（　　）。

    A. 用键盘访问键　　B. 用快捷键　　C. 用事件　　　　D. 用菜单

5. 设计菜单要完成的最终操作是（　　）。

    A. 创建主菜单及子菜单　　　　　　B. 指定各菜单任务

    C. 浏览菜单　　　　　　　　　　　D. 生成菜单程序

二、填空题

1. 菜单标题是_____。菜单的任务可以是_____、_____、_____。

2. 菜单的调用是通过_____完成的。菜单栏是用于放置菜单_____。

3. 设计系统菜单，可以通过_____完成。

4. 典型的菜单系统一般是一个下拉式菜单，下拉式菜单通常由一个_____和一组_____组成。

5. 要将 VFP 系统菜单恢复成标准配置，可先执行_____命令，然后再执行_____命令。

6. 快捷菜单实质上是一个弹出式菜单，要将某个弹出式菜单作为一个对象的快捷菜单，通常是在对象的_____事件代码中添加调用该弹出式菜单程序的命令。

三、问答题

1. 设计菜单时应遵循哪些基本原则？

2. 菜单设计一般有哪些步骤？

四、操作题

1. 设计一个工资管理系统的主菜单，如图 10.23 所示。

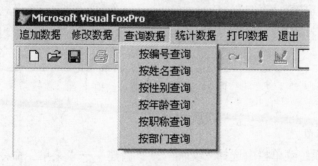

图 10.23　工资管理主菜单

2. 设计一个下拉菜单，如图 10.24 所示。各菜单选项的功能如下：

（1）"打开"选项用的是标准的系统菜单命令，可以调出"打开"对话框，打开一个文件。

（2）"关闭"选项用于关闭当前工作区中打开的表。

（3）"浏览"选项在当前工作区有表打开时有效，它用 BROWSE 命令浏览当前表的内容。

（4）"退出"选项的功能是恢复标准的系统菜单。

3．为表单中的一个组合框设计一个快捷菜单，如图 10.25 所示。各菜单选项的具体功能如下：

（1）选择"表文件名"选项时，组合框内显示表文件名列表。

（2）选择"学生表字段"和"选课表字段"选项时，组合框内分别显示学生表字段名列表和选课表字段名列表。

（3）选择"组合框/列表框"选项，组合框在下拉列表框和下拉组合框之间切换。

图 10.24　操作题 2 的下拉菜单

图 10.25　操作题 3 的快捷菜单

上机实训

实训 1：下拉式菜单设计

【实训目的】

1．掌握下拉式菜单的设计方法。

2．掌握菜单程序的生成和运行方法。

【实训内容】

创建一个下拉式菜单 menua.mnx，菜单结构如图 10.26 所示，菜单栏中包含两个菜单"文件"和"编辑"。"文件"菜单下包含"新建"、"打开"和"退出"三个菜单项，"编辑"菜单下包含"剪切"、"复制"和"粘贴"三个菜单项。

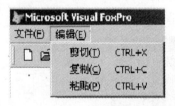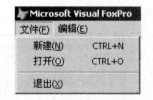

图 10.26　menua 菜单结构

【实训步骤】

1．新建一般菜单。

（1）在 VFP 系统菜单栏中选择"文件"→"新建"→"菜单"命令，也可以在"项目管理器"窗口中，选择"其他"选项卡，再选择"菜单"选项。

（2）单击"新建"按钮，弹出"新建菜单"对话框。

（3）单击"新建菜单"对话框中的"菜单"按钮，进入"菜单设计器"窗口。在"菜单名称"栏下依次输入"文件（\<F）"和"编辑（\<E）"菜单，如图 10.27 所示。

2．创建"文件"菜单的子菜单。

（1）在"菜单设计器"窗口中选定"文件"菜单行，确保"结果"栏中选择的是"子菜单"，单击其后的"创建"按钮。

（2）此时"菜单级"下拉列表中显示的是"文件（\\<F）"，表明当前菜单列表中创建的菜单项是"文件"菜单的子菜单项。在列表的"菜单名称"栏下依次输入"新建（\\<N）"、"打开（\\<O）"和"退出（\\<X）"。

3．在菜单项之间插入分组线。

（1）在"文件（\\<F）"菜单级中选择"退出（\\<X）"菜单项，单击"菜单设计器"窗口右边的"插入"按钮，在菜单项列表中即增加一行"新表单项"。

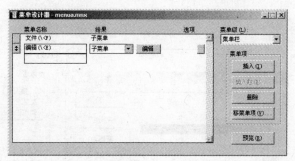

图 10.27　实训 1 "菜单设计器"窗口

（2）将该行的菜单名称"新菜单项"改为"\\-"。

4．为菜单项指定命令。

在"文件（\\<F）"菜单级中选择"退出（\\<X）"菜单项，在该行的"结果"栏下选择"命令"，在命令接收框中输入：

SET SYSMENU TO DEFAULT

5．为菜单项设置快捷键。

为 menua 菜单中"文件"菜单下的"新建"菜单项设置快捷键 Ctrl＋N，操作步骤如下：

（1）在"文件（\\<F）"菜单级中选择"新建（\\<N）"菜单项，在该行的"选项"栏下单击命令按钮，弹出"提示选项"对话框，如图 10.28 所示。

图 10.28　菜单的"提示选项"对话框

（2）在对话框中选择"键标签"文本框，按照其中的提示按下组合键 Ctrl＋N，可以看到在"键标签"和"键说明"文本框中都显示为"Ctrl+N"。

6．在"编辑"菜单下插入系统菜单栏。

（1）选择菜单级为"菜单栏"。

（2）选择"编辑"菜单项，并创建其子菜单。

（3）在子菜单中单击"插入栏"按钮，出现"插入系统菜单栏"对话框，在该对话框的列表中选择"剪切（T）"，再单击"插入"按钮（在 VFP9.0 中该按钮显示为"）"），如图 10.29 所示。

图 10.29 "插入系统菜单栏"对话框

（4）依次插入"复制（C）"和"粘贴（P）"，然后单击"关闭"按钮。

（5）对要插入的三个系统菜单项中，拖动它们左侧的移动按钮，将它们的顺序依次调整为"剪切"、"复制"和"粘贴"。

7．预览菜单。

（1）在"菜单设计器"中单击"预览"按钮，这里系统菜单栏即显示为你所设计的菜单样式，同时会出现一个"预览"对话框。

（2）用鼠标单击菜单可以展开子菜单，但此时并不会执行菜单所赋予的功能。

（3）单击"预览"对话框中的"确定"按钮，结束预览。

8．生成并运行一般菜单程序。

（1）生成 MPR 菜单程序文件。用"菜单设计器"所设计的菜单被保存为 MNX 菜单文件，并不能直接运行，需要先将 MNX 的菜单文件生成为 MPR 的菜单程序文件。生成菜单程序文件的操作步骤如下：

① 确保上述设计的菜单文件 menua.mnx 已在"菜单设计器"中打开，并且是活动窗口，保存当前设计的菜单。

② 从"菜单"菜单中选择"生成"命令，弹出"生成菜单"对话框。

③ 在对话框的"输出文件"框中，指定生成菜单程序的文件名。默认文件名与菜单文件的主文件名同名，扩展名为.MPR，如图 10.30 所示。

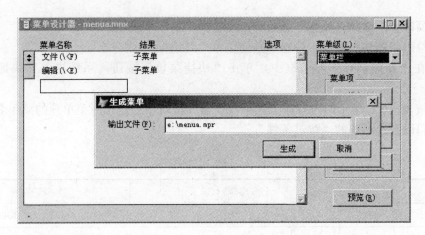

图 10.30 生成菜单程序文件

④ 单击"生成菜单"对话框中的"生成"按钮，就会生成扩展名为.MPR 的菜单程序文件。

（2）运行菜单程序。在"命令"窗口中执行命令：DO e:\menua.mpr。

菜单程序运行后，VFP 主菜单将被所运行的菜单程序所替代。运行的菜单与预览的菜单所不同的是，运行的菜单中各菜单项所指定的功能均能执行。

（3）恢复 VFP 系统默认菜单。在"命令"窗口中执行命令：SET SYSMENU TO DEFAULT。命令执行后，菜单恢复为 VFP 系统的默认菜单。

如果已经运行了 menua.mpr 菜单程序，并且为"退出"菜单项设置了上述命令，则可直接选择"退出"菜单项来恢复系统默认菜单。

实训 2：弹出式菜单设计

【实训目的】

掌握弹出式菜单的设计方法。

【实训内容】

设计一个用于在表单中进行记录定位的快捷菜单，效果如图 10.31 所示。

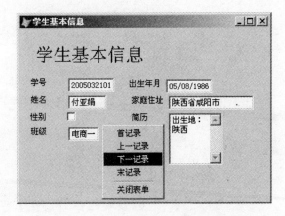

图 10.31 在表单中运行的快捷菜单程序

【实训步骤】

（1）在 VFP 系统菜单栏中选择"文件"→"新建"→"菜单"命令，也可以在"项目管理器"窗口中，选择"其他"选项卡，再选择"菜单"选项。

（2）单击"新建"按钮，弹出"新建菜单"对话框。

（3）在"新建菜单"对话框中，单击"快捷菜单"按钮，系统进入"快捷菜单设计器"窗口。

（4）按表 10.1 所示的内容在"菜单设计器"窗口中创建相应菜单项的菜单名称、过程或命令代码以及选项中的"跳过条件"。

表 10.1　记录定位快捷菜单

菜 单 名 称	结　果	过程或命令代码	跳 过 条 件
首记录	过程	GO TOP _SCREEN.ActiveForm.Refresh	EMPTY(ALIAS()).OR.BOF()
上一条记录	过程	SKIP –1 _SCREEN.ActiveForm.Refresh	EMPTY(ALIAS()).OR.BOF()
下一条记录	过程	SKIP _SCREEN.ActiveForm.Refresh	EMPTY(ALIAS()).OR.EOF()
末记录	过程	GO BOTTOM _SCREEN.ActiveForm.Refresh	EMPTY(ALIAS()).OR.EOF()
\ –			
关闭表单	命令	_SCREEN.ActiveForm.Release	

（5）保存快捷菜单文件为"e:\kjcd.mnx"，并生成相应的菜单程序文件"e:\kjcd.mpr"。

（6）关闭"菜单设计器"窗口。

（7）在"表单设计器"窗口中打开 xs 表单，设置表单的 RightClick 事件代码如下：

Do e:\kjcd.mpr

（8）保存并运行表单，效果如图 10.31 所示。

第11章 报表设计

报表是处理数据库信息功能中重要的一部分，是数据库管理系统中重要的应用项目，是各种数据最常用的输出形式。Visual FoxPro 9.0 有一套打印选项，从控制原始数据到打印机的命令，以及到可让你进行计算和编排的报表设计器。

11.1 VFP 报表概述

1. 报表的构成

报表（REPORT）是最常用的打印输出文档。报表文件的扩展名为.FRX，报表备注文件的扩展名为.FRT。

报表主要由两部分构成：数据源和布局。数据源是报表的数据来源，它可以是数据库表或自由表，也可以是视图、查询或临时表。报表的布局有四种常规格式：列报表、行报表、一对多报表、多栏报表。

（1）列报表。列报表每行一条记录，字段在页面上方按水平方向放置，这是常用的报表布局。

（2）行报表。行报表只有一栏，一条记录占用多行位置，字段沿报表左侧垂直排列。

（3）一对多报表。一对多报表是基于一对多关系生成的报表。在报表打印输出时，父表中的一条记录输出后，必须将子表中与之相关的多条记录打印输出。

（4）多栏报表。多栏报表拥有多栏记录，可以是多栏行报表，也可以是多栏列报表。

2. 报表的创建方法

VFP 提供了三种创建报表的方法。

（1）使用报表向导创建报表。

（2）使用报表设计器创建自定义报表。

（3）使用快速报表创建简单规范的报表。

报表设计器可以修改用上述各种方法产生的报表，使之更加完善和实用，因此报表设计器的用法是本章的重点。

报表设计器的基本操作包括：打开报表设计器窗口、页面预览、保存报表定义和打印报表等。

11.2 报表向导

报表向导用来分步引导用户创建报表。

【例 11.1】 下面通过第 5 章【例 5.8】所产生的销售明细表 SOLDMX.DBF（如表 11.1 所示）来说明报表的创建过程。

表 11.1　销售明细表 SOLDMX.DBF

类　别	产品名称	计量单位	数　量	单　价	金　额
消耗品	网卡	个	43.000	20.000 0	860.000 0
消耗品	网卡	个	22.000	20.000 0	440.000 0
消耗品	备品备件	套	566.000	1.000 0	566.000 0
消耗品	备品备件	套	11.000	1.000 0	11.000 0
消耗品	光驱	个	2.000	120.000 0	240.000 0
办公用品	签字笔	个	11.000	2.000 0	20.000 0
办公用品	笔记本	本	11.000	3.000 0	30.000 0
办公用品	作业本	本	11.000	0.000 0	0.000 0
办公用品	墨水	瓶	.NULL.	.NULL.	.NULL.

图 11.1　"向导选择"对话框

（1）选择文件菜单中的"新建"命令，弹出"新建"对话框。选择报表，单击"报表向导"按钮，弹出"向导选择"对话框，如图 11.1 所示。也可以在"项目管理器"中选中文档页面的报表，单击"新建"按钮。

在"向导选择"对话框中，有两种形式的报表可以使用，即：

① One-to-Many Reports Wizard：创建一对多报表向导；

② Report Wizard：创建一个标准的报表。

（2）选择"Report Wizard"，单击"确定"按钮，弹出"报表向导（Report Wizard）"（步骤 1）对话框。

（3）打开 SOLDMX 表。单击"数据库和表（Databases and tables）"列表框的"浏览"按钮，弹出"打开"对话框，选择"SOLDMX"表，单击"确定"按钮。如图 11.2 所示。

（4）将"可用字段（Available fields）"中需要选到报表中的字段添加到"选定字段（Selected fields）"，单击"Next"按钮进入步骤 2。

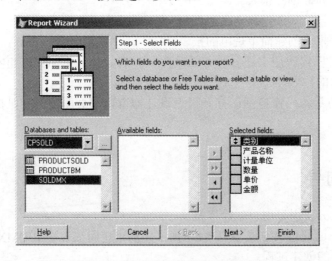

图 11.2　"字段选取"窗口（步骤 1）

（5）确定分组方式（Group Records）。本例按"类别"分组，如图 11.3 所示。只有对分组字段建立索引或排序才能正确分组，单击"Next"按钮进入步骤 3。

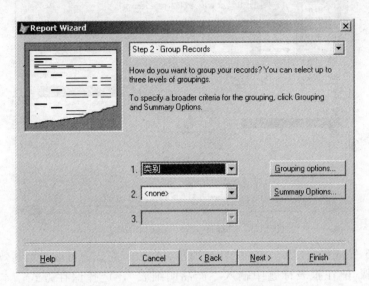

图 11.3　"分组记录"窗口（步骤 2）

（6）步骤 3 是"选择报表样式（Choose Report Style）"，如图 11.4 所示。本例选择经典式（Executive），单击"Next"按钮进入步骤 4。

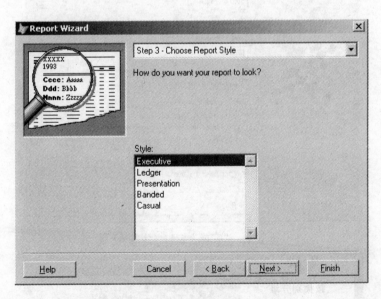

图 11.4　"选择报表样式"窗口（步骤 3）

（7）步骤 4 是"定义报表布局（Define Report Layout）"。本例选择缺省状态，单击"Next"按钮进入步骤 5。

（8）步骤 5 选择"排序记录（Sort Records）"。本例选择数量升序，如图 11.5 所示，单击"Next"按钮进入步骤 6。

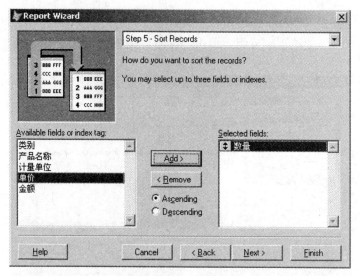

图 11.5 "排序记录"窗口（步骤 5）

（9）步骤 6 完成报表建立，如图 11.6 所示。在报表完成前可以预览其效果，如图 11.7 所示。这一步骤 6 在报表标题中输入"产品明细表"，选择保存方式，本例选择"Save report for later use"，单击"Finish"按钮，弹出"另存为"对话框，将报表文件名保存为 SOLDMX.FRX，单击"保存"按钮。

图 11.6 "完成"窗口（步骤 6）

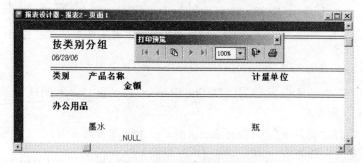

图 11.7 【例 11.1】报表预览效果

至此，本例要求的报表已设计完毕，接下来就可以预览页面和打印报表了。

如果在向导选择对话框中选择"One-to-Many Reports Wizard"，则操作步骤如下。

步骤1：从父表选择字段，只能从单个表或视图中选取字段；

步骤2：从子表选择字段，只能从单个表或视图中选取字段；

步骤3：为表建立关系，可以从字段列表中选择决定表之间关系的字段；

步骤4：排序记录；

步骤5：选择报表样式；

步骤6：完成。

如果用报表向导创建的报表不完全满足要求，可以使用报表设计器修改和完善这个报表。

11.3　报表设计器的基本操作

1．打开报表设计器窗口

（1）用命令方式打开。

【格式】　CREATE/MODIFY REPORT <报表文件名|?>

【功能】　创建一个报表文件，报表文件的扩展名为.FRX。

（2）用菜单方式打开。

选择文件菜单中的"新建"命令，弹出"新建"对话框，选择"报表"复选框，单击"新建"按钮；或在项目管理器中选中报表，单击右边的"新建"按钮。

2．快速制表

类似于创建快速表单，报表一般也从快速制表开始，然后按实际需要来修改报表定义。报表菜单的"快速报表"选项（如图 11.8 所示）用于快速制表，如果选定快速报表命令前未打开表，系统将出现一个"打开"对话框，使用户指定要打开的表。

【例 11.2】　利用快速制表功能为 SOLDMX.DBF 设计一张包括"类别"、"产品名称"、"计量单位"、"数量"、"单价"和"金额"的报表，报表文件名为 SOLDMXK.FRX。

（1）打开"报表设计器"窗口。在命令窗口输入命令"MODIFY REPORT SOLDMXK"，打开"报表设计器"窗口，如图 11.8 所示。

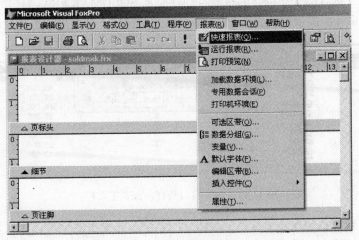

图 11.8　"报表设计器"的初始状态

（2）设置数据源。在"报表设计器"窗口单击右键，在快捷菜单中选定"数据环境"，

弹出"数据环境设计器"窗口，在"数据环境设计器"窗口单击右键，在快捷菜单中选定"添加"命令，在"添加表或视图"对话框中选择"SOLDMX.DBF"。

（3）启动快速制表。在"报表设计器"窗口中，在"报表"菜单中选择"快速报表"命令，弹出"快速报表"对话框，如图11.9所示。

（4）选择报表字段。单击"字段"按钮，在"字段选择器"中将"类别"、"产品名称"、"计量单位"、"数

图11.9 "快速报表"对话框

量"、"单价"和"金额"添加到选定字段，单击"确定"按钮，然后再单击"快速报表"对话框中的"确定"按钮，返回报表设计器，如图11.10所示。

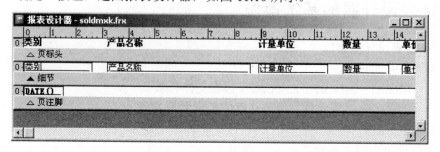

图11.10 产品明细表报表设计器

（5）保存报表。在文件菜单中选择"保存"命令，可将生成的报表文件 SOLDMXK. FRX 及其备注文件 SOLDMXK.FRT 保存起来。

3. 页面预览

报表设计器在显示菜单、报表菜单和快捷菜单中都提供了报表预览功能，使用户可在屏幕上观察报表的设计效果。预览的屏幕显示与打印结果完全一致，具有所见即所得的特点。制作报表时常需要在设计和预览这两个步骤间多次反复，直至将报表修改到完全符合要求后才去打印。

现在来预览【例 11.2】中创建的报表。打开报表 SOLDMXK.FRX，只要选定显示菜单中的"打印预览"命令，就会出现如图 11.11 所示的预览窗口，其中显示了所设计的报表页面。

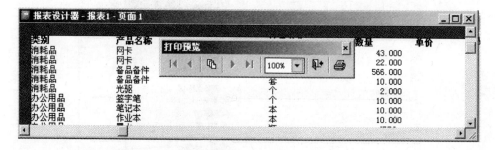

图11.11 预览窗口与打印预览工具栏

用户还可以使用打印预览工具栏（如图 11.11 所示）来更改预览，如果显示菜单的"打印预览工具栏"被选中，或选定文件菜单的"打印预览"命令，就会显示该工具栏。

打印预览工具栏中包括如下 7 个按钮和一个组合框，下面按自左至右的顺序分别说明。

① 第一页按钮：显示第一页。

② 前一页按钮：显示要打印报表的前一页。

③ 转到页按钮：显示"转到页"对话框，以便指定要预览的页。

④ 下一页按钮：显示要打印报表的下一页。

⑤ 最后一页按钮：显示要打印报表的最后一页。

⑥ "缩放"组合框：在预览窗口中按文本大小的 500%、300%、…、25%或 11%显示。

⑦ 关闭预览按钮：关闭打印预览窗口。

⑧ 打印报表按钮：开始打印报表。

4．报表打印

（1）命令方式打印报表。

【格式】 REPORT FORM <报表文件名|?>

　　　　[ENVIRONMENT]

　　　　[<范围>] [FOR <逻辑表达式>] [WHILE <逻辑表达式>]

　　　　[HEADING <字符表达式>]

　　　　[NOCONSOLE]

　　　　[NOOPTIMIZE]

　　　　[PLAIN]

　　　　[RANGE 开始页 [, 结束页]]

　　　　[PREVIEW [WINDOW 窗口名]

　　　　[NOWAIT]]

　　　　[TO PRINTER [PROMPT] | TO FILE <文件名>]

　　　　[SUMMARY]

【功能】 打印或预览报表。

【说明】 上述格式中并未包括所有子句，以下对主要子句进行简要说明。

① FORM 子句：该子句的<报表文件名|?>指出要打印的报表。

② ENVIRONMENT 子句：用于恢复储存在报表文件中的环境信息，供打印时使用。

③ HEADING 子句：指定一个附加在每页报表上的页眉。

④ NOCONSOLE 子句：在打印报表时禁止报表内容在屏幕上显示。

⑤ PLAIN 子句：限制用 HEADING 子句设置的页标题仅在报表第一页中出现。

⑥ RANGE 子句：指定打印范围的开始页与结束页，结束页缺省值为 9999。

⑦ PREVIEW 子句：表示是用页面预览的方式在屏幕上显示报表，而不是通过打印机打印出来；并可指定进行预览的窗口。

⑧ TO PRINTER 子句：把报表输出到打印机，打印到纸张上去。若带有选项 PROMPT，打印前将出现"打印"对话框，供用户指定打印范围、打印份数等要求。

⑨ TO FILE 子句：将报表输出到指定的文本文件中，文本文件的默认扩展名为.TXT。

⑩ SUMMARY 子句：指定"打印总结"带区的内容，此时不打印"细节"带区的内容。

（2）菜单方式打印报表。报表设计器打开后，报表菜单的"运行报表"命令、快捷菜单的"打印"命令和文件菜单的"打印"命令都可用来打印报表。选定上述命令之一，将会出现如图 11.12 所示的"打印"对话框，单击该对话框中的"确定"按钮后报表即开始打印。

图 11.12 "打印"对话框

单击打印预览工具栏中的打印按钮也可以打印报表。

11.4 报表设计器的高级操作

在报表设计器窗口活动时，Visual FoxPro 显示报表菜单和报表控件工具栏，如图 11.13 所示。

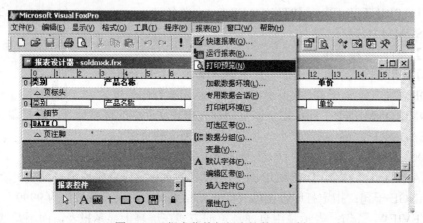

图 11.13 报表菜单与报表控件工具栏

若要快速创建简单的报表布局，可以选择报表菜单中的快速报表命令，快速报表提示输入报表所需的字段和布局。但由于快速报表的功能比较简单，所设计的报表其形式也比较单调。为了设计更复杂的报表，美化报表外观，报表设计器还提供了一组高级功能，用于改进报表的设计。

11.4.1 页面设置

页面设置功能用于对页面布局、打印区域、多列（即多栏）打印、打印选项等进行定义。选定文件菜单的页面设置选项或报表菜单的属性命令后即弹出如图 11.14 所示的"报表属性"对话框的"页面"选项卡，现说明如下。

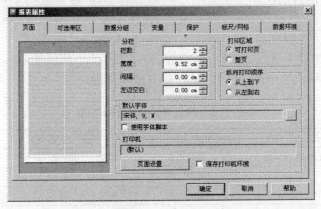

图 11.14 "报表属性"对话框的"页面"选项卡

（1）页面布局矩形域。此矩形域表示一页纸张，并根据打印区域、列数、列宽、列距、左页边框的设置显示页面布局。

（2）"分栏"微调器区。

① 栏数微调器：用于设定每页报表的列（栏）数。

② 宽度微调器：指定列（栏）宽，以英寸或厘米为单位。

③ 间隔微调器：指定列（栏）与列（栏）的间隔，以英寸或厘米为单位。

④ 左边空白：指定左页边距的宽度。

（3）打印区域。

① "可打印页"选项按钮：由当前打印机驱动程序来确定最小页边距，打印时纸张将会留出一定的边距。

② "整页"选项按钮：由打印纸尺寸来确定最小页边距，实际上将整个纸张作为报表打印区域。

（4）纵向打印顺序区。本区包括两个图形按钮，用来在多栏打印时确定记录排列的顺序。

（5）"页面设置"按钮。单击此按钮会显示如图 11.15 所示的"页面设置"对话框。

图 11.15 "页面设置"对话框

11.4.2 设计报表带区

默认情况下，"报表设计器"显示三个带区：页标头、细节和页注脚。一个分隔符栏位于每一带区的底部。带区名称显示于靠近蓝箭头的栏，蓝箭头指示该带区位于栏之上，而不是之下。

也可给报表添加以下带区：列标头、列注脚、组标头、组注脚、标题、总结；允许设置多列，如表 11.2 所示列出了这些带区的产生方法和作用。

表 11.2 报表带区的建立和作用

带　区	带区设置	控件打印周期	控件打印位置	典型内容
标题	报表菜单的标题/总结命令	整套报表一次	最先，可占一页	封面、徽标等
页标头	默认存在	每页一次	标题后，每页初	页标题
列标头	文件菜单中的页面设置命令	每列一次	页标头后	列标题
组标头	报表菜单的数据分组命令	每组一次	页标头、组标头或组注脚后	组标题
细节	默认存在	每记录一次	页标头、组标头后	记录内容
组注脚	报表菜单的数据分组命令	每组一次	细节后	总结，组小计
列注脚	文件菜单中的页面设置命令	每列一次	页注脚前	总结，列小计
页注脚	默认存在	每页一次	页末	总结，页小计
总结	报表菜单的标题/总结命令	整套报表一次	页注脚后，可占一页	总结，总计

【说明】

（1）可以在任何带区设置任何报表控件。

（2）相同的报表控件安置在不同的带区时，其输出效果也不一样，故使用带区可以控制数据在页面上的打印位置。

（3）可以调整带区大小，但不能使带区高度小于其控件的高度。

（4）可以有多对组标头与组注脚带区。

1．基本带区

报表设计器窗口刚打开时，窗口已含有页标头、细节和页注脚 3 个基本带区。

（1）页标头带区。该带区位于页标头标示栏的上方，可用于设置报表名称、字段标题以及需要的图形。

（2）细节带区。该带区包括从细节标示栏到其上方的相邻标示栏之间的区域。设置在该区的控件能多次打印。若列入字段控件，就能依次打印表的记录。

当记录较多或细节带区高度较大，以至于在一个页面中容纳不下时，系统会输出多个页面，自动产生多页报表。此时可用系统内存变量 _PAGENO 作为报表控件，自动计数来表示页号。

（3）页注脚带区。该带区包括从页注脚标示栏到其上方的相邻标示栏之间的区域。该带区的内容打印在所设定纸张的最后，用于打印每页的一般信息。系统默认在该处打印制表日期、页号等信息，也可以打印每页的总结。如果不想在页末打印任何内容，可将控件移走或删除。

2．调整带区高度

快速报表产生的报表带区，其高度仅能容纳一个控件，"报表设计器"允许调整带区的高度，从而进行增减控件、放大缩小控件或留出空行等操作。

（1）粗调法。将鼠标移至某带区标示栏上，从而出现一个上下双向箭头，此时若向上或向下拖曳，带区高度就会随之变化。

（2）微调法。双击某标示栏任何位置，可打开一个供用户调整带区高度的对话框，如图 11.16 所示。

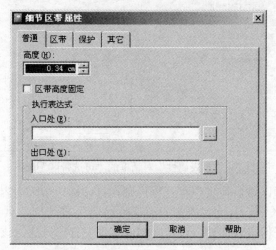

图 11.16 "细节带区属性"对话框[①]

【例 11.3】 在例【11.2】所制报表的基础上，设计一张具有表格线的报表。

操作步骤为：调整各报表带区的高度→移动报表控件使之处于报表的合适位置→选定报表控件工具栏的"标签"按钮→在页标头带区选定起始位置后输入文本"销售明细表"→选定格式菜单的"字体"命令设置字体→画表格线：在报表控件工具栏选定"线条"按钮，然后在报表的合适位置画出表格线（不同带区的竖线应分别画，如图 11.17 所示）→保存报表定义→打印预览或打印。

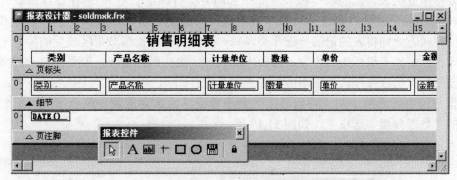

图 11.17 报表表格线设计

3. 标题与总结带区

选定报表菜单的"属性"命令，将弹出如图 11.18 所示的"报表属性"对话框，选择"可选带区"选项卡，可在报表设计器窗口增删标题带区或总结带区。

（1）报表有标题区带。若选定"报表有标题区带"复选框，页标头带区上方就会增添一个标题带区。对于任何报表文件，标题带区的内容最先打印且仅打印一次，一般用来设置

---

① 该界面图中为"区带"。——编者注

报表的总标题或设计报表封面。

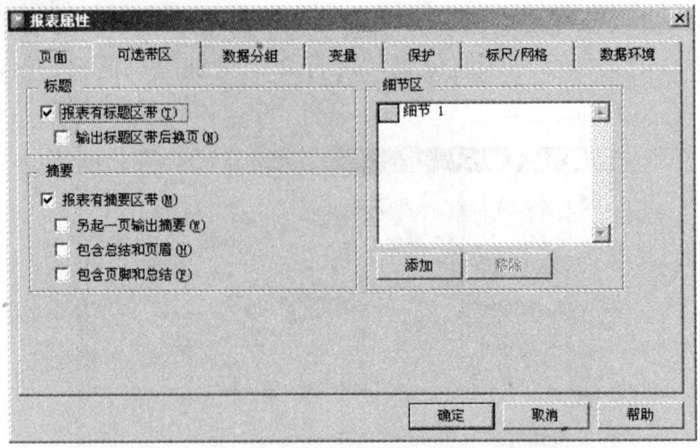

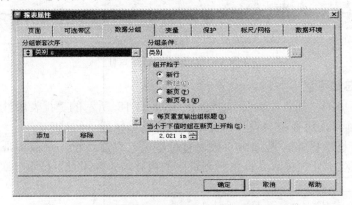

图 11.18 "报表属性"对话框的"可选带区"选项卡

若选定"输出标题区带后换页"复选框，则在打印标题带区内容后换打新页。

（2）报表有摘要区带。若选定"报表有摘要区带"复选框，页注脚带区下方就会增添一个总结带区。对于任何报表文件，该带区的内容也仅打印一次，该带区一般用来设置报表的统计数据。

若选定"另起一页输出摘要"复选框将换用新页打印总结带区的内容。

若选定"包含总结和页眉"复选框将在换用新页打印总结带区内容的同时也打印页标头的内容。

若选定"包含页脚和总结"复选框将在换用新页打印总结带区的内容时，同时也打印页注脚的内容。

4．数据分组与组标头/组注脚带区

若要打印分类表、汇总表等报表（如按部门分类打印工资单等），在设计报表时需将数据分组。对数据分组只需定义一个分组表达式，实际上分组表达式就是字段表达式。VFP能按组值相同的原则将表的记录分成几类，每一类数据将根据细节带区放置的控件来打印，并在打印内容前加上组标头的内容，打印内容后加上组注脚的内容。但要注意，通常分组表达式需要进行索引或排序，否则不能保证正确分组打印。

数据分组由报表菜单的"数据分组"命令来支持，选定该命令就会出现"报表属性"对话框的"数据分组"选项卡，如图 11.19 所示。

图 11.19 "报表属性"对话框的"数据分组"选项卡

一个报表可建立多层数据分组，但最多可以定义 20 级的数据分组。嵌套分组方式有助于组织不同层次的数据和总计。

在"数据分组"对话框定义好分组表达式，并单击"确定"按钮关闭对话框后，报表设计器窗口中就填入了组标头带区和组注脚带区，并在带区标示栏上标出了所定义的表达式。例 11.1 报表按"类别"分组后所生成的报表 SOLDMX.FRX 如图 11.20 所示。

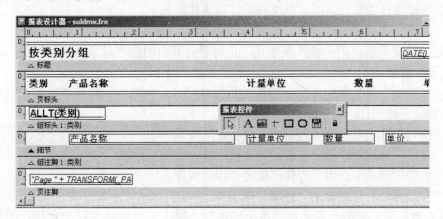

图 11.20　按"类别"分组的产品明细报表设计器

11.4.3　创建报表控件

1. 报表控件

（1）报表控件工具栏。

报表控件工具栏如图 11.13 所示，包含 6 个能创建控件的按钮。创建报表控件和创建表单控件的方法相似。表 11.3 所示为报表控件工具栏中控件按钮的功能与进行特性设置的对话框。

表 11.3　报表控件工具栏的控件按钮

按　　钮	功　　能	报表控件对话框
标签	添加字符文本，如标题、页标头	文本对话框
域控件	添加字段、函数、变量或表达式	报表表达式对话框
线条	添加水平或垂直直线	矩形或线条对话框
矩形	添加矩形	
圆角矩形	添加圆角矩形、椭圆或圆形	圆角矩形对话框
图片/ActiveX 绑定控件	添加图片或包含 OLE 对象的通用型字段	报表图片对话框

（2）表达式控件。表 11.3 中的域控件按钮可用来创建字段、函数、系统变量、表达式等控件，统称为表达式控件。例如，在图 11.20 中用方框圈起来的对象就是表达式控件，其中"ALLT（类别）"就是一个表达式控件，"DATE()"是一个函数控件。

表达式控件是最常见的控件，而且在"报表字段属性"对话框中包括了其他控件对话框中的多数组件，因此，我们着重讨论表达式控件的创建方法，其他控件的创建较为简单，就不一一讨论了。

（3）报表控件对话框的打开方法。

① 用"域控件"或"图片/ActiveX 绑定控件"创建新的控件时，一旦释放鼠标按钮，相应的对话框就会自动打开。

② 对于已有的任何报表控件，双击它就能打开相应的对话框。

2．"字段属性"对话框

域控件的"字段属性"对话框如图 11.21 所示，用于为控件定义表达式及其他有关属性（可为控件指定统计类型和范围，以及确定打印条件等）。

（1）"普通"选项卡。

"表达式"文本框：用于输入表达式，也可通过其右侧的"对话"按钮打开"表达式生成器"来设置表达式。

"溢出时伸展"复选框：可用于数据的折行打印。当数据长于控件宽度时，多余部分能在垂直方向向下延伸打印。

（2）"格式"选项卡：用于为表达式设置输出格式。

（3）"计算"选项卡：用于设置计算字段的统计类型和范围。

（4）"打印"选项卡：用于为控件指定打印的条件。

3．"字段属性"对话框的"计算"选项卡

在报表的页脚（总结）带区，通常给出本页（报表）可计算字段的合计，用于统计本页（报表）的数值字段之和。如图 11.22 所示，该对话框允许为控件选择一项统计，主要由下面两部分组成。

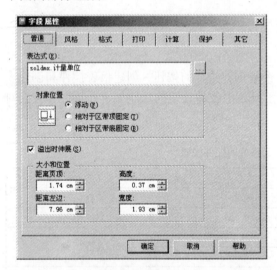

图 11.21 "字段属性"对话框的"普通"选项卡

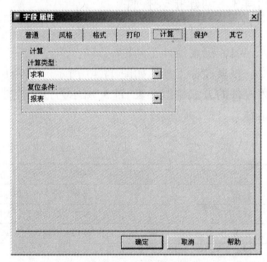

图 11.22 "字段属性"对话框的"计算"选项卡

（1）"复位条件"组合框。

该组合框用于选定控件计算的复零时刻，包括的选项如下：

① 报表选项：此为默认值，表示在报表打印结束时将控件计算复零。

② 页选项：表示在报表每页打印结束时将控件计算复零。

在图 11.11 所示的报表中，如果页注脚带区已设置了数量字段控件（可复制细节带区的数量字段控件，然后粘贴到页注脚带区），并且要求每页数量分别小计，应选择页复位；若要求数量累计到底应选择报表复位。

③ 栏选项：在多列打印中，表示每一列打印结束时将控件计算复零。

【注意】 数据分组后分组表达式会自动添入复位条件组合框中，这一选项能使控件计算在组值变化时复零。

（2）"计算类型"组合框。

① 不计算：对控件不进行计算，直接打印表达式的值，为默认选项。

② 计数：用于计算并返回表达式出现的次数，此时不返回表达式的值。

③ 总和：用于计算表达式值的总和。

④ 平均值：用于求表达式的算术平均值。

⑤ 最小值：用于求表达式的最小值。

⑥ 最大值：用于求表达式的最大值。

⑦ 标准差：用于计算表达式的方差的平方根。

⑧ 方差：用于衡量各表达式值与平均值的偏离程度。

上述计算可用于整个报表、分组、每页或每列，计算范围与复位条件组合框中的选择有关。

4．"字段属性"对话框的"打印"选项卡

该对话框如图 11.23 所示，用于制定报表控件的打印条件及信息带。

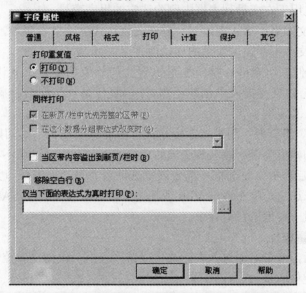

图 11.23 "字段属性"对话框的"打印"选项卡

（1）"打印重复值"区。选定"是"选项按钮表示控件总是打印，为默认状态。选定"否"选项按钮仅当控件值改变时才会打印，即不打印重复值，打印位置将留空。

（2）"同样打印"区。

① "在新页/栏中优先完整的区带"复选框：用于制定在新页或新栏的第一个完整信息带内打印，而不是在前一页或前一栏的信息带内接着打印。

② "在这个数据分组表达式改变时"复选框：选定该复选框，再在其右边的组合框中选出一个组，则当组值改变时就会打印。

③ "当区带内容溢出到新页/栏时"复选框：选定该复选框后，当细节带区中的打印内容已满一页或一列而换到另一页或另一列时就会打印。

（3）"移除空白行"复选框：如果设置的条件使控件不被打印，并且又没有其他对象位于同一水平位置上，那么选定该复选框就会删除控件所在行；若该复选框未选定则打印一个空行。

（4）"仅当下面的表达式为真时打印"文本框：用于输入一个表达式，或利用"对话"按钮显示表达式生成器来设置表达式。当表达式的值为真时控件才被打印，否则不打印。

11.4.4 报表变量

使用报表控件工具栏的域控件按钮能创建字段、函数等各种表达式控件，唯有报表变量无法直接创建，原因是在表达式对话框中输入尚不存在的变量是无效的。也就是说，必须先创建报表变量才能创建报表变量控件。

1. 创建报表变量

报表菜单的"变量"命令可用于创建和编辑报表变量。选定该命令后，屏幕即显示一个"报表属性"对话框的"变量"选项卡，如图 11.24 所示，其中包括下列主要组件。

（1）变量列表框：用于显示已定义的报表变量，并可输入报表变量名。拖曳列表中变量名左边的上下双箭头按钮可以改变报表变量的排列顺序。

（2）添加按钮：用于在变量列表框中添加一个报表变量。

（3）移除按钮：用于在变量列表框中删除选定的报表变量。

（4）"存储值"文本框：输入表达式，并将此表达式赋给报表变量。

（5）"初始值"文本框：输入变量的初始值。

（6）"值复位条件"组合框：指定变量重置为初始值的位置。默认位置是报表尾，也可选择页尾或列尾。如果在报表中创建了组，"值复位条件"组合框就是该组显示一个重置选项。

（7）"计算类型"组合框：用来指定变量执行的计算操作。从其初始值开始计算，直到变量被再次重置为初始值为止，该区各选项的功能前面已介绍，这里不再重复。

（8）"报表输出后释放"复选框：选定该复选框后，每当报表打印完毕，报表变量即从内存中释放；如果未选定，除非退出 VFP 或使用 CLEAR ALL、CLEAR MEMORY 等命令来释放，否则此变量一直保留在内存中。

2. 创建报表变量控件

报表变量建立后，变量名即进入表达式生成器列表框，供创建域控件时选用。

创建报表变量控件的步骤：

① 选定报表控件工具栏的"域控件"按钮；

② 单击"报表设计器"窗口某处；

③ 在"字段属性"对话框的"普通"选项卡中选定表达式文本框右侧的"对话"按钮，弹出"表达式生成器"对话框；

④ 在"表达式生成器"对话框的变量列表中双击某报表变量；

⑤ 单击"确定"按钮返回"字段属性"对话框的"普通"选项卡；

⑥ 单击"确定"按钮返回"报表设计器"窗口，报表变量控件便已产生。

【例 11.4】 打印销售明细表，要求包括记录序号。

本例将使用报表变量来输出序号。修改【例 11.2】中生成的报表 SOLDMXK.FRX，使之包括记录序号。

（1）创建报表变量 JL（用做序号），步骤如下：

① 选定报表菜单的"变量"命令；

② 在如图 11.24 所示"报表属性"对话框的"变量"选项卡的变量列表中添加变量名"JL"；

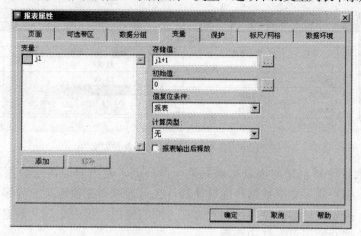

图 11.24 "报表属性"对话框的"变量"选项卡

③ 在"存储值"文本框中输入表达式"JL+1"；

④ 单击"确定"按钮关闭报表属性对话框。

（2）创建报表变量控件，步骤如下：

① 选定报表控件工具栏的"域控件"按钮；

② 单击细节带区左部空白处；

③ 在"字段属性"对话框的"普通"选项卡中选定表达式右侧的"对话"按钮；

④ 在如图 11.25 所示"表达式生成器"对话框的"变量"列表中双击报表变量"JL"；

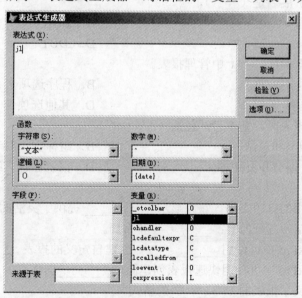

图 11.25 "表达式生成器"对话框

⑤ 单击"确定"按钮返回"字段属性"对话框；

⑥ 单击"确定"按钮返回"报表设计器"窗口，JL 变量控件便已产生。

（3）画表格线和创建有关的标签控件（步骤从略）。

（4）预览报表，如图 11.26 所示。

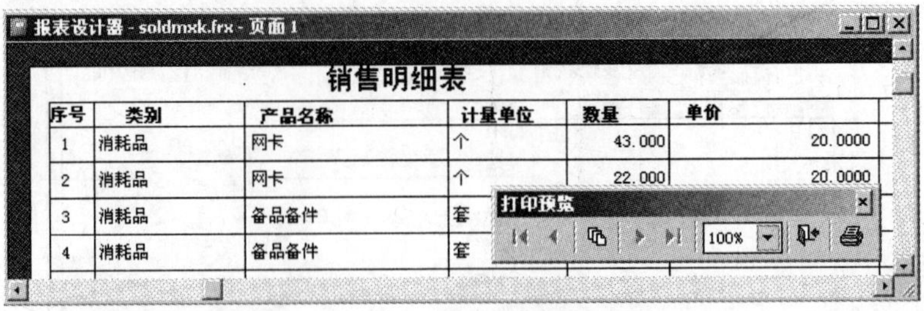

图 11.26　具有记录序号的报表预览效果

实际上报表设计器创建的报表布局只是一个外壳，其内容取决于数据源的设置及数据源数据的处理。用户既可利用数据环境设计器，也可通过事先执行某一程序或命令来设定数据环境。因此，报表设计器的使用可归纳为三方面的应用：报表布局，数据环境及其事件代码，编程处理数据并调用报表打印命令。

思考与练习

一、选择题

1．报表的数据源可以是（　　）。

　　A．自由表和其他报表　　　　　　　　B．数据库表、自由表或视图

　　C．数据库表、自由表或查询　　　　　D．表、查询或视图

2．报表文件的扩展名是（　　）。

　　A．.FPT　　　　　　　　　　　　　　B．.SCX

　　C．.FRX　　　　　　　　　　　　　　D．.DBT

3．在项目管理器的（　　）中管理报表。

　　A．报表选项卡　　　　　　　　　　　B．程序选项卡

　　C．文档选项卡　　　　　　　　　　　D．其他选项卡

4．在创建快速报表时，基本带区包括（　　）。

　　A．标题、细节和总结　　　　　　　　B．组标头、细节和组注脚

　　C．页标头、细节和页注脚　　　　　　D．报表标题、细节和页注脚

二、填空题

1．报表是最常用的打印文档，它为显示并_____提供了灵活的途径。

2．报表主要包括两部分内容：_____和布局。

3．在 Visual FoxPro 中可使用_____创建自定义的报表。

4．在 Visual FoxPro 中可使用快速报表创建简单_____的报表。

5．报表布局定义了报表的_____的格式。

6．数据源可以是数据库表或自由表，也可以是_____或临时表。

7．在报表设计器中默认有_____三个基本的带区，也可以添加_____等带区。

8．当数据源中的数据更新之后，使用同一报表文件打印的报表将反映新的数据内容，

但报表的_____不变。

9. 带区的作用主要是控制_____在页面上的打印位置。

10. "计算字段"对话框用于_____一个计算结果。

11. 报表文件的扩展名为_____，其备注文件的扩展名为_____。

12. 报表文件不存储每个数据字段的_____，只存储数据源的位置和格式信息。

13. 在命令窗口或程序中使用"REPORT FORM<报表文件名>[PREVIEW]"命令可以打印或_____指定的报表。

14. 报表是由数据源和_____两个部分组成的。

15. 在报表打印过程中，标题带区和_____带区中的数据，由始至终只打印一次。

16. 为报表添加域控件，一是从数据环境中添加，二是直接使用报表_____工具栏中的"域控件"按钮。

17. 报表的_____类型，一般有行报表、列报表、一对多报表和多栏报表四种类型。

18. 在 Visual FoxPro 中，创建报表的方法有三种：一是使用报表向导创建报表，二是使用报表设计器创建报表，三是创建_____报表。

19. 创建报表分组，需按_____表达式进行索引或排序，否则不能保证记录的正确分组。

20. 在"报表控件"工具栏中，线条、_____和圆角矩形按钮可分别用于绘制相应的图形。

21. 要设置多栏报表的栏数，必须在_____设置对话框中进行设置。

三、问答题

1. 报表的页头和页脚带区作用是什么？

2. 细节带区和页头页脚带区有什么不同点？

3. 如何实现一个字符字段的折行设计？

四、操作题

根据 TEACHER.DBF 设计并打印报表，要求：

（1）包括姓名、职称、月收入三个字段；

（2）报表应有两列，打印内容按横向排列；

（3）画出表格线；

（4）每页给出月收入的小计；

（5）整个报表给出总计；

（6）整个报表具有一个封面。

上机实训

实训 1：报表向导的操作方法

【实训目的】

掌握报表向导的操作方法。

【实训内容】

创建一张基于表 TEACHER.DBF 的简单报表，要求输出姓名、职称、月收入。

【实训步骤】

（1）选择文件菜单中的"新建"命令，弹出"新建"对话框。选择报表，单击"报表向导"按钮，弹出"向导选择"对话框；或在"项目管理器"中选中文档页面的报表，单击"新建"按钮。

（2）在"向导选择"窗口中，选择"报表向导（Report Wizard）"，单击"确定"按钮，弹出"报表向导"（步骤 1）对话框。

（3）打开 SOLDMX 表：单击"数据库和表（Databases and tables）"列表框的浏览按钮，弹出"打开"对话框，选择"TEACHER"表，单击"确定"按钮。

（4）将"可用字段（Available fields）"中需要选到列表中的字段添加到"选定字段（Selected fields）"，单击"Next"进入步骤 2。

（5）确定分组方式（本实训不分组），单击"Next"按钮进入步骤 3。

（6）步骤 3 是选择报表样式。本实训选择"经典式（Executive）"，单击"Next"按钮进入步骤 4。

（7）步骤 4 定义报表布局。本实训选择缺省状态，单击"Next"按钮进入步骤 5。

（8）步骤 5 选择排序记录。本实训选择数量升序，单击"Next"按钮进入步骤 6。

（9）步骤 6 完成报表建立。在报表完成前，可以预览。在报表标题中输入"教师收入表"，选择保存方式，单击"Finish"按钮，弹出"另存为"对话框，将报表文件名保存为TEACHER.FRX，单击"保存"按钮。

实训 2：用报表设计器修改报表的方法

【实训目的】

利用报表设计器修改报表的方法。

【实训内容】

在实训 1 的基础上修改报表使之具有表格线和每一页的小计。

【实训步骤】

（1）打开报表"TEACHER.FRX"。

（2）调整各带区的高度，然后在各带区画出所需要的表格线。

（3）在页注脚带区，添加标签"小计"，要求与细节带区的域控件"姓名"上下对齐。

（4）将细节带区的域控件"月收入"复制粘贴到页注脚带区，要求与细节带区的域控件"月收入"上下对齐。

（5）双击页注脚带区的域控件"月收入"，打开"字段属性"对话框的"计算"页面，计算类型选择"求和"，复位条件选择"页"。单击"确定"按钮，返回到报表设计器。

（6）预览并保存报表。

第12章 数据库应用系统开发实例

为了使学生对 VFP 有一个全面系统的理解，本章介绍一个小型数据库应用系统实例——"教务查询系统"的设计与实现。该系统可用于全校师生对教学资源的查询，是按照规范的数据库设计方法，采用 Visual FoxPro 9.0 来实现的。

12.1 需求分析

在学校的日常管理中，有关课程安排、教师、学生、成绩等数据往往存储在学生处、人事处、教务处、各系办等不同的教学管理部门，如果想了解某门课程的开设情况，或者某个教师担任的课程以及某个学生的成绩，就需要在不同的部门之间奔波。为了更好地利用学校的教学资源，让全校师生及时了解相关数据，决定开发一个"教务查询系统"，初期的目标是开发一个运行于单台微型计算机环境、基于 Windows 操作系统的数据库应用系统。待条件成熟之后，可以升级为运行于互联网环境、基于 B/S 结构的应用系统。

该系统的具体功能如下：

（1）课程查询。根据课程名或课程号查询该课程的上课时间、上课地点、任课教师、上课班级等情况。

（2）教师查询。根据教师姓名、教师号或者所教课程的课程号查询教师的姓名、性别、年龄、专业、所在教研室、职称等基本情况。

（3）成绩查询。可以根据某个学生的学号查询其各科成绩，或者根据某门课程的课程号查询所有学生该课程的成绩，也可以根据输入的班级名称查询该班级的成绩。

（4）班级查询。可以查询该班级各科目参加补考的学生。

（5）报表输出。为加强查询输出功能，添加一个输出成绩册的功能。

12.2 数据库设计

1. 数据库系统结构构成

该应用系统的数据对象是 4 个实体集，即课程表、分数、学生、教师表。教学管理数据库系统至少由以下四个数据表组成：课程表、学生、教师表、分数。

（1）课程表.dbf，该表用于存储与课程安排有关的数据，其表结构如图 12.1 所示。

字段	类型	宽度	小数位数	索引	NULL
课程号	字符型	4		↑	
课程	字符型	10		↑	
教师号	字符型	4		↑	
教师	字符型	10			
教室号	字符型	4		↑	
教材号	字符型	4		↓	
学时	数值型	4	0		
时间	字符型	30			

图 12.1 "课程表"表结构

（2）学生.dbf，该表结构如图 12.2 所示。

字段	类型	宽度	小数位数	索引	NULL
学号	字符型	10		↑	
姓名	字符型	8		↑	
性别	逻辑型	1			
出生日期	日期型	8			
班级	字符型	6		↑	
家庭地址	字符型	30			
电话	字符型	10			

图 12.2 "学生"表结构

（3）分数.dbf，用于存放学生成绩，其表结构如图 12.3 所示。

字段	类型	宽度	小数位数	索引	NULL
学号	字符型	10		↑	
课程号	字符型	4		↑	
成绩	数值型	4	1		

图 12.3 "分数"表结构

（4）教师表.dbf，其表结构如图 12.4 所示。

字段	类型	宽度	小数位数	索引	NULL
教师号	字符型	4		↑	
姓名	字符型	8		↑	
性别	逻辑型	1			
出生日期	日期型	8			
专业	字符型	8			
教研室	字符型	12			
职称	字符型	8			
系	字符型	12			
主要课程	字符型	20			

图 12.4 "教师表"表结构

2．创建数据库

在 Visual FoxPro 9.0 中为该应用系统建立"教务查询"项目，建立文件夹"F:\教务查询"作为项目文件夹。

在项目中创建数据库，为该数据库命名为"教学数据库"。在"教学数据库"中添加前面建立的 4 个数据表"课程表"、"分数"、"学生"、"教师表"。

关联是数据信息之间相互关系的结构"参数"。为使数据结构体系完善，在本数据库中既建立了表间关联又在表内建立了自我连接。"课程表"与"分数"使用"课程号"建立关联，"学生"与"分数"使用"学号"建立关联，"课程表"与"教师表"使用"教师号"建立关联。每一个表最好有这个表的主题标识，其他字段几乎都与其相关，有的甚至不可分隔。在"课程表"中以"课程号"为主题标识，在"学生"中以"学号"为主题标识，在"教师表"中以"教师号"为主题标识。

"教学数据库"中数据表之间的关系如图 12.5 所示，从图中可以看出课程表是整个数据库的核心。

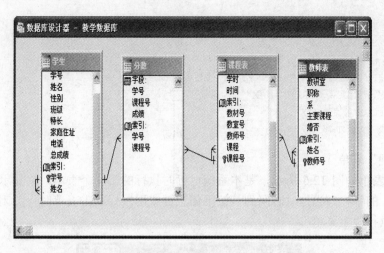

图 12.5 "教学数据库"各数据表之间的相互关联

3．系统主要部分

教务查询系统主要由以下部分组成。

- 系统主程序：用来调用本系统的系统菜单程序和系统启动表单。
- 系统菜单：为用户方便、快捷地使用本系统提供了控制系统操作的菜单。
- 系统欢迎表单：是本系统运行时执行的第一个表单，它显示"欢迎使用教务查询系统"的字样，当定时时间到、按下任意键或用鼠标双击表单时将关闭该表单。
- 课程查询表单：当执行主菜单项"课程查询"时，执行该表单。
- 教师查询表单：当执行主菜单项"教师查询"时，执行该表单。
- 成绩查询表单：当执行主菜单项"成绩查询"时，执行该表单。
- 班级查询表单：当执行主菜单项"班级查询"时，执行该表单。
- 报表：为很好地反映信息，可以使用报表打印输出。
- 数据资源：本系统的数据资源采用的是前面介绍的教学数据库中的 4 个表，各表之间的关系也已在前面说明。

12.3 应用程序设计与实现

以下将以"教务查询系统"的示范分析为内容，介绍数据库应用系统开发的主要内容、主体框架。

1．主引导程序

主程序是系统首先要运行的引导程序，在主程序中一般要具有以下功能模块。

- 初始化界面设置部分；
- 运行起始条件部分；
- 现场恢复部分。

教学管理数据库系统的主程序（Main.prg）代码如下：

```
CLEAR ALL
CLOSE ALL
```

```
SET TALK OFF
SET SYSMENU OFF
SET STATUS BAR ON
MODIFY  WINDOW SCREEN TITLE "教务查询系统"
ZOOM WINDOW SCREEN MAX
DO FORM 欢迎.SCX
READ EVENTS
```

2. "欢迎"表单

"欢迎"表单如图 12.6 所示,是本系统运行时执行的第一个表单,它显示"欢迎使用教务查询系统"的字样。当定时时间到、按下任意键或用鼠标双击表单时将关闭该表单。当该表单释放时执行"主菜单"。

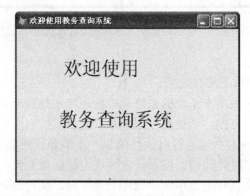

图 12.6 "欢迎"表单

(1)向表单中添加控件。

① 添加标签,显示"欢迎使用教务查询系统"的文字。

② 添加一个定时器。

(2)表单及其中对象主要属性的设置。

① 将"Form1"的 AutoCenter 属性设置为.T.,BorderStyle 属性设置为 2,Caption 属性设置为"欢迎使用教务查询系统",ShowWindows 属性设置为 2。

② 将定时器对象"Timer1"的 Interval 属性设置为 5000(5 秒)。

(3)编写代码。

① "Form1"的 KeyPress 事件和 DblClick 事件、Timer1 的 Timer 事件代码相同,均为:

```
THISFORM.RELEASE
```

② "Form1"的 Destroy 事件代码。

```
THISFORM.HIDE
DO 主菜单.MPR
```

3. 系统主菜单

菜单系统主要由课程查询、教师查询、成绩查询、班级查询、报表输出、退出等主菜单项组成,如图 12.7 所示。

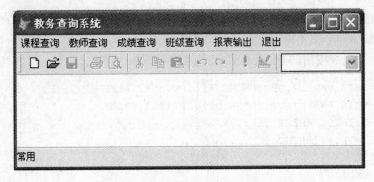

图 12.7 "教务查询系统"主菜单

4．课程查询表单

单击主菜单项"课程查询"时，会执行命令"DO FORM 课程查询"，弹出"课程查询"表单，它主要用于完成有关课程的查询工作。

设计一个课程查询表单，如图 12.8 所示，该表单中使用两个单选按钮、两个文本框和两个命令按钮"开始"和"退出"。

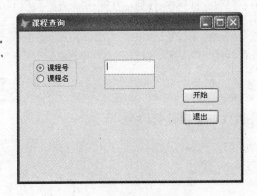

图 12.8 "课程查询"表单

（1）"课程号"选项按钮的 AutoSize 属性为.T.，Caption 属性为"课程号"，Value 属性为.T.。Click 事件代码为：

```
THIS.VALUE=.T.
THIS.PARENT.OPTION2.VALUE=.F.
THISFORM.TEXT1.ENABLED=.T.
THISFORM.TEXT2.ENABLED=.F.
THISFORM.TEXT1.SETFOCUS
```

（2）"课程名"按钮的 AutoSize 属性为.F.，Caption 属性为"课程名"，Value 属性为.F.。Click 事件代码为：

```
THIS.VALUE=.T.
THIS.PARENT.OPTION1.VALUE=.F.
THISFORM.TEXT1.ENABLED=.F.
THISFORM.TEXT2.ENABLED=.T.
THISFORM.TEXT2.SETFOCUS
```

（3）在单选按钮"课程号"的后面添加一个文本框用来输入课程号，在单选按钮"课程名"的后面添加一个文本框用来输入课程名。

（4）"开始"命令按钮的 Click 事件代码为：

```
CXP1=THIS.PARENT.OPTIONGROUP1.OPTION1.VALUE
CXP2=THIS.PARENT.OPTIONGROUP1.OPTION2.VALUE
VALUE1=THIS.PARENT.TEXT1.VALUE
VALUE2=THIS.PARENT.TEXT2.VALUE
DO CASE
CASE CXP1
  ACTIVATE SCREEN
  SELECT 课程表.课程号,课程表.课程,分数.学号,分数.成绩,学生.班级,学生.姓名;
  FROM 课程表 INNER JOIN 分数 ON;
  课程表.课程号=分数.课程号 INNER JOIN 学生 ON 分数.学号=学生.学号;
  WHERE 课程表.课程号=VALUE1
CASE CXP2
  ACTIVATE SCREEN
  SELECT 课程表.课程号,课程表.课程,分数.学号,学生.姓名,分数.成绩,课程表.教师;
     课程表.教室号 FROM 课程表 INNER JOIN 分数 ON;
     课程表.课程号=分数.课程号 INNER JOIN 学生 ON 分数.学号=学生.学号;
     WHERE 课程表.课程=VALUE2 ORDER BY 课程表.课程
ENDCASE
SELECT 1
```

（5）"退出"命令按钮的 Click 事件代码为：

```
THISFORM.RELEASE
SELECT 1
RESTORE SCREEN
```

5. 教师查询表单

单击主菜单项"教师查询"时，会执行命令"DO FORM 教师查询"，弹出 "教师教学查询"表单，它主要用于完成有关教师的查询工作。

设计一个教师查询表单，如图 12.9 所示。

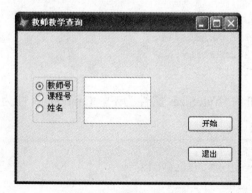

图 12.9　教师查询表单

在表单中添加选项按钮组，选项按钮分别为：教师号、课程号、姓名，每个选项按钮后面分别添加一个文本框。添加两个命令按钮"开始"和"退出"。

（1）选项按钮"教师号"的 Click 事件代码如下：

```
THIS.VALUE=.T.
THIS.PARENT.OPTION2.VALUE=.F.
THIS.PARENT.OPTION3.VALUE=.F.
THISFORM.TEXT1.ENABLED=.T.
THISFORM.TEXT2.ENABLED=.F.
THISFORM.TEXT3.ENABLED=.F.
```

（2）选项按钮"课程号"的 Click 事件代码如下：

```
THIS.VALUE=.T.
THIS.PARENT.OPTION1.VALUE=.F.
THIS.PARENT.OPTION3.VALUE=.F.
THISFORM.TEXT2.ENABLED=.T.
THISFORM.TEXT1.ENABLED=.F.
THISFORM.TEXT3.ENABLED=.F.
```

（3）选项按钮"姓名"的 Click 事件代码如下：

```
THIS.VALUE=.T.
THIS.PARENT.OPTION2.VALUE=.F.
THIS.PARENT.OPTION1.VALUE=.F.
THISFORM.TEXT3.ENABLED=.T.
THISFORM.TEXT2.ENABLED=.F.
THISFORM.TEXT1.ENABLED=.F.
```

（4）命令按钮"开始"的 Click 事件代码如下：

```
JCX1=THISFORM.OPTIONGROUP1.OPTION1.VALUE
JCX2=THISFORM.OPTIONGROUP1.OPTION2.VALUE
JCX3=THISFORM.OPTIONGROUP1.OPTION3.VALUE
VALUE1=THIS.PARENT.TEXT1.VALUE
VALUE2=THIS.PARENT.TEXT2.VALUE
VALUE3=THIS.PARENT.TEXT3.VALUE
DO CASE
CASE JCX1
    SELECT * FROM 教师表 WHERE 教师表.教师号=ALLTRIM(VALUE1)
CASE JCX2
    SELECT * FROM 课程表 WHERE 课程表.课程号=ALLTRIM(VALUE2)
CASE JCX3
    SELECT * FROM 教师表 WHERE 教师表.姓名=ALLTRIM(VALUE3)
ENDCASE
```

（5）命令按钮"退出"的 Click 事件代码如下：

```
THISFORM.RELEASE
SELECT 1
RESTORE SCREEN
```

6. 成绩查询统计表单

单击主菜单项"成绩查询"时，会执行命令"DO FORM 成绩查询"，弹出"成绩查询"表单，它主要用于完成有关成绩的查询工作。

设计一个成绩查询表单，如图 12.10 所示。在表单中添加选项按钮：输入学号、课程号、班级名称，每个选项按钮后面有一个对应的文本框。添加两个命令按钮"开始"和"退出"。

图 12.10 "成绩查询"表单

（1）选项按钮"输入学号"的 Click 事件代码如下：

```
THIS.VALUE=.T.
THIS.PARENT.OPTION2.VALUE=.F.
THIS.PARENT.OPTION3.VALUE=.F.
THISFORM.TEXT1.ENABLED=.T.
THISFORM.TEXT2.ENABLED=.F.
THISFORM.TEXT3.ENABLED=.F.
```

（2）选项按钮"课程号"的 Click 事件代码如下：

```
THIS.VALUE=.T.
THIS.PARENT.OPTION1.VALUE=.F.
THIS.PARENT.OPTION3.VALUE=.F.
THISFORM.TEXT2.ENABLED=.T.
THISFORM.TEXT1.ENABLED=.F.
THISFORM.TEXT3.ENABLED=.F.
```

（3）选项按钮"班级名称"的 Click 事件代码如下：

```
THIS.VALUE=.T.
THIS.PARENT.OPTION2.VALUE=.F.
THIS.PARENT.OPTION1.VALUE=.F.
THISFORM.TEXT3.ENABLED=.T.
THISFORM.TEXT2.ENABLED=.F.
THISFORM.TEXT1.ENABLED=.F.
```

（4）命令按钮"开始"的 Click 事件代码如下：

```
CXP1=THIS.PARENT.OPTIONGROUP1.OPTION1.VALUE
CXP2=THIS.PARENT.OPTIONGROUP1.OPTION2.VALUE
CXP3=THIS.PARENT.OPTIONGROUP1.OPTION3.VALUE
```

```
VALUE1=THIS.PARENT.TEXT1.VALUE
VALUE2=THIS.PARENT.TEXT2.VALUE
VALUE3=THIS.PARENT.TEXT3.VALUE
DO CASE
CASE CXP1
    ACTIVATE SCREEN
    SELECT 课程表.课程号,课程表.课程,分数.学号,分数.成绩,学生.班级,学生.姓名;
        FROM 课程表;
    INNER JOIN 分数 ON 课程表.课程号=分数.课程号 INNER JOIN 学生 ON 分数.学号=
        学生.学号;
    WHERE 学生.学号=VALUE1 ORDER BY 学生.学号
CASE CXP2
    ACTIVATE SCREEN
    SELECT 课程表.课程号,课程表.课程,分数.学号,分数.成绩,学生.班级,学生.姓名;
        FROM 课程表;
    INNER JOIN 分数 ON 课程表.课程号=分数.课程号 INNER JOIN 学生 ON 分数.学号=
        学生.学号;
    WHERE 课程表.课程号=VALUE2 ORDER BY 课程表.课程号
CASE CXP3
    ACTIVATE SCREEN
    SELECT 课程表.课程号,课程表.课程,分数.学号,分数.成绩,学生.班级,学生.姓名;
        FROM 课程表;
    INNER JOIN 分数 ON 课程表.课程号=分数.课程号 INNER JOIN 学生 ON 分数.学号=
        学生.学号;
    WHERE 学生.班级=VALUE3 ORDER BY 学生.班级
ENDCASE
SELECT 1
```

（5）命令按钮"退出"的 Click 事件代码如下：

```
CLOSE ALL
release thisform
```

7．班级查询表单

单击主菜单项"班级查询"时，会执行命令"DO FORM 班级查询"，弹出 "班级查询"表单，它主要用于完成有关班级的查询工作，可以按班级输出需要补考的学生名单。

设计一个班级查询表单，如图 12.11 所示。

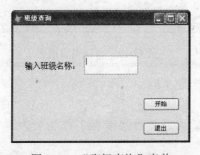

图 12.11 "班级查询"表单

（1）班级查询表单中"开始"按钮的 Click 事件代码如下：

```
CLOSE ALL
VALUE1=THIS.PARENT.TEXT1.VALUE
SELECT 学生.学号,学生.姓名,学生.班级,分数.课程号,分数.成绩,课程表.课程;
FROM 教学数据库!学生,教学数据库!分数,教学数据库!课程表;
WHERE 学生.学号=分数.学号.AND.课程表.课程号=分数.课程号.AND.学生.班级=VALUE1;
ORDER BY 课程表.课程号 INTO CURSOR 班级成绩
ACTIVATE SCREEN
LIST
DIMENSION AA(5,9)
SELECT 课程号,课程,学号,姓名,成绩 FROM 班级成绩 ORDER BY 课程号 WHERE 成绩;
BETWEEN 0 AND 60 INTO CURSOR 参加补考同学
LIST
ACTIVATE SCREEN
```

（2）班级查询表单中"退出"按钮的 Click 事件代码如下：

```
CLOSE ALL
RELEASE THISFORM
```

8. 报表输出

为了加强查询输出功能，在主菜单里添加了报表输出菜单项，用来输出各门课程的成绩。单击菜单"报表输出"命令，执行命令"**MODI REPORT** 课程表"，输出报表如图 12.12 所示。

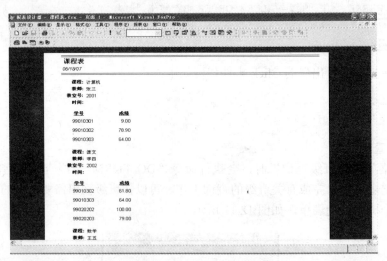

图 12.12　查询输出报表

建立报表"课程表"的步骤如下：

（1）打开"报表向导"，选择"一对多报表"，单击"确定"按钮，进入步骤 1，如图 12.13 所示，选择数据库中的表"课程表"作为父表，可用字段选用"课程"、"教师"、"教室号"。

（2）从子表"分数"中选取字段，这里选定为"学号"、"成绩"，如图 12.14 所示。

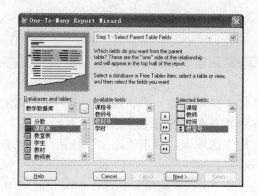

图 12.13 父表选择字段

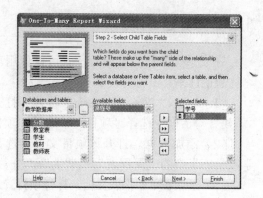

图 12.14 子表选择字段

（3）建立父表与子表之间的关联是一个重要的表现内容决定项。这里选定为"课程表.课程号 = 分数.课程号"，如图 12.15 所示。

（4）以"课程号"为索引排序，采用"升序"方式，如图 12.16 所示。

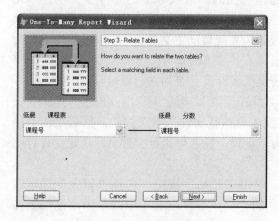

图 12.15 建立表间关系

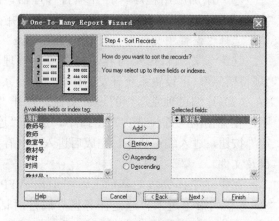

图 12.16 排序记录

（5）选择报表的样式，如图 12.17 所示。

（6）在最后一步"完成"前可以预览，如图 12.18 所示。如果效果良好，就可以选择"保存报表供以后使用"。

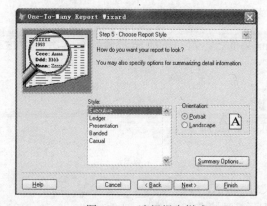

图 12.17 选择报表样式

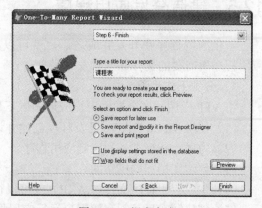

图 12.18 报表完成

12.4　项目组装

完成系统部件的设计后，就可以使用项目管理器创建"教务查询系统"项目，构成一个完整的体系。其操作步骤如下：

（1）建立"教务查询系统"项目。打开"文件"菜单，选择"新建"选项，在弹出的"新建"对话框中选择"项目"单选项，项目名称命名为"教务查询系统"。

（2）添加数据。打开该项目文件，选择"数据"选项卡，单击"添加"按钮，将"教学数据库"中的"课程表"、"学生"、"分数"、"教室"、"教师"、"教材"添加到其中。

（3）添加表单和报表文档。打开项目管理器，选择"文档"选项卡中的"表单"项，单击"添加"按钮，将表单"欢迎"、"班级查询"、"课程查询"、"教师教学查询"、"成绩查询"添加到项目文件中。选择"文档"选项卡中的"报表"项，将"课程成绩"报表添加进去。

（4）添加系统菜单。打开项目管理器，选择"其他"选项卡，按"添加"按钮，将菜单文件添加到项目文件中。

（5）添加应用程序。打开项目管理器，选择"代码"选项卡中的"程序"项，单击"添加"按钮，将以上程序添加到项目中。并在 Visual FoxPro 主菜单下，打开"项目"菜单，选择"设置主文件"，将程序"main.prg"设置为系统启动主文件。

（6）设置项目信息内容。打开项目管理器，在主菜单下，打开"项目"菜单，选择"项目信息"，可设置系统开发的作者信息、系统桌面图标及是否加密等项目信息内容。

（7）连编可独立运行的.exe 文件。打开"项目管理器"，选定主程序，单击"连编"按钮，在弹出的"连编选项"窗口中，选择"连编成可执行文件"单选按钮，然后单击"确定"按钮，进入编审状态。完成后进入"另存为"窗口，输入可执行文件名，选定文件存储盘及文件。

在上述工作完成的基础上，可退出 VFP。单击"开始"按钮，选择"设置"选项的"任务栏"命令进入"选定任务栏"属性对话框的"菜单程序"选项卡，单击"添加"按钮，查询定位主程序"主程序.exe"，进入下一步输入程序名称，单击"确定"按钮。也可以把快捷方式放在桌面上。

项目创建完成后，就可以进行运行调试了。

12.5　建造分发应用程序

一个应用程序在开发完成之后，就可以准备发布它。发布的方法是分发包含所有运行应用程序所需要的文件并创建发布磁盘。

1．分发工作步骤

将 VFP 应用程序分发给用户应遵循以下步骤：

（1）使用 Visual FoxPro 开发环境创建并调试应用程序。

（2）为运行环境准备和定制应用程序。

（3）创建文档和联机帮助。

（4）生成应用程序文件（.ARP）或可执行文件（.EXE）。

（5）创建发布目录，存放用户运行应用程序所需要的全部文件。

（6）运用"安装向导"建立分发磁盘和安装路径。

（7）包装并发布应用程序磁盘以及一些印刷文档。

2．生成应用程序

当应用程序项目包含了所需要的文件时，便可准备生成可发布的文件了，可以使项目生成为标准应用程序，只有当 Visual FoxPro 存在时才能运行；也可以生成脱离 Visual FoxPro 环境独立运行的可执行应用程序；还可以将应用程序创建为一个 Automation 服务程序。

（1）生成标准 Visual FoxPro 应用程序。具体操作为：打开"项目管理器"，选择"连编"命令，然后在"连编选项"对话框中选择"连编应用程序"；或者使用"BUILD APP"命令来生成一个标准 Visual FoxPro 应用程序。

（2）生成可执行文件。具体操作为：打开"项目管理器"，选择"连编"命令，然后在"连编选项"对话框中选择"连编可执行文件"；或者使用"BUILD EXE"命令来生成一个可执行文件。

（3）还可以生成一个 Automation 服务程序，它创建一个可以被其他程序调用的 DLL 文件，具体操作为：在"项目管理器"中选择"连编"命令，然后在"连编选项"对话框中，选择"连编 COM DLL"；或者使用 BUIL DLL 命令来生成一个 Automation 服务程序。

12.6　制作发布磁盘

当应用程序生成之后，就可以制作发布磁盘了，具体步骤为：

（1）创建发布目录。

（2）把应用程序文件从项目中复制到发布目录的适当位置。

（3）创建发布磁盘。

1．发布树

在使用"安装向导"建立磁盘之前，必须创建一个目录结构，也可以称为"发布树"。它包括全部希望出现在用户磁盘上的分发文件，将全部想出现在分发磁盘上的文件置入发布树。这个发布树可假定为任何形式，但是，应用程序或可执行文件必须放在该树的根目录下。

2．创建发布目录

发布目录用来存放构成应用程序的所有项目文件的副本，发布目录树的结构就是由安装向导创建的安装程序将在用户机器上创建的文件结构。

如果需要创建发布目录，可以按如下步骤进行：

（1）创建目录，目录名为希望出现在用户机器上的名称。

（2）把发布目录分成适合于应用程序的子目录。

（3）从应用程序项目中复制文件到该目录中。

3．创建发布磁盘

如果要创建发布磁盘，需要使用"安装向导"压缩发布目录中的文件，并把这些压缩过的文件复制到磁盘映射目录，每个磁盘放置在一个独立的子目录中。用"安装向导"创建应用程序磁盘映射之后，就把磁盘映射目录的内容复制到一张独立的磁盘上。

在发布软件包时，用户通过运行发布磁盘上的 setup.exe 程序，便可安装应用程序的所有文件。

反侵权盗版声明

电子工业出版社依法对本作品享有专有出版权。任何未经权利人书面许可，复制、销售或通过信息网络传播本作品的行为；歪曲、篡改、剽窃本作品的行为，均违反《中华人民共和国著作权法》，其行为人应承担相应的民事责任和行政责任，构成犯罪的，将被依法追究刑事责任。

为了维护市场秩序，保护权利人的合法权益，我社将依法查处和打击侵权盗版的单位和个人。欢迎社会各界人士积极举报侵权盗版行为，本社将奖励举报有功人员，并保证举报人的信息不被泄露。

举报电话：（010）88254396；（010）88258888

传　　真：（010）88254397

E-mail：dbqq@phei.com.cn

通信地址：北京市万寿路 173 信箱
　　　　　电子工业出版社总编办公室

邮　　编：100036